中华传统文化经典系列丛书

中央文史研究馆
CHINA CENTRAL INSTITUTE FOR CULTURE AND HISTORY

中国建筑经典

国务院参事室　中央文史研究馆　编
主　编　高　雨　袁行霈　　本卷主编　陈瑞林

文化艺术出版社
Culture and Art Publishing House

图书在版编目（CIP）数据

中国建筑经典 / 陈瑞林主编．— 北京：文化艺术出版社，2023.12
ISBN 978-7-5039-7501-1

Ⅰ.①中… Ⅱ.①陈… Ⅲ.①建筑艺术—中国 Ⅳ.① TU-862

中国国家版本馆CIP数据核字（2023）第184645号

中国建筑经典

本 卷 主 编	陈瑞林
本卷副主编	聂　菲　张　曦
责 任 编 辑	刘锐桢
责 任 校 对	董　斌
书 籍 设 计	楚燕平
出 版 发 行	文化藝術出版社
地　　　址	北京市东城区东四八条52号　（100700）
网　　　址	www.caaph.com
电 子 邮 箱	s@caaph.com
电　　　话	（010）84057666（总编室）　84057667（办公室） 　　　　　84057696－84057699（发行部）
传　　　真	（010）84057660（总编室）　84057670（办公室） 　　　　　84057690（发行部）
经　　　销	新华书店
印　　　刷	北京雅昌艺术印刷有限公司
版　　　次	2024年1月第1版
印　　　次	2024年1月第1次印刷
印　　　张	25.75
字　　　数	400千字　图片200余幅
开　　　本	710毫米×1000毫米　1/16
书　　　号	ISBN 978-7-5039-7501-1
定　　　价	288.00元

版权所有，侵权必究。如有印装错误，随时调换。

中华传统文化经典系列丛书

组委会

主　　任： 高　雨　袁行霈

副 主 任： 冯　远　王卫民　赵　冰　张彦通

委　　员：（以下按年龄排序）

　　　　　　叶嘉莹　欧阳中石　孙　机　程毅中　沈　鹏　傅熹年
　　　　　　李学勤　王　蒙　陈高华　樊锦诗　刘梦溪　薛永年
　　　　　　赵仁珪　陈祖武　葛剑雄　仲呈祥　陶思炎　田　青
　　　　　　苏士澍　陈　来　陈平原

办 公 室： 耿识博

编委会

主　　任： 袁行霈

副 主 任： 冯　远

委　　员：（以下按年龄排序）

　　　　　　仲呈祥　田　青　陈瑞林　姜　昆　冯双白　罗　杨
　　　　　　陈洪武　马新林

办 公 室： 耿识博　杨文军　郭小霞

秘　　书： 郝雨　李璐　许骁

《中国建筑经典》编委会

主　　编： 陈瑞林

副 主 编： 聂　菲　张　曦

中华传统文化经典系列丛书序言

习近平总书记指出，中华优秀传统文化是中华文明的智慧结晶和精华所在，是中华民族的根和魂。而经典则是这硕大根系中最茁壮的、生命力最强的部分。中华传统文化经典系列丛书通过选编中华优秀传统文化中经典文论、词赋、戏剧、音乐、书画、建筑等多领域的精华内容，面向广大文化艺术工作者和全社会全面推介、宣传、普及中华优秀传统文化，以期为提高广大人民群众的文化修养和鉴赏眼光、加深他们对中华文明的认知贡献一点力量。

2015年，国务院领导同志在国务院参事、中央文史研究馆馆员座谈会上，倡议编纂一部关于中国传统文化的文选，这个倡议得到馆员们热烈的响应。2016年，国务院参事室、中央文史研究馆组织馆内外专家学者编纂的《中华传统文化经典百篇》一书由中华书局正式出版发行。该书出版后立即获得了社会各界的持续关注与好评，并被评选为"2016年度中华书局双十佳图书"。

2017年，在《中华传统文化经典百篇》出版取得成功的基础上，为持续大力弘扬中华民族优秀传统文化，彰显传统文化在当代的意义，为实现中华民族伟大复兴的中国梦提供精神助力，国务院参事室、中央文史研究馆接续策划启动中华传统文化经典系列丛书编撰项目，延展编纂以"中华传统文化"为主题的文化艺术丛书。

一代人做一代人的事。中国优秀传统文化博大精深，它滋养着中华民族在新的历史条件下的新创造、新发展，给我们的文化自信打下了最深厚的历史根基；它宛如浩荡东流的江河，海纳百川，虽有涨落曲折，但百折不挠，滚滚向前。当代从事中华传统文化研究的学者，应当为实现中华民族的伟大复兴贡献力量，这是我们的社会责任和义务。在中华传统文化经典丛书的编纂过程中，我们力图用当代人的眼光重新审视传统文化，从丰富多彩的中华传统文化中精选具有代表意义的文化遗产和作品，以图文并茂、深入浅出、易于普及的形式汇编成书，希望能够既立足于现实的需要、追求专业质量与高水准，又坚守学术的规范、兼顾读者的需要。但限于我们的水平，书中难免有疏漏谬误之处，诚恳欢迎广大读者批评指正。

中央文史研究馆

目 录

概 述：中国建筑艺术的华彩乐章

一、回溯
二、古代建筑特点
（一）木构架式结构 ………………………… 005
（二）庭院式组群布局 ……………………… 015
（三）建筑艺术特征 ………………………… 018

三、古代建筑类型
（一）宫殿建筑 ……………………………… 019
（二）陵墓建筑 ……………………………… 025
（三）坛庙建筑 ……………………………… 032
（四）宗教建筑 ……………………………… 037
（五）园林建筑 ……………………………… 043
（六）民居建筑 ……………………………… 049

第一章　原始建筑

原始建筑概述

易县北福地穴居式建筑 ……………………… 059
河姆渡干栏式建筑 …………………………… 061
牛河梁女神庙遗址 …………………………… 063

第二章　夏商周建筑

夏商周建筑概述

夏代二里头宫殿 …………………………071
西周凤雏宫殿建筑遗址 …………………074
西周洛邑王城 ……………………………077
殷商妇好墓 ………………………………080
东周中山王陵《兆域图》中的建筑 ……083
曾侯乙墓 …………………………………085

第三章　秦汉建筑

秦汉建筑概述

秦始皇陵 …………………………………091
马王堆汉墓 ………………………………096
汉广陵王黄肠题凑墓 ……………………101
满城汉墓 …………………………………104
芒砀山西汉梁王崖墓 ……………………107
武梁石祠 …………………………………110
孝堂山石祠 ………………………………113
雅安东汉高颐阙 …………………………115
阜城东汉陶楼 ……………………………117
马鞍山朱然墓漆案家居图中的室内陈设 …119
秦咸阳到汉长安 …………………………121
长安明堂辟雍 ……………………………126
长安王莽九庙 ……………………………128

第四章 魏晋南北朝建筑

魏晋南北朝建筑概述

北魏洛阳城 ········· 134

曹魏邺城 ········· 136

嵩岳寺塔 ········· 138

云冈石窟 ········· 140

敦煌莫高窟 ········· 143

麦积山石窟 ········· 147

第五章 隋唐五代建筑

隋唐五代建筑概述

龙门石窟 ········· 153

大兴善寺 ········· 156

大雁塔 ········· 158

五台山南禅寺与佛光寺 ········· 160

大昭寺 ········· 164

千寻塔 ········· 166

兴教寺塔 ········· 168

镇国寺 ········· 171

法门寺 ········· 173

隋大兴城和唐长安城 ········· 175

唐长安大明宫 ········· 179

洛阳武则天明堂 ········· 182

唐代武惠后妃敬陵石椁 ········· 184

唐代懿德太子墓、永泰公主墓和章怀太子墓……187

　　五代蜀王王建墓……191

　　隋安济桥……193

　　室内高型家具……195

第六章　宋（辽金）元建筑

宋（辽金）元建筑概述

　　北宋汴梁城……203

　　南宋临安城……208

　　南宋平江城……210

　　西夏黑水城……213

　　岩山寺文殊殿壁画中的建筑……216

　　夏永《滕王阁图》《岳阳楼图》中的楼阁……219

　　隆兴寺……221

　　独乐寺……224

　　奉国寺……227

　　善化寺……229

　　华严寺……232

　　晋祠……237

　　开封铁塔……239

　　应县木塔……241

　　玄妙观三清殿……244

　　灵隐寺……246

　　辽中京大明塔……248

　　辽阳白塔……251

承天寺塔 ··254

牛王庙戏台 ·····································256

岳麓书院 ··258

白沙宋墓 ··260

辽墓棺床小帐 ··································263

河北宣化辽墓 ··································265

内蒙古赤峰沙子山元墓 ·····················267

卢沟桥 ···269

金中都与元大都 ······························272

萨迦南寺 ··276

妙应寺白塔 ·····································279

永乐宫 ···281

凤凰寺 ···284

怀圣寺光塔 ·····································286

清净寺 ···288

第七章 明清建筑

明清建筑概述

明南京城 ··296

北京紫禁城 ·····································299

天坛 ··307

明十三陵 ··310

清东陵 ···313

圆明园 ···315

拙政园 ···318

广州余荫山房 …… 320

北京湖广会馆 …… 323

苏州岭南会馆 …… 326

智化寺 …… 328

大报恩寺 …… 331

上海城隍庙 …… 334

布达拉宫 …… 336

北京四合院 …… 339

晋陕豫大宅院 …… 341

陕北、河南的窑洞 …… 343

徽州民居 …… 345

云贵川民居 …… 347

闽粤土楼和围屋 …… 349

江南水乡民居 …… 352

第八章　近现代建筑

近现代建筑概述

广州十三行商馆 …… 359

上海江南制造局 …… 361

"首都计划"和"大上海计划" …… 363

上海外滩建筑群 …… 365

百乐门舞厅 …… 373

董大酉住宅 …… 376

上海国际饭店 …… 378

清华大学礼堂 …… 380

南京博物院大殿 ························· 382
南京中山陵 ····························· 384
人民大会堂 ····························· 387
中国国家博物馆 ························· 390

参考文献

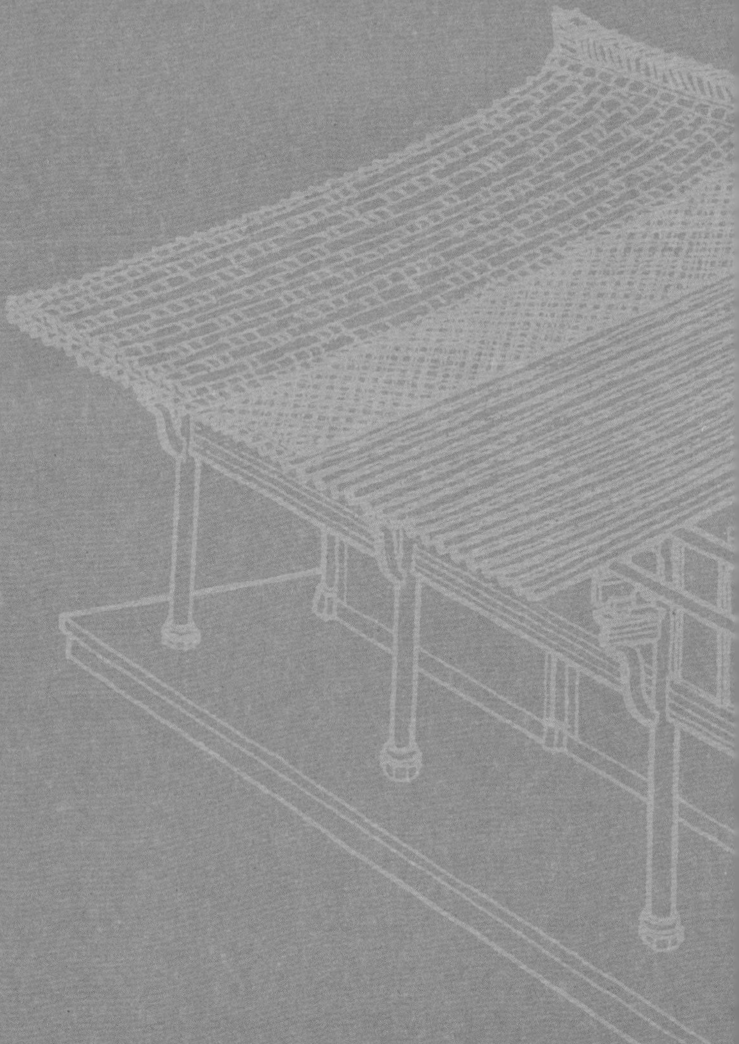

概述：中国建筑艺术的华彩乐章

中国位于亚洲大陆的东部、太平洋的西岸，陆地总面积约960万平方千米，疆域辽阔，民族众多，历史悠久，拥有源远流长的文化传统，是世界四大文明古国之一。其地势西高东低，呈阶梯状分布，可分为北方地区、南方地区、西北地区、青藏地区四大部分，从南到北，跨越了热带、亚热带、温带和亚寒带，地理和气候条件各异，形成了多种多样的气候环境。各民族先民就在这块土地上生生不息，繁衍发展，创造了独具特色的中华文明，其中就包括古代建筑。它是整个中华文明史上一颗璀璨的明珠。由于民族、地理和气候等差异，各地建筑类型和风格也呈现出丰富多彩的面貌。经过数千年的融合和发展，逐渐形成了以木结构房屋为主的院落式布局的具有东方审美风格的建筑形制，且一直沿用到近现代，并对东亚各周边地区的建筑产生过重大影响，形成了以中国建筑为核心的东亚建筑体系，在世界建筑史上占有重要的地位。

一、回溯

中国传统建筑是数千年中华文脉的重要组成部分，也是中国古代物质文明和传统文化精神的见证。自古以来，在不同的自然条件和地理环境下，先民们因地制宜，因材致用，创造了各种不同风格的建筑。事实上，中国建筑实践活动有实物可考的有7000多年的发展历史，纵观中国建筑发展历程，大体可分为八个历史阶段，包括原始建筑、夏商周建筑、秦汉建筑、魏晋南北朝建筑、隋唐五代建筑、宋（辽金）元建筑、明清建筑和近现代建筑。各个时期、不同阶段，中国建筑在规模、技术、艺术风貌上都取得了巨大成就。

考古发掘证明，中国古代的建筑实物遗存，至少可以上溯到7000年以前的史前遗址。北方穴居式建筑遗址及南方干栏式建筑遗址的发现，说明上古先民始有筑台基可"辟润湿,围风寒"的朴素观念。新石器时代中期以来出现了氏族村落的公共建筑"大房子"和自然神祇祭坛空间,是与祭祀和集会有关的场所。这些原始房屋,从不规则到规则,从无装饰到简单的室内装饰,形成具有明显的艺术美加工的最早建筑,可以说是"建筑艺术"的萌芽。

夏、商、周三代,不仅创造了灿烂的青铜文化,也发展出不同的建筑类型,如城堡、城市、宫殿和墓葬等,其中原始简单的木构架发展为中国建筑的主要结构形式。夏代二里头宫殿遗址可能使用了"庑殿重檐"、造型简洁严肃的建筑形制,拉开了三代都城雄伟宫殿建筑的序幕。夏商时期已有城市规划中突出宫殿地位的主导思想,以渲染最高统治者的权威。至西周时期宗法制度确立和完善后,宫殿建筑和都城规划已发展成一系列规整严谨、中轴对称的模式,突出皇权至上的等级观念,这在东周都城洛邑王城中已有表现。东周各国"高台榭,美宫室"成为普遍现象。典籍中记载此时已出现礼制建筑"明堂",处处体现自然法度,祭天、祭祖合二为一,奠定了数千年儒家礼法制度与中国文化"天人合一"思想的基础,对后世中国建筑艺术发展产生了深远影响。

秦汉时期,修建了空前的城池、宫殿、陵墓和高台建筑,在建筑技术上,抬梁式、穿斗式、密梁平顶式三种中国主要木构架形式都已出现,斗拱得到更多应用,传统建筑以木构架为主的院落式布局特点已趋基本成熟,并受到当时社会礼制和风俗习惯的影响,尤其是西周以来形成的完备都城规划理念和规整对称格局,在汉代皇家礼制建筑中都有突出的表现。这时期总的建筑艺术风格更近于豪放朴拙。"事死如事生"的文化背景下发展的汉代帝王陵,开启了中国特有的宏伟庄严的建筑艺术类型。这时期迎来了中国古代建筑的第一个发展高潮。

魏晋南北朝时期,社会进入动荡分裂状态,同时也为国内外各地区各民族建筑技术、文化交流融合提供了契机。这时期道教和佛教文化流行,宗教建筑大量兴建,出现了寺、塔、石窟和壁画,受到了一定外来影响,取得了辉煌成就。

隋唐五代时期,中外贸易繁荣,横贯东西的陆路和海上"丝绸之路"开始兴起,大量古印度、西域和中亚、东南亚、东北亚等地区文化传入,中外文化不断融合。中国建筑技术水平和艺术手法都表现出兼收并蓄的旺盛生命力,在初期吸收外来文化的同时，很快开始了本土化过程，创造了许多体现中国人审美观念和文化性格的建筑经典。目前遗存下来的这时期的陵墓、木构殿堂、石窟、塔庙及城市宫殿遗址，都证明了独具特色的中国建筑类型已发展到了成熟阶段。

宋元时期，手工业分工更加细化，宋辽金时期是中国建筑发生较大转变的时期，木、砖、石结构有了新的发展，北宋官方颁布的《营造法式》制定了以"材"为标准的模数制，使木构架建筑的设计和施工达到规格标准化的程度，对后世建筑产生了深远影响。城市布局坊与市的制度被打破，娱乐市场瓦子勾栏盛行，城市功能由以军事、政治为中心转向以商业为中心，也带来了江南地区建筑艺术的繁荣。唐宋建筑技术和艺术成就已达到相当高的水平，建筑类型丰富多样，时代和地域特色鲜明，在中国建筑艺术中占有重要地位。这是中国古代建筑发展的第二个高潮。

明清时期建筑继汉唐、宋元建筑之后，成为中国古代建筑发展的第三个高潮。这时期官样建筑形制已成熟定型，建筑结构规范已成定式，清代《工部工程做法则例》就是这时期官样建筑规范的代表。基于中国长期宗法伦理观念的影响，这时期宫殿建筑和都城规划更加突出皇权至上的等级观念，尤以气势恢宏的北京故宫建筑群闻名遐迩。北京故宫整个建筑群采取中轴对称的严谨构图方式，单体建筑殿堂组成了主次分明、等级森严的庞大建筑组群，包括"左祖右社"坛庙建筑群也依中轴线对称布置。装饰布局表现为中和、含蓄、端庄、雄伟、华丽，深蕴着中国文化的内涵和中华民族的审美习惯。北京故宫是世界上现存最完整、规模最宏大、历史最悠久的木结构宫殿建筑群。注重与自然高度协调的观念在各个建筑类型中都有反映，其中堪舆风水说在园林建筑中表现得更为突出，京城皇家花园华丽宏伟，江南私家园林清新雅秀，园林建筑表现出尊重自然的中国文化精神。目前遗留下来的众多的宗祠、会馆、书院和楼阁等民间公共建筑，也无不浸润着中华传统文化精神。各民族建筑也有较大发展，藏传佛教建筑兴盛。各地民居建筑百花齐放。室内陈设也特别注重家具、装饰隔断等对环境艺术气氛的渲染作用，并与诗、词和画意相结合，蕴含了丰富的中国文化内涵，成为文人居室陈设艺术风格的典型代表。

1840年第一次鸦片战争前后，中西合璧的建筑样式陆续出现在中国土地上，此时既有旧建筑体系，又有新建筑体系，再加上中国民族特色的探索和西方各种风格的影响，加速了中国建筑现代化进程。1949年新中国成立后，百废待兴，建筑活动显示出前所未有的活力，中国建筑进入新的历史发展时期。为迎接新中国成立十周年而在北京建设完工的"十大建筑"，成为象征新时代的纪念碑性的建筑群。

　　回溯中国传统建筑数千年的发展历程，先民们建造房屋从最初追求"辟润湿，圉风寒"的基本生存需求，升华到体现人们思想、情感和观念等精神层面，一路走来，创建了大量经典建筑，不但类型众多，风格独特，而且典型建筑保存完整，发展脉络清晰，时代特征突出，地域特色鲜明，它们共同谱写了中国建筑艺术发展的华彩乐章，令人一唱三叹，流连忘返。透过众多异彩纷呈的建筑遗存，我们可以窥视到各个时期、不同地域建筑经典的艺术魅力，以及包含其中的中国传统文化精神。事实上，建筑本身就是物质文化的一个部分，一种文化形态，时代审美观念的物化反映，并蕴含着民族心理意识。这种心理意识作为群体记忆与情感因素被人们自然传袭和接受，即或到近现代，从中国建筑中仍可见到这种古老的文化因素。中国建筑艺术正是因此而成为中华文化的一部分，绵延不断，生生不息。

二、古代建筑特点

　　在漫长的人类文明发展历史的进程中，中国古代劳动人民创造了世界建筑史上具有强烈民族特色的木结构建筑体系，从新石器时代至清末，一脉相承，且不断发展，勇于创新，形成了一种独特的艺术风格。中国传统建筑具有以下几个方面的特点。

（一）木构架式结构

　　木构架是中国古代建筑最重要的一种结构。中国古代建筑主要采用木柱、木梁构成房屋的框架，屋顶与房檐的重量通过梁架传递到立柱上，墙壁只起隔断的作用，而不是承担房屋重量的结构部分。"墙倒屋不塌"这句古老的谚语，形象地指出了中国古代建筑框架结构最重要的特点。这种古代木构架有几种主要形式。

  抬梁式，又称"叠梁式"，它是在立柱上架梁，梁上又抬梁。这种构架的特点是沿着房屋的进深方向在石础上立柱，柱上架梁，再在梁上重叠数瓜柱和梁，最上层梁上立脊瓜柱，形成三角形屋架。在相邻两组屋架之间，于各层梁的两端和脊瓜柱上架檩，檩间架椽，构成双坡顶房屋的空间骨架。由两组木构架形成的空间称为"间"，是组成房屋的基本单位。抬梁式木构架可采用跨度较大的梁，以减少柱子的数量，取得较大的室内空间。这种柱子将梁抬起、梁承托檩子的木构架至迟在春秋时代已初步形成，后不断完善，产生了整套完整的做法。其使用范围广泛，在宫殿、庙宇、寺院等大型建筑中普遍采用，更为皇家建筑群所首选，历代官式建筑均采用此做法，是木构架建筑的代表。（图1、图2）

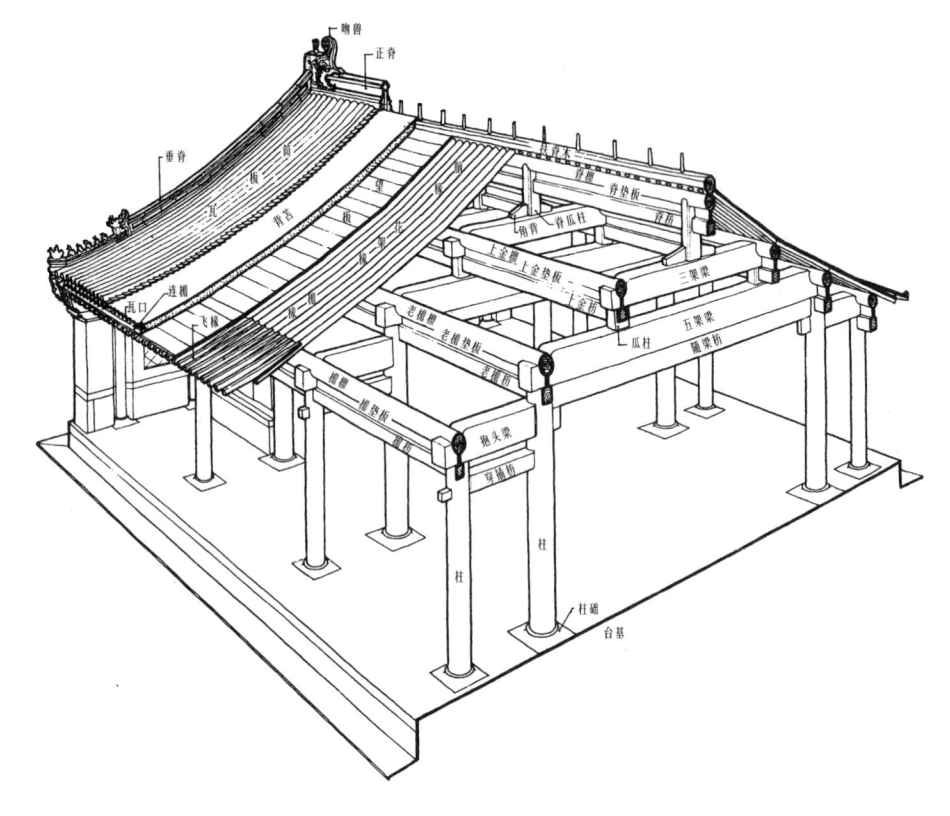

图 1 抬梁式木构架

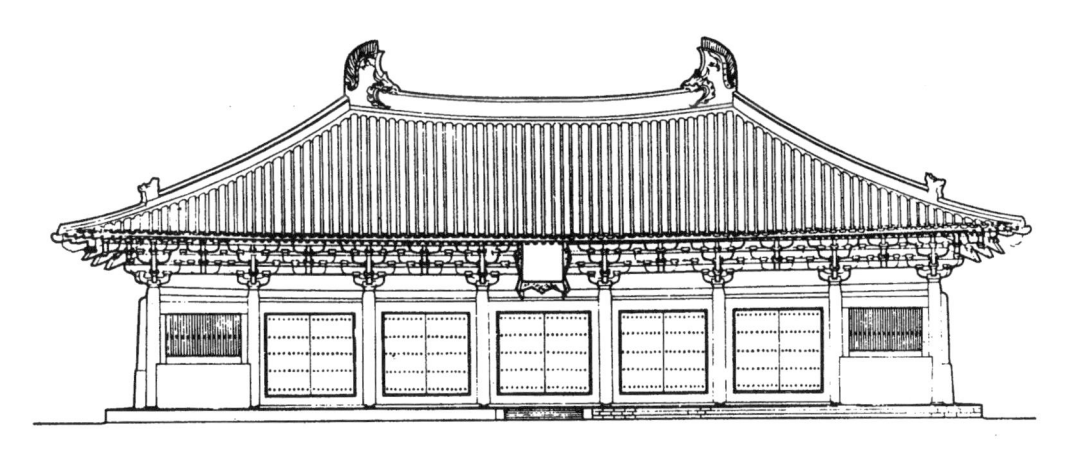

图 2　山西五台山木构架殿堂佛光寺大殿正立面图

穿斗式。穿斗式木构架也是沿着房屋进深方向立柱，各柱随屋顶坡度升高，檩条直接搁置在柱头，不用架空的抬梁，以数层"穿"贯通各柱，由此而形成大的屋架。再沿檩条方向，用斗枋把柱子串联起来，构成双坡屋顶骨架。它的主要特点是用较小的柱与"穿"，做成相当大的构架。相比抬梁式，这种柱子直接承托檩子的穿斗式木构架用料小，整体性强，但柱子排列密，只适合于空间尺度不大的室内结构。这种木构架至迟在汉代已经相当成熟，流传至今，为中国南方地区建筑所普遍采用。（图3）

密梁平顶式。将檩搁置在纵向排列的立柱上，檩间架水平方向的椽，构成平屋顶。檩实际是主梁。密梁平顶式主要流行于新疆、西藏、内蒙古各地。（图4）

概括来说，中国古代木构架建筑具有许多独特之处。

其一，木构架建筑以间为单位，采用模数制的设计方法。每间房屋的面宽、进深和构件断面尺寸，至迟到南北朝后期已有一套模数制的设计方法，至宋代已发展完备并记录在北宋年间编撰的《营造法式》建筑法规中。木构架房屋易于大量而快速组织设计和施工，采用模数制设计方法是重要原因之一。

其二，室内空间分隔灵活，不同功能区域划分明显。由于木构架房屋墙壁不承重，门窗和隔断设置灵活性大，常常采用屏门、隔扇、落地罩、飞罩、栏杆

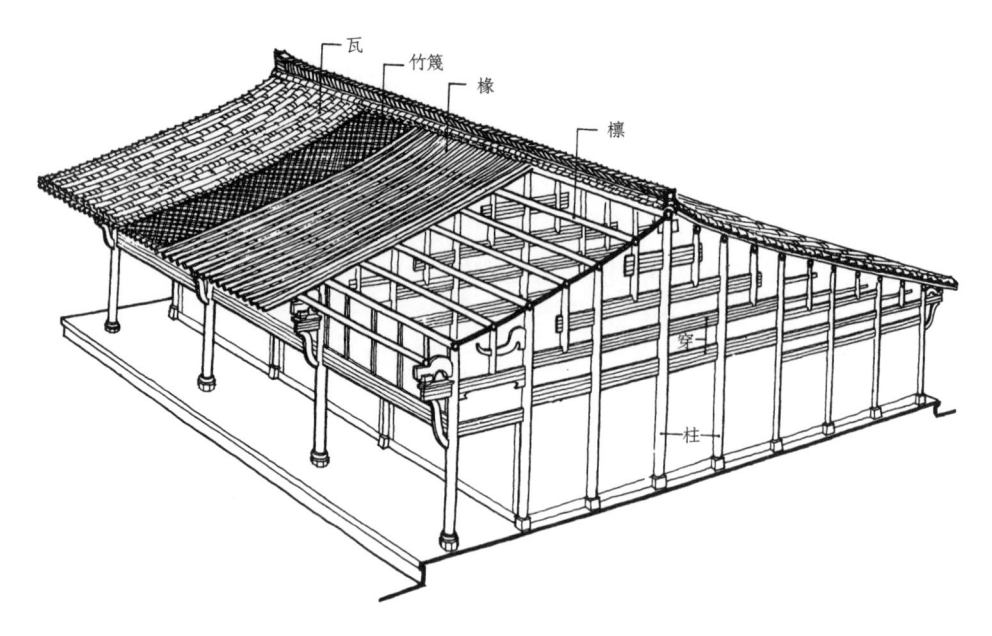

图 3　穿斗式木构架

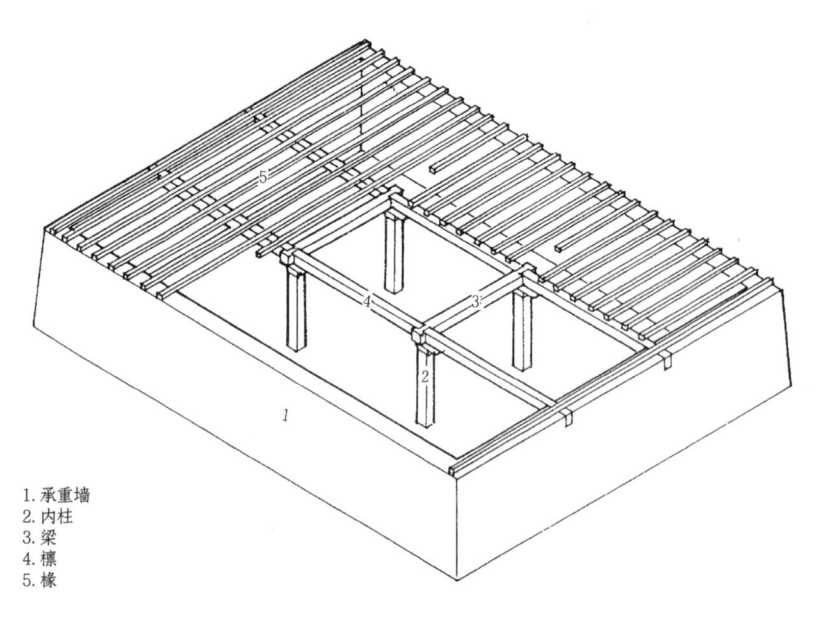

1. 承重墙
2. 内柱
3. 梁
4. 檩
5. 椽

图 4　密梁平顶式木构架

图 5　室内装饰隔断图

罩等木制构件组群配置形式，顺利完成室内厅堂、卧室、书斋等不同居室的功能划分，空间上既有限隔，又可自由通行，做到隔而不断、虚实相间，创造一种室内空间陈设的多格局意境效果。（图5、图6）

其三，屋面凹曲和屋角起翘，最具东方特色。为了适应不同的气候条件，房屋需要防潮避雨，故需筑高台基和造大檐屋顶。其外观上台基、屋身、屋顶三段式特征明显，其中屋面向下凹曲的特征引人注目，木构架皆可通过增减每层小梁下瓜柱的高度，使屋顶形成凹曲的屋面，有利于排水和采光。屋顶样式也丰富多样，主要有庑殿（四坡）、攒尖（锥形）和歇山（庑殿与两坡式的结合）等形式（图7、图8），均在相邻两面坡顶相交处形成角脊，下用45度的角梁承托。南北朝时，开始出现使椽表面略低于角梁表面的做法，抬起诸椽，下用三角形木块垫托，即屋角起翘的形式，至唐宋以后成为通用做法，并加大屋檐转角部分的翘

009

图 6　室内装饰落地罩、圆光罩

起程度，因向上翘起，舒展如鸟翼，如宋代文人欧阳修《醉翁亭记》所言"有亭翼然"，故称之为"翼角"（图9）。角翘给古典建筑轮廓平添了许多飞扬风韵，是中国传统建筑的重要特征之一。

其四，宫殿、寺庙等建筑安装斗拱，作为等级身份象征。斗拱是中国木构架建筑的重要结构，也是古代高等级建筑才有的独特构件。在立柱顶、额枋和檐

概述：中国建筑艺术的华彩乐章

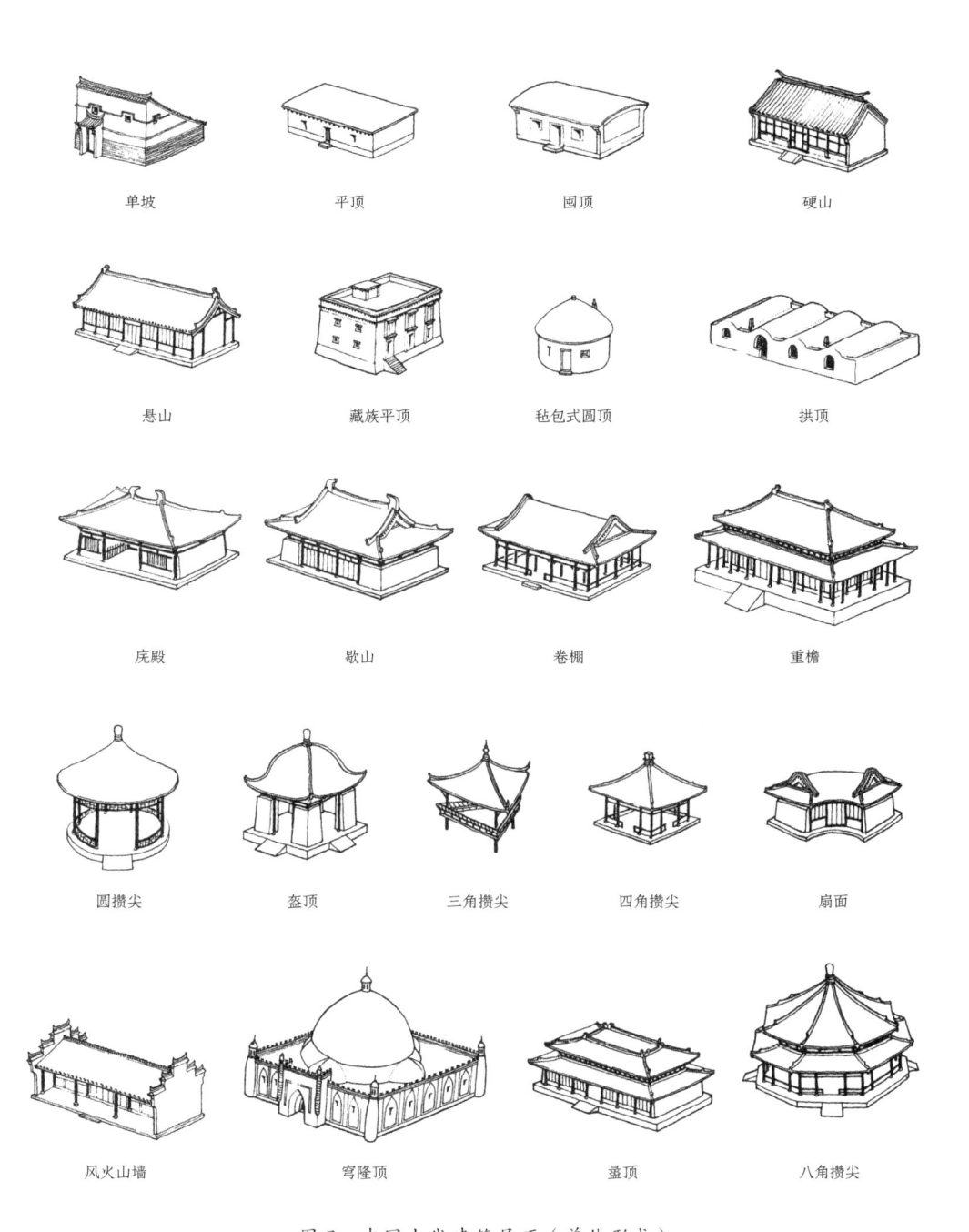

单坡	平顶	囤顶	硬山
悬山	藏族平顶	毡包式圆顶	拱顶
庑殿	歇山	卷棚	重檐
圆攒尖	盔顶	三角攒尖	四角攒尖	扇面
风火山墙	穹隆顶	盝顶	八角攒尖

图7 中国古代建筑屋顶（单体形式）

011

中国建筑经典

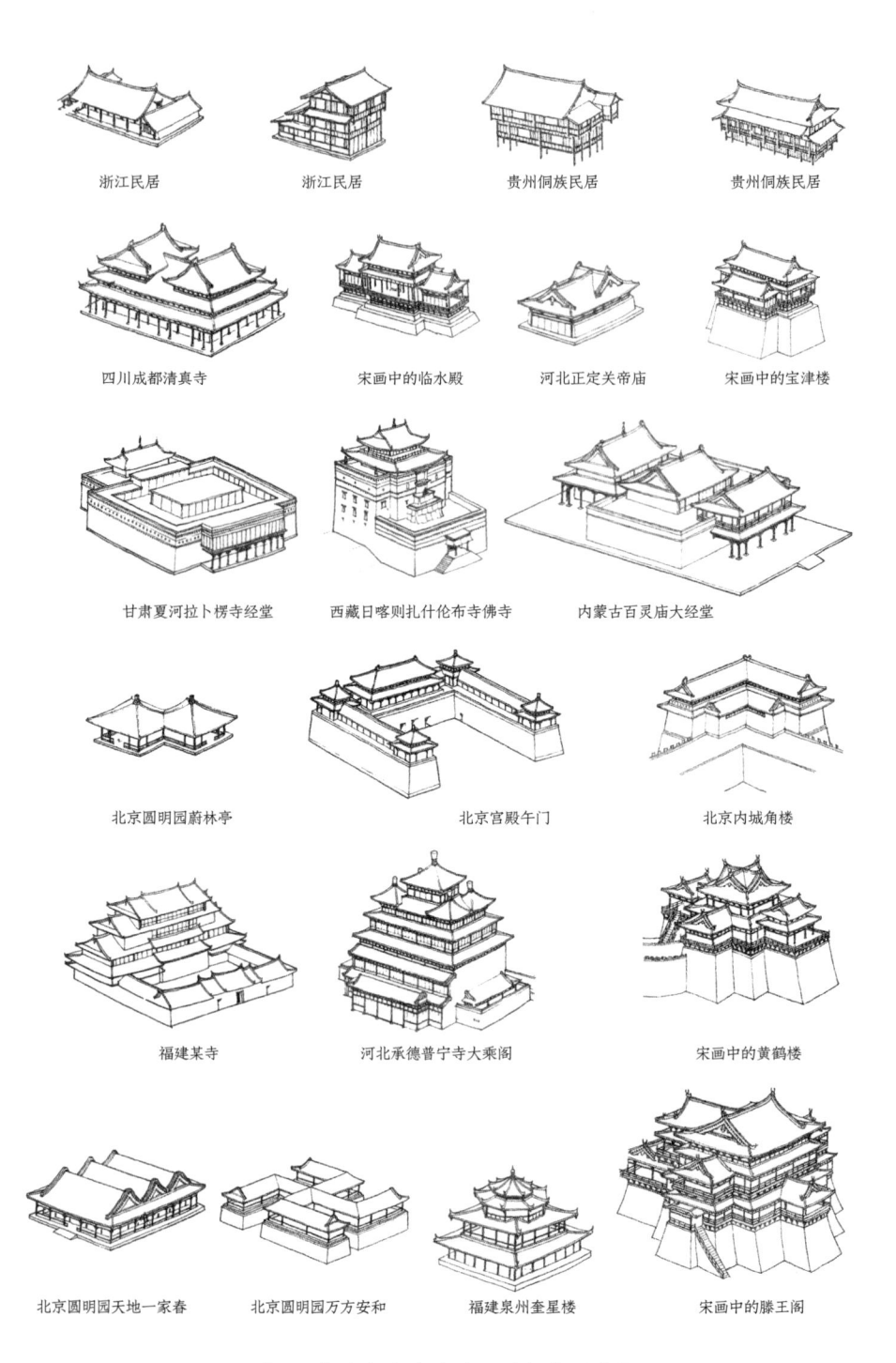

图 8　中国古代建筑屋顶（组合形式）

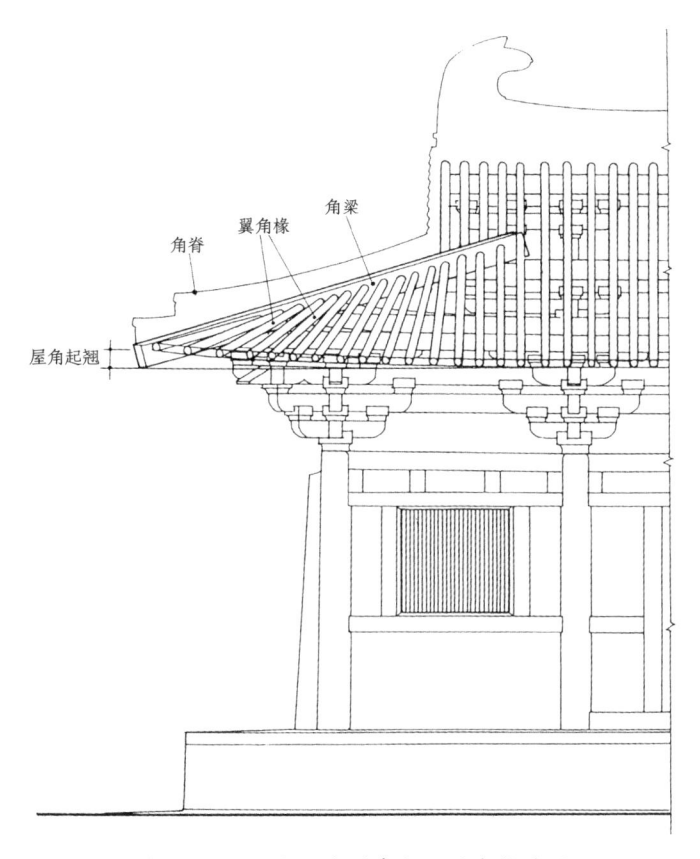

图 9　山西五台山南禅寺大殿屋角构造图

檩间或构架间，从枋上加的一层层探出呈弓形的承重结构叫"拱"，拱与拱之间垫的方形木块叫"斗"，合称"斗拱"（图10）。这种构件既有支承荷载梁架的作用，又有装饰作用，象征着中华传统建筑的精神和气质。在西周初较大的木构架建筑中，在柱头承梁檩处垫木块，又从檐柱柱身向外挑出悬臂梁，梁端用木块、木枋垫高，以承挑出较多的屋檐，出现了"斗拱"的雏形。至唐宋时，斗拱发展到高峰，从简单的垫托和挑檐构件，发展成与横向的梁和纵向的柱头枋穿插交织、位于柱网之上的一圈井字形复合梁。明清以后，由于结构简化，将梁直接放在柱上，致使斗拱的结构作用消失，变成了纯粹装饰品，成为我国传统建筑造型的一个主要特征。

中国建筑经典

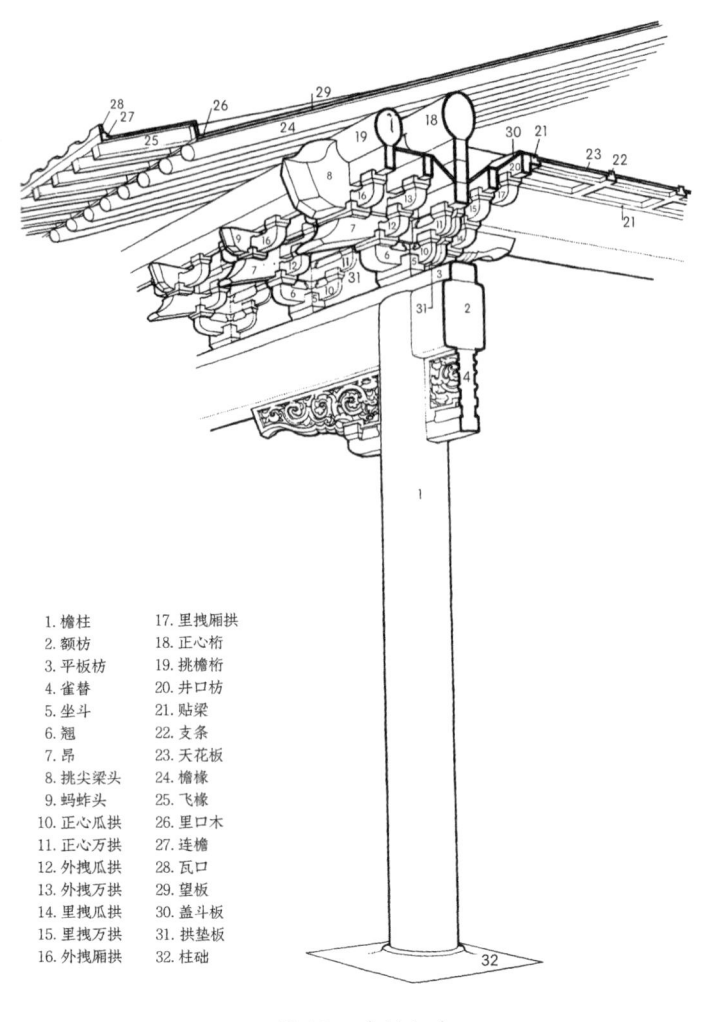

1. 檐柱	17. 里拽厢拱
2. 额枋	18. 正心桁
3. 平板枋	19. 挑檐桁
4. 雀替	20. 井口枋
5. 坐斗	21. 贴梁
6. 翘	22. 支条
7. 昂	23. 天花板
8. 挑尖梁头	24. 檐椽
9. 蚂蚱头	25. 飞椽
10. 正心瓜拱	26. 里口木
11. 正心万拱	27. 连檐
12. 外拽瓜拱	28. 瓦口
13. 外拽万拱	29. 望板
14. 里拽瓜拱	30. 盖斗板
15. 里拽万拱	31. 拱垫板
16. 外拽厢拱	32. 柱础

图 10　斗拱组合

其五，雕梁画栋，突出艺术特征。彩画原是为木结构防潮、防腐、防蛀，后来在一些部位画各种装饰图案，只为突出其装饰性，宋代以后彩画已成为宫殿不可或缺的装饰。明清以来，宫殿建筑上彩画非常慎重，丹楹刻桷，柱、门窗和墙壁一般以丹赤为主色，檐下阴影部分色彩多为青蓝、碧绿冷色，略加金点，两者形成鲜明的冷暖对比，并与白色的台基相映衬，给红墙黄瓦一个间断，形成中国传统建筑外观上又一突出的艺术特点。

（二）庭院式组群布局

以木构架结构为主的中国建筑体系，在平面布局方面有一种简明的组织规律，每一处宫殿、官衙、寺庙，甚至民宅建筑，都是以"间"为单位构成单座建筑，再以单座建筑组成庭院，进而以庭院为单元，组成各种形式的组群，以个体建筑组成群体建筑以满足多种功能的需要。它们保持较统一的特征。（图11）

庭院式组群布局，大都采用均衡对称的方式，沿着纵轴线与横轴线进行设计，比较重要的建筑都安置在纵轴线上，次要房屋安置在其左右两侧的横轴线上，北京故宫和北方的四合院是最能体现这一组群布局的典型实例。四合院即一个院子四面建有房屋，从四面将庭院合围在中间，四合院的四角通常用走廊、围墙等将所有建筑连接起来，成为封闭性较强的整体。一般第一进为门屋；第二进是厅堂；第三进或后进为私室或闺房，是妇女或眷属的活动空间，一般人不得随意进入。古人用"侯门一入深似海"来形容大宅庭院的幽深。这种布局方式适合中国古代社会"长幼有序，内外有别"的礼法和等级制度，便于安排家庭成员的住所，使尊卑、长幼、男女、主仆之间在住房上体现出明显的差别。（图12）

这种庭院式组群布局的另一个特点是，重要建筑居院落中心，很少能从外部一览无遗，如同山水长卷画，重重院落，层层展开，这就是中国庭院式组群布局的艺术特点。以宫殿为例，在组群建筑中，宫殿正门形体巨大，建于高台或城垣上。正门以内，沿着纵轴线依次纵向布置若干庭院，组成有层次的空间，每个庭院的形状、大小及组合各不相同。大面积庭院，以次要的殿、阁、廊庑和四角崇楼等周围建筑拥簇高大的正殿建筑，之后通常还建若干庭院，最后高大的殿阁成为整个组群建筑的结尾。明清北京故宫是院落式布局的典型代表，如外朝三大殿，从外门至主殿，依着对称原则，构成组群的中心，每通过一道门，才能进入另一庭院，让人流连忘返。中国园林也采用这种方法，以轩、馆、亭、廊为主体，辅以假山、树篱、花墙、月洞门等围成向纵深发展的院落群，一庭一院，移步换景，让人感受深切。事实上，这就是中国古代建筑在平面上纵深发展所形成的建筑庭院空间化的艺术魅力。

山西五台山佛光寺大殿（唐）

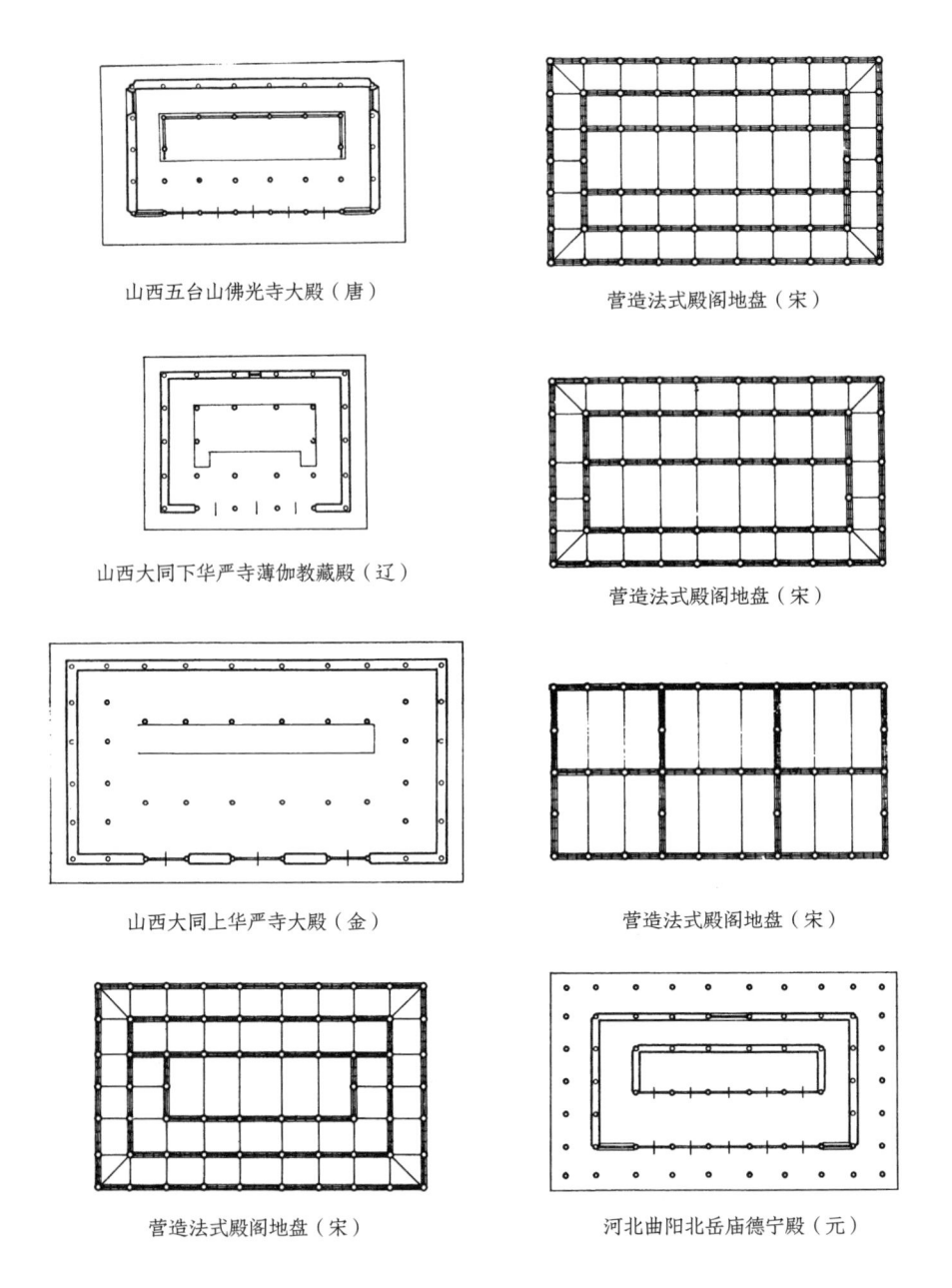

营造法式殿阁地盘（宋）

山西大同下华严寺薄伽教藏殿（辽）

营造法式殿阁地盘（宋）

山西大同上华严寺大殿（金）

营造法式殿阁地盘（宋）

营造法式殿阁地盘（宋）

河北曲阳北岳庙德宁殿（元）

图 11　中国建筑单体平面图

概述：中国建筑艺术的华彩乐章

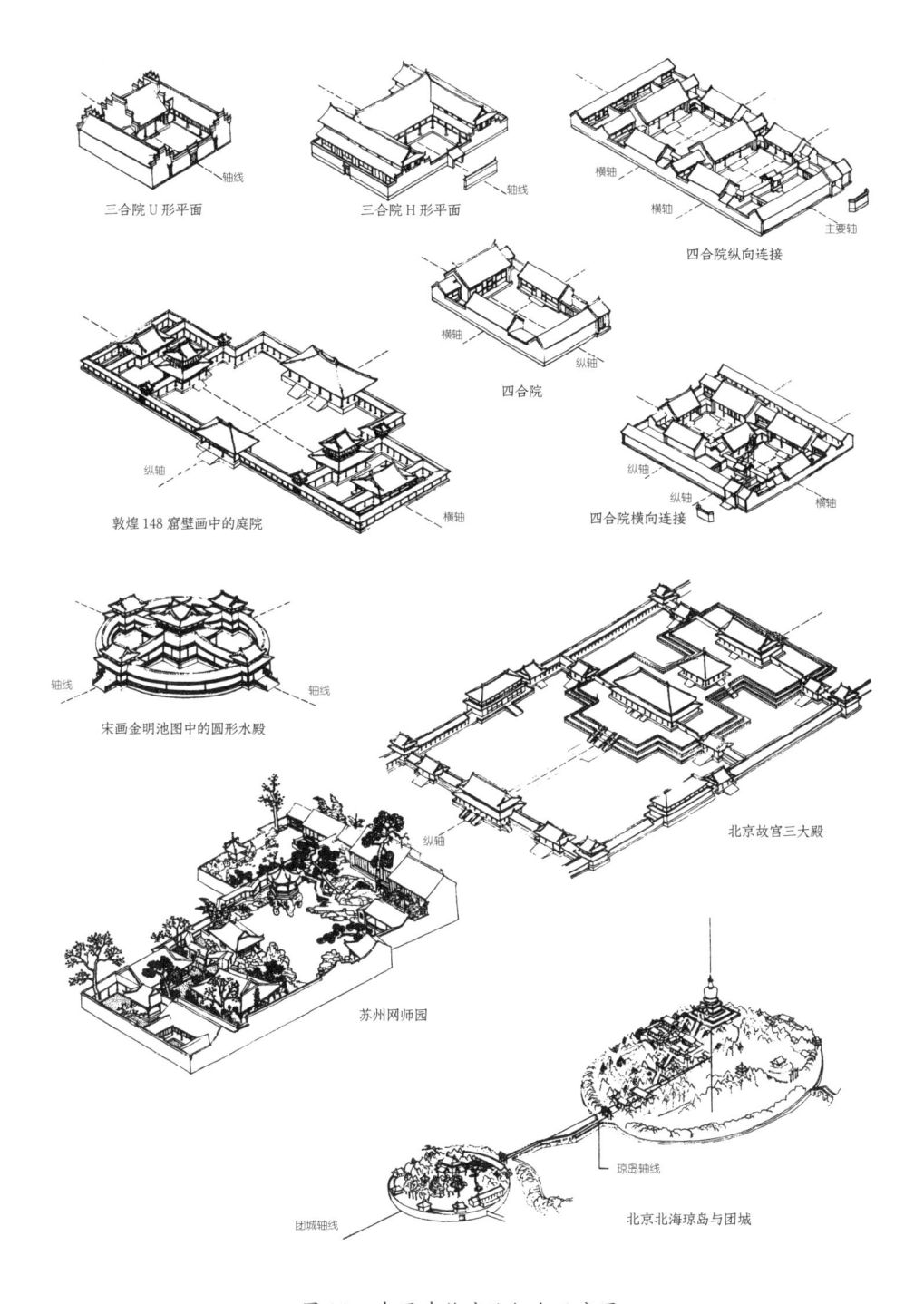

三合院 U 形平面

三合院 H 形平面

四合院纵向连接

四合院

敦煌 148 窟壁画中的庭院

四合院横向连接

宋画金明池图中的圆形水殿

北京故宫三大殿

苏州网师园

北京北海琼岛与团城

图 12　中国建筑庭院组合示意图

（三）建筑艺术特征

建筑艺术是一种立体艺术形式。它是以建筑工程技术为基础的一种造型艺术，主要运用建筑艺术独特的艺术语言，通过建筑的构图、比例、尺度、体面、色彩、质感和空间感，以及庭园、家具陈设和自然环境等多种因素营造出的一种综合性艺术。"音乐是流动的建筑，建筑是凝固的音乐。"因为建筑空间实乃一个需要在运动中逐步铺陈开来，才能领略其全部魅力的空间序列。空间序列的展开以数字化的比例与结构为基础，通过连续、高低、疏密、虚实、间隔等有规律的变化，体现出抑扬顿挫的律动，颇似音乐中的不同篇章，给观者以激动人心的旋律感。中西方建筑之美，莫不以此出之。

由于地理位置不同所导致的自然物质条件及精神文化、社会结构的差异，中西方建筑各有偏重，呈现出不同特质：古代西方建筑以砖石为主，追求高大、庄严、肃穆，以体现神性；古代中国建筑以木结构为主要体系，用木质材料表达繁复优美的意象。如梁思成所说："中华民族的文化是最古老、最长寿的。我们的建筑同样也是最古老、最长寿的体系。"中国历代建筑师尽可能地通过形式美的创造，渲染出想要表达的情感和氛围，以此达到建筑形式与实用功能的和谐统一，使建筑具有独特的艺术特征。

其一，面与体。建筑是由各个面围合而成的实体，面采用不同材料呈现不同的艺术效果。如五台山佛光寺大殿的主立面，门窗、墙壁等皆用朱色土涂染，设有装饰彩绘，表现了大殿的雄伟气势。体是三次元的空间造型，包括体形和体量。对建筑来说，体比面的处理更重要，因为人们首先感受到的建筑是体的表现形式。面和体的造型都要遵循建筑形式美法则。如河南登封嵩岳寺塔，是用优质小砖垒砌成十二面、十五层的砖塔，是中国现存的唯一一座古代十二边形塔。此塔高39.5米，外轮廓作抛线形，曲线优美，体形高耸，是我国现存最早的、面与体结合完美的密檐式砖塔。这种建筑体量巨大，与其他造型艺术显著区别。小体量且适宜的建筑，诸如园林住宅，也有其自身的优势。

其二，空间与实体。它是建筑独有的艺术语言，具有巨大的情绪感染力。"凿户牖以为室，当其无，有室之用。故有之以为利，无之以为用。"先哲老子智慧地表达了空间与实体的辩证关系。人们建房、立围墙、盖屋顶是为了利用其中"无"的空间。巧妙地处理空间的形状、比例、明暗等，可使建筑呈现出丰富的空间感受。中国建筑与西方建筑的空间感不同，西方建筑讲究立体丰满；中国建筑讲究平面延伸，无论是皇家建筑还是私人宅院，都是一院套一院，一门套一门。如梁思成喻，观赏西方建筑就像观赏一幅油画，从一个角度就能尽收眼底；而观赏中国建筑好比看一幅卷轴画，随着卷轴逐渐展开，建筑全貌才会映入眼帘。

其三，组群与环境。建筑常常是由若干幢组合成群，讲究建筑与自然环境融为一体，表现出一种内在关联性。中国古代建筑组群常采取院落方式，辅以各种自然环境因素，集中而明确地表达一个主题。如位居轴线中段主位的北京故宫，通过宫前左右太庙、社稷，城外四面天、地、日、月四坛等组群建筑的艺术渲染，达到烘托皇权至上的目的。故宫神武门正对松柏成林的景山，在整体布局上，景山可说是故宫建筑群的天然屏障。在中国文化中，为求得与天地和自然万物和谐，借山水之势，聚落建筑坐靠大山，面对平川，"仰观天文，俯察地理"的做法是中国独特的文化观。

中国古代建筑采取木构架结构的房屋，对称庭院式的组群布局，重要建筑居院落中心，形成了中国古代建筑的艺术特色。

三、古代建筑类型

中国传统建筑在世界建筑发展史上始终保持自己的独特体系，形成了若干不同类型，可归纳为宫殿建筑、陵墓建筑、坛庙建筑、宗教建筑、园林建筑、民居建筑等几大类建筑，因它们在物质和精神上具有不同的要求，又因区域性自然、经济、技术条件等方面的差异，呈现出丰富多彩的面貌。

（一）宫殿建筑

在漫长的古代建筑发展历史长河中，宫殿建筑是其重要内容之一。它集中体现了一个时代的文化和技术水平。"宫室"最初是古时房屋的通称，古代典籍《尔雅·释宫》中记载："宫谓之室，室谓之宫。"进入夏、商以后，逐渐成为王、诸侯等统治者居住建筑的专用名称。"殿"在古代是指最高、最大的建筑。汉代以后，"宫殿"遂成为帝王办理政务、举行朝会与居住地方的专称。唐代骆宾王诗"不睹皇居壮，安知天子尊"，说明宫殿建筑除满足实际功能需求外，还要以其建筑艺术手段表现皇朝的巩固和皇帝的权威，中国历代王朝所建大量宫殿都突出了这个主题。

迄今发现最早的宫室是偃师二里头夏代宫室遗址，其中有规模宏大的宫殿建筑群和宫城遗迹。残存有夯土台基，台上有八开间的建筑，周围环绕回廊，有广阔的庭院。宫殿基址规模宏大，结构复杂，主次分明，开创了三代都城宫殿的建筑模式，尤其是院落式的布局结构为此后中国历代宫室建筑所承继。殷墟遗址是公元前14世纪商王盘庚迁都殷（今河南安阳西北小屯村）后的宫室，其建筑布局已大致分为北部居住区、中部宫室核心区、西南较小规模区三个部分，以主体建筑沿南北纵轴组合成建筑群。西周统治阶级营建很多以宫室为中心的城市，宫室多建在高大夯土台上。木构架结构、使用斗拱、院落式布置是古代宫殿建筑最明显特点，至此已初见端倪。随着社会的发展，建筑上也出现了等级区分制度和以管理工程为专职的"司空"，后来各朝代在这个基础上发展为中国特有的工官制度。西周初年兴建东都洛邑王城，城约为方形，东西2890米、南北3320米，折合西周尺度，大致符合记载"方九里"之数。洛邑王城是西周王朝为治理国土而设立的祭祀与政治中心。近几年考古，在西周周原岐邑地区北部（今陕西岐山凤雏村）发现了有可能在武王灭商以前的先周宫殿（或宗庙）遗址。整群建筑为前后两进、东西对称的封闭式院落布局，体现了复杂有序的群体组合关系，开后世中国建筑宫殿布局之先河。至此，中国宫殿的总体格局已大体形成，西周宫殿"前朝后寝"是夏商宫殿"前堂后室"的继承和发展，众多建筑依中轴线作纵深构图，对后代宫殿、佛寺、坛庙、衙署和民宅等布局影响深远。

春秋战国时期，各国都兴建都城宫室。一般都城有大小二城，小城是宫城，大城为居民区，以安置归属诸侯王的臣民农工等。宫殿多台榭，台榭是以阶梯形夯土台为核心，逐层建屋，靠土台层层升高造成外观像多层楼阁的大体量建筑，它是多层阁楼的代替办法。各层夯土台的边缘和隔墙墩垛要用壁柱、壁带加固，防止崩塌。这时期宫殿建筑还出现了砖和彩画。古代中国最早的工程技术专著《考工记》反映出春秋战国之际的许多重要建筑制度，其中有宫室内部标准尺度和工程测量技术。

至秦汉时期，中国古代宫殿建筑以木构架为主、采用院落式布局的特点已基本成熟和稳定，并与当时社会礼制和风俗习俗密切结合。秦统一后，以信宫为咸阳各宫的中心，甘泉宫为太后住所，北宫、咸阳宫旧宫等处作为帝后寝宫和嫔妃居住的离宫，还有上林、甘泉等御苑。考古发掘秦咸阳宫殿遗址，发现地表为朱红色，即当时的"丹地"，并有大量壁画痕迹，出土了铸铜铺首、金钉、单龙托璧纹空心砖和菱格纹长砖等精美建筑构件和装饰。西汉长安城位于渭河南岸，先后建造了长乐、未央、建章三宫。长乐宫初居高祖，以后居太后，未央宫是正式的大朝之宫，建章宫则具有离宫的性质。在秦兴乐宫的基础上建成了长乐宫，以西修建未央宫，建立东阙、北阙、前殿、武库、太仓等。武帝时主要建离宫苑囿，在城内未央宫北建桂宫，长乐宫北建明光宫（又称北宫），城外筑上林苑，据称苑墙长达四百余里，内有宫观数十，最大者建章宫，内有太液池和上林苑内的昆明池，饲养珍禽异兽，种植奇花名卉，还在今陕西淳化扩建甘泉宫。至此，长安城基本定型。总体来看，汉长安城宫城突出，长乐宫、未央宫、建章宫、桂宫及南郊的宗庙、社稷等礼制建筑，以及东西两市的布局，体现了"前朝后市""左祖右社""前朝后寝"的布局，对后世都城和宫殿的营造产生了重要影响。

东汉光武帝刘秀定都洛阳，这时期洛阳已是天下名都之一。考古发现，东汉洛阳城的内城，即帝国权力中心，包括皇宫、武库、太仓、三公府（太尉、司徒、司空）与其他贵族重臣的"国宅"，还有南市、马市和金市，供皇宫内院、贵族重臣和外国使者消费。宫殿区相对集中，形成南宫、北宫相对峙的格局，南宫、北宫之间还修建了复道，形如上有屋顶覆盖的空中走廊。东汉建安九年（204），曹操以邺城为国都，在此"挟天子以令诸侯"。全城分作南北两区，北区中部建宫城，宫城以东为戚里，以西为禁苑铜雀园，首创城市主干道与皇宫丁字交会的新格局，通过有序、对称的道路彰显了皇权至高无上的等级观念，并将市从后宫移到了民间，将市与坊巷、里间相结合，这是前所未有的改变。魏文帝时，将都城从邺城迁至洛阳，并依东汉旧制建南、北二宫，在城北建苑囿。汉魏时期最大的宫廷建筑成就为建造太极殿，宫城由居中的太极殿主殿和两侧略小的太极东、西堂组成，外围还辅以回廊、院墙、宫门等附属建筑。这是中国历史上第一座"建中立极"的宫城正殿，由此确立的以太极殿为中心的单一宫城形制以及都城单一建筑轴线，以太极殿为大朝、东西两侧并列的东西堂为常朝的"东西堂制度"，在中心正殿前设三道宫门、宫城三大主殿南北纵列的"五门三朝"制度等，开创了中国古代宫室制度及都城布局的一个新时代，不仅被后代沿用，甚至传播至其他国家，现存北京故宫太极殿和明清北京城建筑布局均脱胎于此。北魏孝文帝迁都洛阳，在西晋旧址上重建都城，宫殿建制仍沿西晋旧制，宫城位于中轴线上，宫殿在都城中央偏北。主要建筑沿轴线南北纵深发展，次要建筑则严格对称地布置于中轴线两侧，体现了北魏统治者一统华夏的政治抱负。这些做法都被隋唐等后世王朝广泛吸纳。在外郭城内修建坊里的做法，也开创了唐代都城棋盘式格局的先例。

隋大兴城、唐长安城平面为横长矩形，开13城门，城内干道纵横各三条，称"六街"。城市由外郭城、宫城和皇城三部分组成。隋代短暂统一后，中国历史上迎来了唐王朝的繁荣与昌盛。唐朝以长安为西京，洛阳为东京，在长安隋大兴城基础上继续修建宫室，宫城以太极宫为中心，东有东宫，西有掖庭宫。宫城南有皇城，安置军政机构和宗庙。长安城内东部的兴庆宫及城外的大明宫、禁苑等都是后来兴建的，太极宫、大明宫、兴庆宫是唐长安城著名三大宫殿群，均以宫殿壮丽而闻名遐迩。

北宋汴梁宫殿集中在宫城内。南部排列外朝主要宫殿，北部是皇帝的寝宫及内苑。宫城以南设有御街，街两侧有御廊。宫城外围有内城和外城两重城垣，形成以宫城为中心的都城布局，沿用于宋以后各代的都城。近年考古探测，汴梁的子城大约在内城居中，宋称"大内"，又称"皇城"，是宫殿所在，相当于唐以前所称的宫城。据文献记载，大内四面正中各开一门，南面正门为宣德门，门左右各有一掖门。御道是最宽的一条端直干道，为全城纵轴大街。二街是全城横轴。正如明清时顾炎武在《历代宅京记》所云，汴梁各门"皆瓮城三层，屈曲开门，惟南薰、新郑、新宋、封丘正门，皆直门两重，以通御路"。可见，汴梁的布局与隋唐都城仍有传承关系，如三城相套、纵横轴线、大内正门正对纵轴大街等。但因大内沿袭唐州衙和五代宫殿故地而处于城市中央地带，打破了曹邺以来700余年皇宫居于全城北部中央的传统，开启了辽金至清各代的先例，具有重要意义。另一个重要方面，汴梁城市商业贸易高度发展，市民阶层兴起，在城市布局上改变了汉以来历代都城采用的封闭式里坊制度，改为沿街设店的"坊市制""草市制"，繁华的汴梁景象从宋代画家张择端画作《清明上河图》可见一斑。在大内宣德门东的潘楼街、东华门土市子等地即有繁华街市，日夜交易不歇。南宋定都临安（今杭州），地形复杂，建筑随地形而变化，以府城、府衙为都城，宫殿比北宋更小，城内街道不求工整，但苑囿园林极精致，反映了江河丘陵的南方皇宫特色。虽实物罕存，但可在宋代绘画中见其概貌。

元代大都城内建有皇城，宫殿位于城市中轴线上的南部，以西有御苑、隆福宫和兴圣宫。明永乐时期在元大都基地上稍南移建新都北京，街道、胡同沿用元大都之旧，皇城、宫城、宫殿则全部新建。北京皇城、宫城在城内中轴线上稍偏南部，轴线穿过皇城、宫城的正门、主殿，出皇城墙北以钟鼓楼为结束，全城最高、最大的建筑都在这条中轴线上。衙署在皇城前，太庙、社稷坛在宫城南侧左右分列，其余布置住宅、寺庙、仓库，规划完整，气魄雄大。

北京故宫建筑群始建于明永乐四年（1406），建成于永乐十八年（1420），故宫为南北长的矩形，四面各开一门，以南门为正门。宫殿、太庙、天坛等建筑群依中轴线对称布置，近千座单体建筑的殿堂组成各宫，各宫又纵横组织成连续的院落，逐步展开空间序列，形成主次分明、南北纵向排列为主的庞大建筑组群，皆采用红墙黄瓦白台基的统一风格。这种格局鲜明地体现了以宫城为中心的周王城制度。整个故宫建筑群雄伟壮观，气势恢宏，是世界上现存最完整、规模最宏大的宫殿建筑群，宫内大体可分外朝、内廷两部分。

外朝在故宫中轴线前半部，是皇帝举行大朝会及大典、行使权力的主要场所。主体为太和、中和、保和"前三殿"，建在工字形白石台基上，四周由殿门、廊庑、配楼围成院落。主殿太和殿面阔十一间，重檐庑殿顶，殿内用金龙柱，比乾清宫高出一等，是全宫最高规格的建筑。左右配楼体仁、弘义二阁也用最高规格的庑殿顶。院落长437米，宽234米，为全宫最大。三大殿从院落尺度、建筑大小、形式规格等级而言，是全宫也是当时全国最高等级的，是国家政权的象征。据傅熹年实测和研究，"前三殿"区面积正好是"后两宫"区的四倍，是古代帝王"化家为国"思想的体现。前半部建筑艺术表现严肃、庄严、壮丽、雄伟，以象征皇帝至高无上的威权。

故宫后半部为内廷，这里是皇帝处理日常政务和帝后居住区，由若干大小院落组成。内廷主体称"后两宫"，以乾清宫、交泰殿、坤宁宫三殿为主，建在全宫中轴线后部，四周由殿门、廊庑围成矩形院落，东西两翼有东六宫和西六宫，供妃嫔皇子居住。乾清宫、坤宁宫二殿为面阔九间重檐庑殿顶的大殿，属帝、后正殿的标准规格，是皇权的象征。东、西六宫和乾清宫东、西五所共22个院落，每侧11个院落，据傅熹年研究，它的总面积等于"后两宫"，表明在规划宫殿时，是以"后两宫"为模数进行规划，其他院落是它的倍数或分数，从此表明"国"以家族皇权为中心。内廷建筑多自成院落，有花园等建筑，生活气息浓厚。在"前三殿""后两宫"院落的对角线相交处，也就是几何中心位置，便是太和殿和乾清宫，表示皇帝不论在国家还是在皇室中都是中心，古人据《易》的说法，引申皇帝为"九五之尊"。"前三殿"和"后两宫"都建在8米高的工字形台基上，二台之长宽比都是9∶5，体现了"九五之尊"。

外朝和内廷两部分的主要宫殿建筑由南往北依次排列在故宫的中轴线，也就是北京城的中轴线上，并且以这些宫殿为中心形成大小不同的院落和场所，组成了故宫的主要部分。为了衬托中轴线上的前三殿和后两宫，在二者之前分别布置了太和门前广场和乾清门前横街，并在宫前和宫内中轴线两侧对称布置大量建筑群。除了这些建筑以外，重要的还有位于外朝东、西两边的文华殿和武英殿，位于故宫西北部的宁寿宫建筑群等。每座院落中建筑有主有次，以配殿衬托主殿。不同规模的次要院落有秩序地组织起来，共同烘托外朝、内廷主院落和中轴线上的主殿。整座宫城主次分明，重点异常突出，鲜明地表现出皇帝至高无上的等级制度。

宫殿建筑是统治阶层意志的表现，讲究主次与秩序，建筑壮观，装饰豪华，集中反映了一个时代的政治、经济、文化及技术，是我们研究当时社会的重要载体，也是中华古代物质文明和传统文化的精华体现。

（二）陵墓建筑

陵墓建筑是中国古代重要的建筑类型，它的产生与"灵魂不死"观有着密切关联。古代人崇信人死之后在阴间仍过着类似阳间的生活，"事死如事生"，因而陵墓的地上、地下建筑和随葬品都仿照世间，并世代相传成为习俗。陵墓建筑主要包括仿死者生前居住的地下建筑和供后人奉祭的地上建筑两部分，这也是陵墓建筑区别于其他建筑的基本特征。为了维系封建秩序和宗法制度，古代丧葬制度等级森严，称谓和规制都不尽相同，如帝王墓葬特称"山""陵""陵寝"，平民墓葬只能称"冢""丘""坟墓"，其形制、用料、装饰等，以及地面祭祀建筑都受到严格等级制度的限制，定制分明，以示尊卑。传统建筑群组注重空间环境营造的特点，在陵墓建筑中具有突出表现。陵墓堪舆风水之说，从帝后陵寝到平民墓地，都希望选择自然环境极佳的风水宝地，如高丘帝陵中有陵垣、神道、石雕、祭殿、陵门、碑阙及繁茂松柏，还与建筑、绘画、书法、雕刻等诸多艺术融为一体，渲染出庄严肃穆的气氛，成为多种建筑艺术成就集大成者，从而达到彰显先人功德、崇宗敬祖、荫及子孙的目的。陵墓建筑已发展成为特别受重视的建筑类型，在地面古代建筑保存较少的情况下，古代陵墓建筑为研究中国历代建筑艺术提供了重要的实物资料。

早在仰韶文化遗址中，就有陶瓮棺上开小孔以便死者灵魂出入，说明"灵魂不死"观念早在新石器时代就已形成。这种观念从原始社会一直延续至商周，殷墟遗留下许多王公贵族的高等级大墓，竖穴土坑里有棺有椁。王的墓葬一般不起坟，没有陵园，从当时思想意识来讲，似乎并不需要在墓上造设坟丘和建筑物，所谓"古之葬者，厚衣之以薪，藏之中野，不封不树"。中原地区的墓葬兴建坟丘起于春秋后期。战国时期，随着社会经济制度的变革，坟墓的形制、高低大小以及所种树木的多少，成为坟墓等级的主要标志。考古材料表明，至少在殷商晚期，应墓祭的需要，有在墓圹上建享堂的实例，如商王配偶妇好墓圹上可见5米见方的小享堂。西周王侯贵族墓葬基本承接商代大型墓形制，盛行带斜坡道的大型椁墓，墓葬周围增设大型车马陪葬坑，这时棺椁制度等级森严，"天子棺椁七重，诸侯五重，大夫三重，士再重"。商周社会墓葬祭祀对应宗教形态为庙祭。东周时期，人们对"墓"的兴趣愈益增长。战国中山王𫲗陵中出土的《兆域图》，是在铜版上用金、银错刻画出陵墓建筑平面、名称和尺寸，在陵墓建筑空间关系上表达了尊卑等级的观念和陵园的气氛，标志着当时已经能用图表达陵墓的规划和设计意图，反映出平面为凸字形的陵墓封土形式。

　　在礼崩乐坏的社会，宗庙祖灵祭祀"庙祭"逐渐退化，墓主人灵魂成为坟墓祭祀的主体。战国时期有了人死后"魂气归于天，形魄归于地"的"魂魄"二元观念，注重神鬼的南方地区的楚人深信升天的祖灵会降临人世，往返于天地之间，"魂兮归来，君无下此幽都些"，出现了将地下墓葬比作幽都的概念，表明楚人对深埋于地下的鬼魄有所关注。战国初，传统楚墓发生变化，率先在密封、隔绝的木椁内隔板上开设方孔，接着发展到装饰门、窗，以至精心制作模造门扉，有意识地在固有的全封闭椁内创设一条回路，为死者亡灵提供回游往返的空间。湖北随县出土的曾侯乙墓最为典型，墓室之间有门洞相连，墓主外棺足挡绘出门扉，内棺足挡绘窗框。彩棺巨椁上饰造门窗，寓意灵魂出入，象征着埋葬空间新境地的出现，一个开通以往注重密闭隔绝的埋葬空间的新时代来临，显示出生死观发生的变化。楚墓椁内外开通的丧俗一直延续至西汉，以至在椁壁上开设双向门扉。楚墓在一定程度上为后世汉墓形制和横穴室墓的出现奠定了基础，传统椁墓向室墓发展变化，对后来的墓葬形制产生了深刻影响。位于楚地的长沙马王堆汉墓属"井椁"墓，1号墓北边厢比其他三个边厢宽出一倍，有了更充足的空间模拟建筑室内陈设器物，共同界定出祭祀墓主灵魂的"礼仪空间"。

　　"陵"原指山陵。战国中期以后，君王坟墓"高大若山"，开始称"陵"。公元前335年建造的赵肃侯"起寿陵",是我国历史上君王坟墓称"陵"的最早记载。秦国从秦惠文王开始称"王",他的坟墓也开始称"陵"。秦始皇修建了空前规模的始皇陵,他将自己的坟墓定名为"骊山",把自己的陵园称为"骊山园",以此来表示皇帝陵墓等级要在战国时代各国君王之上。自20世纪70年代发现秦陵1号兵马俑坑以来,考古队对秦陵内外陪葬墓、陪葬坑和陵园建筑等进行了调查和发掘。秦始皇陵园里陵寝在小城西,面向东方,按照古礼以西南隅为尊,遵循"事死如事生"之礼,按都邑布局设计。陵园建筑按照帝王生前居住的宫廷规格设计,如同宫廷建筑一样奢侈华丽。秦始皇陵园是中央集权王朝的产物。据文献记载,陵墓设"寝"从秦开始,就是说把"寝"从原来的宗庙里分出来,建造在陵墓的边侧,这种新制度,西汉仍沿用。墓地设"寝"的礼俗普遍推行,在战国秦汉之际实行陵侧起"寝"、陵旁立"庙"制度,当与此时宗庙的地位发生变化有关。古代帝王陵侧建寝殿,意为模仿宫殿的"寝",为墓主灵魂所建的饮食起居之所,古人以为鬼神和活人一样需要起居饮食,所谓"鬼犹求食"。因为陵园中设有"寝",所以有"陵寝"之称。据考古探测,始皇陵地宫基本沿用商周以来的四出羡道木椁大墓形式(具有四个墓道的亚字形墓)。地面陵体高大方整,陵上"广植草木",崇高若岭,给人以庄重威严之感,奠定了帝王陵墓以高为贵、以方为尊的总体格局。

汉武帝废黜百家,独尊儒术,宣扬天人感应,健全祭祀礼仪,厚葬之风盛行。帝王墓从汉起专称"陵",一般臣民墓则称"坟墓"。汉代帝陵形成以陵体为中心的平面布局形式,正南接有简短的神道,陵墓制度逐步形成和完善,陵墓建筑也得到了发展。西汉诸帝一般自登基次年,就派将作大匠营建寿陵。汉承秦制,封土为高达十二丈的方形平台,俗称"方上"。四周有土城和阙门,占地七顷。地圹在方上之下,称"方中",埋深十三丈,为四出羡道竖穴土坑木椁墓。在帝陵之西有后陵和陵园,还有贵戚勋臣陪葬冢、宗庙和陵邑等构成庞大的帝陵建筑群。以陵山高耸、四面环山象征死者君临天下的威势和与山岳同高的"功德",以神道两边设置动物石雕使人生敬畏之心。西汉诸帝陵中以文帝霸陵最为节俭,"因山为陵,不复起坟",开创了依山凿穴为帝陵的先例。武帝茂陵规模为西汉诸帝陵之冠，陵高46.5米，四周呈方形，平顶，上小下大，形如覆斗，显得庄严稳重。文献记载，西汉帝王陵墓往往采用一种特殊葬制，即"黄肠题凑"，是墓主身份和地位的象征，考古发掘西汉广陵王刘胥寝陵采用了这种特殊葬制。"黄肠题凑"，即去皮后的柏木黄心累于棺外，称之为"黄肠"，木头皆向内，称之为"题凑"。汉广陵王陵棺椁周围用木头垒起一圈墙，上面盖上顶板，就像一间房子。此题凑的结构是将各块木头之间用榫卯嵌合，并以立柱和压边枋约束，使全部题凑组合成更为稳固的整体。汉代礼制中，黄肠题凑与玉衣、梓宫（棺）、便房、外藏椁等，同属于帝王诸侯陵墓中的重要组成部分。

东汉迁都洛阳，中央集权渐弱，提倡薄葬。现存东汉帝陵中以光武帝的原陵规模最大，陵体呈圆锥状，外绕方形垣墙，各面正中有门。东汉豪强大族兴起，墓祭活动增多，为求陵墓坚固而大量采用砖石，出现砖石拱券结构的墓室，坚固耐久的砖石墓逐步代替了木椁墓，砖石结构的陵墓建筑也得到了较大发展。地下砖石墓室发展到后期，平面由前室、中室和后室三部分组成，墓室顶部构造出现了覆斗藻井、穹隆顶等形式，还出现了画像砖、画像石和壁画等不同砖石墓室装饰。地面建筑出现祠堂、石阙，还出现了石像生（即动物和人像石雕）、石碑、仿木结构的石阙等。早在西汉武帝时期，骠骑大将军霍去病墓陪葬茂陵，墓旁散置大型石雕，以纪念他的赫赫战功。（图13）

魏晋南北朝时期社会动荡，佛教盛行，一批帝王公侯的陵墓前出现神道，两侧置有石兽、神道柱和石碑等石刻。

隋唐时期，隋文帝的"泰陵"、唐高祖的"献陵"皆以汉"长陵"和"原陵"为范。汉都长安附近有"唐十八陵"。唐太宗以九嵕山建昭陵，并诏令子孙"永以为法"，继汉文帝霸陵之后开创了唐代帝王陵寝制度"因山为陵"的体例。昭陵周长60千米，占地面积为200平方千米，共有180余座陪葬墓，是关中"唐十八陵"，也是中国历代帝王陵园中规模最大、陪葬墓最多的一座。唐高宗与武后合葬乾陵是"唐十八陵"之一，以梁山为陵，文献记载陵域占地"周八十里"，陵园仿唐都长安城格局营建，原有城垣两重。据考古实测，陵园内城南北墙各长1.450千米，东墙长1.583千米，西墙长1.438千米，总面积近2.3平方千米，陵

图13 陕西兴平霍去病墓旁"马踏匈奴"石雕

园规模宏大,表现出皇权至上的帝王意识。陵园内有献殿,神道经朱雀门贯梁山南峰至入口处阙门,长达4千米。朱雀门阙前东侧立"无字碑",西侧竖"述圣碑",开帝王陵前立功德碑之先例。石棺、椁是隋唐墓葬中的重要葬具,多见于皇室贵族和品级较高的官吏墓葬中。如唐玄宗贞顺皇后敬陵石椁是一件难得的庑殿式建筑形制的艺术珍品。其他高等级墓葬,如懿德太子墓、章怀太子墓、永泰公主墓均由墓道、过洞、天井、墓室构成,仿地面建筑格局。懿德太子墓为庑殿式石椁,外壁雕饰头戴凤冠的女官线刻图,墓壁满绘壁画。五代时前蜀主王建墓,地下墓室甚为精致,皆为砖石结构,坚固耐久,墓室四壁和顶部广施彩绘或雕饰,呈现出地上规模变小、重视墓室建筑的特点。

位于河南巩义的北宋皇陵分布着"七帝八陵"以及为数众多的后陵、皇亲贵戚及勋臣墓300余座,是中部地区规模最大的皇家陵墓群。现地上所存700多件精美石刻,具有重要的文物价值和艺术价值。宋朝帝后生前不营寿陵,待驾崩后选址择日,七个月内筑陵入葬。因经济和工期所限,北宋皇陵的诸帝陵园建制相似,平面布局相同,皆坐北朝南,分别由上宫、宫城、地宫、下宫四部分组成,围绕陵园建筑有寺院、庙宇和行宫等,苍松翠柏,肃穆幽静。南宋朝廷偏安江南，位于浙江绍兴的"宋六陵"权殡了南宋六位皇帝及数位皇后，每座陵寝均设上下宫，功能齐备，结构完善。西夏王陵和金帝陵与同时期宋帝陵相似，都集中于一定区域。西夏王陵每座帝陵由阙台、神墙、碑亭、角楼、月城、内城、献殿、灵台等部分组成，既吸收了唐宋皇陵的长处，又受到佛教建筑的影响，兼有汉文化、佛教文化和党项民族文化特性，在中国古代陵园建筑中别具一格。

宋金之时非常盛行砖雕墓和石雕墓，墓室四周按照墓主人生前住宅府邸，仿木构建筑雕出台基、柱、枋、斗拱、屋檐、门窗和家具陈设等，四壁或雕刻或彩绘墓主人日常起居、宴饮宾客等生前场景，墓顶雕饰成形状各异的藻井。如河南禹州白沙宋墓为砖室仿木建筑结构墓，分为前、后两室，前室呈扁方形，墓顶为叠涩式顶（用砖石层层堆叠向内收最终在中线合拢），东西壁有壁画，墓门正面有仿木建筑门楼，墓内墙壁也砌出柱和斗拱。仿木建筑和四壁多有彩绘，后室的北壁还砌成妇人启门状的场景。西壁雕画墓主人夫妇对坐宴饮像，东南壁画表现墓主人内宅的生活情景，这种仿木建筑的砖雕壁画墓流行于北宋末年中原和北方地区，白沙宋墓是其中保存较好、结构最复杂、内容最丰富的墓葬。叶茂台棺床小帐出土于辽宁法库叶茂台7号辽墓，棺床小帐属小木作工艺，仿大木作建筑而造，宋代建筑著作《营造法式》称"小帐"。小帐九脊顶，面阔三间，进深二间，周围是壁板，前有窗，与当时大木作原样无甚差异。河北宣化辽墓中以张世卿家族墓具有代表性，墓为前、后方形双墓室，由墓道、墓门、前室、甬道和后室五部分组成，墓室内部做出仿木砖雕柱子，柱子上承普拍枋和阑额，再上为斗拱，到此开始收砌成穹隆顶，造型独特，结构复杂，做工精美，展现了辽代建筑艺术风格，是研究辽代建筑的实物资料。墓中出土的桌、椅、箱、盆架、镜架和柏木棺箱等家具，都为高型家具，墓室墙上的彩绘壁画是辽墓精华。

明代提倡儒学，重视传统，视陵墓建筑为治国安民的重要手段。明代帝陵在继承前代皇陵建筑的基础上有所变化和创新。明孝陵承唐宋帝陵"依山为陵"旧制，又创方坟为圜丘新制，并以宫殿形式修筑而成，分成前、中、后三进院落，集上下宫于一体，成为既供安葬又供祭祀使用的综合建筑群。明初永乐七年（1409）开始在北京昌平北面山谷中兴建长陵，建成帝陵十三座，故称"明十三陵"。整个陵区北、东、西三面群山环抱，以北倚天寿山的永乐帝长陵为主体，其余十二陵各倚一山峰，以昭穆为序，分列左右，互相呼应，横亘十余公里，形成一组环境优美、造型庞大的陵墓建筑群。长陵为十三陵之冠，仿明孝陵，由三进院落组成。第二进院落中的祾恩殿是全陵主体建筑，建在三层汉白玉台基上，面阔九间，进深三间，重檐庑殿顶，用楠木仿明代北京紫禁城奉天殿而建。第三进院落北端为方城明楼，是建在方形城墩上的碑亭，为后世帝陵所模仿。定陵地宫已被发掘，且保存完整。地下宫殿平面如三合院，规模宏大，由五座石室组成（前室、中室、左配殿、右配殿、后室）。地上陵宫由宝城、明楼、祾恩殿（重檐七间）、祾恩门（五间）、左右廊庑（各七间）及外罗城内外的宰牲亭、神厨、神库、碑亭组成。明陵墓建筑创建了以方城明楼为核心，与祾恩殿相结合的宫殿式三进院落形式，将神道分为以"神功圣德碑楼"和"方城明楼"为中心的前后两段，增加了陵墓建筑的空间层次。综观陵墓主体建筑，石桥、碑亭、陵门、祾恩门、祾恩殿、明楼、宝城和地下宫殿等均坐落在一条中轴线上。陵墓四周有众多的附属建筑、绵延的峰峦，建筑物与自然环境融为一体，增加了陵墓建筑的综合艺术性，体现出睿智的造陵思想。

清顺治十八年（1661）在河北唐山遵化修建的清东陵的主陵清孝陵为顺治陵，也是关内第一处清帝陵。清东陵集中建于山谷中，诸陵一字排开。地面建筑大体沿明十三陵规制而建，入口处有神道、石牌坊、大红门、神功圣德碑楼等。前院以隆恩殿为中心，后院有方城明楼和宝城。清帝陵大多效仿孝陵而建，只在规模上略小。清帝陵中地宫建筑以乾隆裕陵最为典型，其地宫面积达372平方米，用青白石垒砌，拱顶用拱券结构，刻满佛像、法器、经文、梵文等，墓室构图严谨，雕刻精细，反映了清代建筑和石雕技艺水平。清代开始建后陵，形式与帝陵相同，规模略小。慈禧的菩陀峪定东陵，隆恩殿内部装修奢华，其汉白玉台基栏杆精致地雕刻着龙凤祥云图案。清东陵是现存规模最宏大、体系最完整、布局最得体的帝王陵、帝后陵建筑群。明清时代陵墓建筑融进了历代陵墓建筑的各项艺术成就，经过发展完善，中国陵墓建筑艺术达到了鼎盛阶段。

近代陵墓建筑以中国民主革命的先行者孙中山的陵墓——南京中山陵最具代

表性。中山陵主体建筑群坐北朝南，依山而筑，主要建筑沿轴线设置，地坪随地势逐渐升高，由南往北依次排开半月形广场、花岗岩石牌坊、墓道、陵门、石阶、碑亭、祭堂和墓室。中山陵主体建筑四周还建有系列附属纪念性建筑，包括奉安纪念馆、音乐台、流徽榭、光化亭、行健亭、藏经楼等。作为民国时期纪念性建筑景观的杰出代表，中山陵的设计者是著名建筑师吕彦直，设计方案以建筑平面钟形命名为"自由钟"（又称"警世钟"），设计手法融汇中西、形式庄严简朴。

（三）坛庙建筑

"坛庙建筑"，即由系列"礼"的要求而产生的建筑类型，故可称为"礼制建筑"。坛，古代举行祭祀、誓师等大典用土和石筑的高台，最高等级的是皇帝祭天地日月、江山河渎、社稷先农的祭坛。庙，古代本是供祀祖宗的地方，最高规格的是皇帝祭祀祖先的太庙。每个王朝都自称"受命于天"，在坛和庙祭祀，表明继统皇帝"敬天""法祖"的合法性。庙坛是每个王朝不可或缺的礼制建筑。

早在新石器时代就出现了氏族村落的公共建筑"大房子"和露天祭祀自然神祇的原始祭坛。辽宁喀左东山嘴发现的新石器时代红山文化祭坛遗址，是迄今为止发现的最早的史前祭坛遗址，距今5000多年。之后在距东山嘴约50公里的牛河梁又发现了红山文化大型祭坛、积石冢和"女神庙"遗址。江苏连云港藤花落龙山文化遗址，发现一座回字形"大房子"，占地超过100平方米，是一个与宗教、祭祀、集会有关的场所。据说殷商时已有"祀于内为祖，祀于外为社"，即祭祀祖先在室内，祭祀自然神在室外的祭祀制度，以此推断红山文化"女神庙"遗址可能为祭祀祖先的"庙"，女神塑像就是祖先的象征。夏、商时代宫殿仍处于一种宫殿与祭祀建筑"混沌未分"的状态，直接继承了原始社会公共建筑"大房子"的观念。

西周时周公制礼作乐，建立了宗法制度，体现在建筑上，主要是制定了"明堂"制度。传说明堂是远古时代黄帝专为祭祀昊天上帝而设立的。夏叫"世室"，商叫"重屋"。周建"明堂"，即为"明正教之堂"，史料称"王者造明堂、辟雍，所以承天行化也，天称明，故命曰明堂"。《礼记·明堂位》记载："武王崩，成王幼弱，周公践天子之位以治天下。六年，朝诸侯于明堂制《礼》作《乐》，颁度量而天下大服……明堂，天子太庙也。"东汉卢植注之曰："明堂即太庙也。天子太庙，上可以望气，故谓之灵台；中可以序昭穆，故谓之太庙。"可见明堂是集祭祀天地与祖先于一体的"天子太庙"，把祖先与神祇合二为一，实为借神权以布政，宣扬君权神授。同时明堂还集宗教、政事、教化为一体，凡朝会、祭祀、庆赏、选士、养老、教学等大典，均在这里举行。明堂上圆下方，四周环水，其每一结构、尺寸等均有着神秘的象征意义。如东汉桓谭《新论》解释说："天称明，故命曰明堂。上圆法天，下方法地，八窗法八风，四达法四时，九室法九州，十二坐法十二月，三十六户法三十六雨，七十二牖法七十二风。"这为后世明堂建造制定了规范，但因周明堂具体样式未存，各朝营建时的形制与规模也不尽相同。

除了太庙，周代还有祖庙和社坛。周初营建东都洛邑，文献载洛邑宫殿已与祭祀祖庙、社坛分开，《考工记·匠人》曰："匠人营国，方九里，旁三门。国中九经九纬，经涂九轨，左祖右社，面朝后市。"城中央建宫城，左设宗庙，右设祭坛。"庙"为宗庙，祭祀周王祖先；"社"是社稷坛，用以祭祀土地之神"社"和五谷之神"稷"。周代大祭有"受命于庙，受于社"之别。庙和社的位置，据明《三才图会》"国都之图"和清戴震《考工记图》"王城图"、清《宫室考》的"都城九区十二门全图"，以及近人的研究，大约分别在外朝广场的东、西。至此，宫殿与祭祀功能建筑完全分开。

汉代以后，庙逐渐与原始的神社（土地庙）混在一起，蜕变为阴曹地府控辖江山河渎、地望城池之神社。"人死曰鬼"，庙作为祭鬼神的场所，还常用来敕封、追谥文人武士，如文庙——孔子庙、武庙——关羽庙。汉武帝以后，罢黜百家，独尊儒术，维护统治秩序，神化专制王权，建立了礼制建筑"明堂辟雍"，今西安西郊大土门村存其遗址。辟雍即明堂外面环绕的圆形水沟，环水为雍（意为圆满无缺），圆形像辟（辟即璧，皇帝专用的玉制礼器），象征王道教化圆满不绝。汉代把明堂、辟雍合称，可见这是一座集祭祀、理政、教化功能为一体的综合性祭礼建筑，凡祭祀、朝会、庆赏、选士等大礼典均在此举行。据最新考古发掘表明，西安西北大土门村明堂辟雍遗址建于西汉元始四年（4）。这是一座平面呈方形的大庭院，每面围墙的正中辟一门，四隅有曲尺形的配房。围墙外围有环形水沟。庭院中间有直径62米、高出院落地面30多厘米的圆形土台，土台正中有平面呈亚字形的夯土台基。台基四面均有墙、柱痕迹。复原后得知，中央建筑下层四面走廊内各有一厅，每厅各有左右夹室，共为"十二堂"，象征一年的十二个月；中层每面也各有一堂；上层台顶中央和四角各有一亭，为金、木、水、火、土五室，祭祀五位天帝。五室间的四面露台用来观察天象。各部尺寸又有许多烦琐的数字象征意义。整体建筑群符合包纳天地的身份，是目前我国发现的最早的辟雍遗址，在中国礼制建筑的历史上占有重要地位。

至王莽时期，因为王莽不是刘姓汉朝皇位的合法继承人，为了给自己篡权制造舆论，于是托古改制，假借实行真正周礼的名义，以汉儒传下来的经书为基础添油加醋，编造了一系列礼仪程序，兴建了一大批礼制建筑，包括明堂、辟雍、太学、灵台、九庙等。这些礼制建筑群建成之后，王莽并未遵照周礼的传统"祭天配祖"，而采取了偷天换日的方法改弦易辙，让自己的直系祖先坐到上帝的位置上，夏、商、周、汉四代的祖先神都成为王氏直系祖先的配祭之神，利用新编的明堂礼在君权神授的层面上完成了自己篡位的合法化过程。考古工作者曾对汉长安城南郊礼制建筑中的"王莽九庙"进行了发掘，它由12座建筑遗址组成，每座建筑遗址的形制基本相同，与明堂辟雍差不多，但规模更大。建筑中发现了"四神"瓦当，从其出土地点与所属建筑方位关系，可知分别用在东、西、南、北四方，正与四神代表的方位相同。此时各种礼制建筑位置已趋于定型。

唐代，武则天时将明堂建在隋乾阳殿，明堂北隋大业殿又起"天堂"，比明堂更高，五级，"内贮夹纻大像，至三级则俯视明堂矣"（《旧唐书·武后本纪》）。这说明明堂、天堂在当时是按皇家宫殿的规格礼制建造的，武则天以周代唐，垂拱三至四年（687—688）在洛阳建造明堂以资纪念。这座明堂没有拘泥于井字形构图，也没有了四室十二堂的制度，而只采用了下方上圆的基本形式，并以下层象征四时、中层象征十二辰、上层象征二十四气来体现它的象征含义，另于室内中央用铁铸成水渠以象征辟雍。

宋代兴建了大型国家级祭祀建筑，例如五岳庙、孔庙等。现泰安岱庙、登封中岳庙、华阴西岳庙、曲阜孔庙等多始于北宋，按国家规定兴建。它们基本上都是一座小城，有城楼、角楼，内建廊院，中轴线上建正门，门内庭院中为工字殿，后世多析为前后二殿，前为祭殿，后为寝殿。正门外建历次祭祀的碑亭。城内廊院四周密植柏树。

明清时期，坛庙礼制建筑已十分完备。坛有天坛、地坛、日坛、月坛、先农坛、社稷坛等，都是高出地面的露天祭台。以明清北京天坛为例，它是皇帝祭天之所，对天坛的设计要求以建筑艺术手法使祭天的皇帝感到"祭神如神在"，使观礼者感到皇帝似乎真能"至诚格天"。天坛依历代传统，建在都南大道东侧，其始建时要合祀天、地，故平面南方北圆，以证古代"天圆地方"之说。在其南北轴线北端原建合祀天地的大祀殿，后在南部新建祭天的圜丘，改北部大祀殿为祈丰年的祈谷坛，上建祈年殿，都作圆形以象天。北部祈谷坛建在高大的方台上，台边建矮墙。环以柏树林，远隔尘嚣，则是坛庙设计的共同手法。而社稷坛，建于天安门西侧，是明清两代皇帝祭祀土地神和五谷神的地方。主体建筑有社稷坛、拜殿及附属建筑戟门、神库、神厨、宰牲亭等。社稷坛中尤以五色土最引人注目，中黄、东青、南红、西白、北黑分别象征金、木、水、火、土五行，也象征东、南、西、北、中五方。五色土由各地进贡而来，表明"普天之下，莫非王土"。

明清北京太庙是迄今仅存的天子太庙（图14），建在天安门东侧，与社稷坛相对，符合"左祖右社"的帝王都城设计。太庙由两重围墙环绕着，其核心部分是在内重墙内中轴线北段所建前、中、后三殿。三殿原都面阔九间，清乾隆时改前殿为十一间，与宫内太和殿规格相同，但祭太庙是皇帝家事，规模小于太和殿举行国家庆典，故殿庭小于太和殿。殿内中央三间不用金而用赭黄色，在殿内幽暗光线下，颇有神秘感。殿内后半部原设屏风，并设有诸帝御座及几案，殿内后半部还分隔成单间以置已故诸帝的木主，垂幕悬挂，光线昏暗，神秘寂静。太庙的设计包括环境、庭院、殿宇、室内装饰等，突出表现了高等级宫殿规格，但是又要与生人的宫殿有别，不求奢华，只表静穆，示逝者犹存，备感帝位历代相承、渊源有序。

社稷坛　　太庙

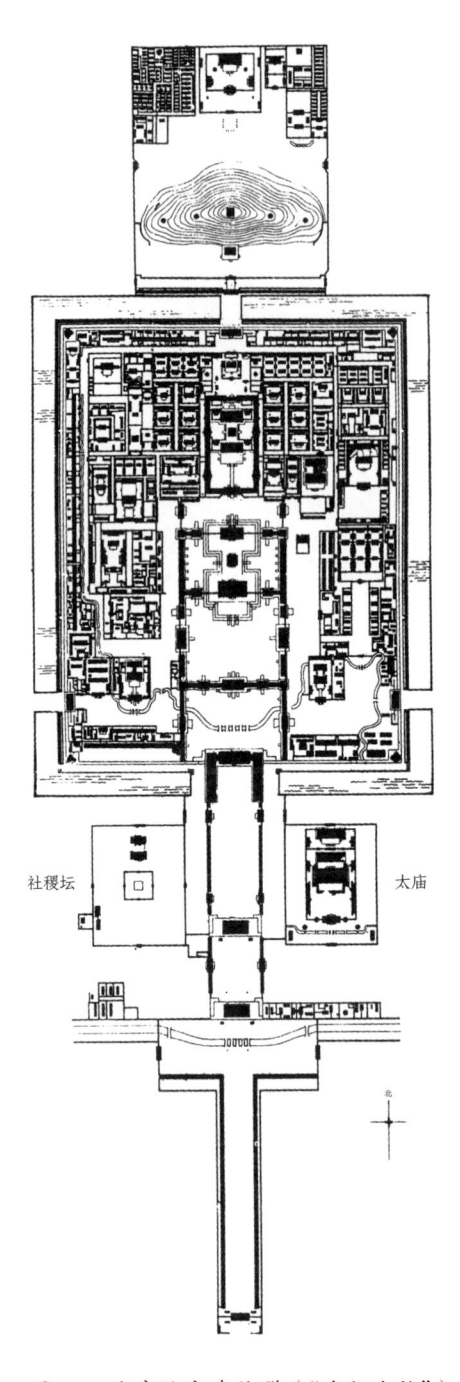

图 14　北京故宫建筑群（"左祖右社"）

古代帝王标榜忠孝，故官员也可按法令规定视其级别官阶建筑相应的家庙。《礼记》说："天子七庙，卿五庙，大夫三庙，士一庙。"故百姓不许立庙，只能"祭于寝"。大的宗族可以建宗祠以祭共祖。祠与庙有些相似，故常把同族子孙祭祀祖先的处所叫"祠堂"。祠堂最早出现于汉代，据《汉书·循吏传》记载："文翁终于蜀，吏民为立祠堂。岁时祭祀不绝。"东汉末，社会兴起建祠抬高家族门第之风，甚至活人也为自己修建"生祠"。建于东汉的山东济南孝堂山石祠，是中国现存最早的石筑石刻房屋建筑。最著名的祠堂为山西太原北魏年间奉祀晋侯始祖唐叔虞而建的"唐叔虞祠"。经历代翻修扩建，其现已成为以祭奉唐叔虞之母邑姜并祀水神的圣母殿为主殿的大规模建筑群"晋祠"。明清以后祀堂日渐增多，宗祠内常设宗塾以教化同族子弟。除祭祖外，还可聚会同族，敦睦族谊，秉承礼法，成为族人的精神支柱。清代有些宗祠，为显示家族权势、财富，所建宗祠规模宏大，装饰繁复，雕梁镂柱，甚至建戏楼。此外还有名人祠堂，如四川成都武侯祠、眉山三苏祠等。

堂、坛、庙、祠等礼制建筑常与阙楼、钟楼、鼓楼、肺石、华表、牌楼等配套使用，其建筑制式、尺寸等均需严格按照礼法制度，与"以天为法"，集中地反映了中国古代社会中的天人关系、等级关系、人伦关系等，是中国古代建筑的重要组成部分。研究礼制建筑可以让我们认识古代建筑的艺术与技术，感知曾经维系国家政权的礼仪制度。

（四）宗教建筑

中国古代宗教建筑是宗教活动的主要场所，主要有佛寺、道观、清真寺等，以佛教寺庙数量最多。宗教建筑除便于进行宗教活动外，还以建筑艺术营造特定环境气氛，吸引信徒，增强信仰。一定程度上，宗教建筑也是中国建筑艺术发展的一个缩影。

佛教建筑。佛教传入中国，在汉代被视为神仙方术的一种。西晋及南北朝时期，佛教兴盛。传入的佛教唯心哲学正好与魏晋时流行的玄学互补，并深得上层士族的尊信。作为外来宗教，佛教要在中国发展，必须本土化，以中国人喜闻乐见的方式传播。这时社会分裂动荡，佛教宣扬佛救苦度世、因果报应之说，吸引了民众和士族，广为流行。观念中的佛和佛国乐土化为可视形象，造像、建寺活动兴盛，兴建寺、塔、石窟成为当时重要的建筑活动，它们作为佛教宣传载体，在视觉和感觉上给崇奉者一种威严、敬畏的心理冲击，其独有的构图形式、建筑装饰和琉璃等新型材料的使用，以及信众垂足而坐的习俗等，给传统的中国建筑艺术注入了新鲜血液。著名的敦煌莫高窟、天水麦积山石窟、永靖炳灵寺石窟、大同云冈石窟、洛阳龙门石窟等都是在这时开始开凿。敦煌、云冈早期洞窟的佛像雕刻造型多具有鼻梁隆起、眼目细长、双耳长垂、袈裟贴身的特征，明显带有浓郁的外来犍陀罗艺术风格，仿效印度教建筑的密檐式塔业已出现。据史料记载，北魏都城洛阳有佛寺千余所，其中以永宁寺塔最为有名。据《洛阳伽蓝记》第一篇《永宁寺》记载，寺内的标志性建筑是九层永宁寺塔，"架木为之，举高九十丈，有刹复高十丈，合去地一千尺，去京师百里，已遥见之"。有研究者根据文献记载结合发掘资料，推测塔高约为136.7米。佛教题材中莲花、飞天、花圈、狮、象等装饰大量应用在中国佛教建筑上，佛寺建筑艺术在传统工程技艺基础上，大量借鉴外来艺术手法，丰富了中国文化，推动了中国建筑、绘画、雕塑等艺术形式的发展。

　　隋、唐至宋、辽、金时期，佛教在中国经过600余年广泛传布，达到极盛，与传统的儒家思想融合，出现了许多具有高深佛学修养的中国僧人，产生了中国化的禅宗教派。佛教建筑中的窟、幢、塔很快开始了中国化进程，表达了不乏世俗之情的中国式的宁静、平和与自然，与中国本土道教建筑相得益彰。从敦煌石窟现存的隋唐石窟与唐代木构古建中，可以看到这个时期佛寺与中国其他传统建筑一样，布局逐渐向宫室建筑形制转化，形成了中国式宗教建筑。佛寺早期以佛塔为中心，建在主体空间的正中，至唐初发展为以中轴线、规整的院落为主要形式，以殿为主体的布局，佛塔分左右建在殿前。宗教活动以中轴线上主院落为中心，左右有若干小院，僧众生活用房多在后半部。唐中期，主庭院只有佛殿，在主院落外东、西侧分建塔院，佛寺采用中国建筑的木结构形式。建于五代（一说建于宋初）的敦煌第61窟中著名的"五台山图"反映了晚唐、五代时期的寺庙情况，其中"大佛光之寺"院中是一座二层楼阁。1937年，梁思成率考察组发现山西五台山佛光寺大殿和南禅寺是当时所知中国最早的木结构宗教建筑实物，合于敦煌第61窟"五台山图"。一般佛殿中供一佛二菩萨，佛端坐在佛坛莲台之上。菩萨大多为立像，故专供菩萨之庭多为楼阁。统治者提倡大型佛造像，促进了多层楼阁的建造活动，形成了中国式高层宗教建筑。如天津蓟州独乐寺观音阁和承德普宁寺大乘阁都高3层，中为空井，立菩萨像，仰望见其伟岸身躯，正视见其庄端面貌。壁上绘画之风盛行，受净土宗教义影响，许多画家描绘西方净土的壁画，成为当时佛教壁画流行题材，显示出重视群体美这一中国建筑特色。

唐宋时期是中国建造佛塔的盛期，建筑已由木结构向砖石结构转变，平面形式和外观更加丰富多彩，以楼阁式为主的几种主要佛塔类型都已出现。如唐大历八年（773）在法兴寺（广德寺）造的燃灯石塔，通高2.26米，平面呈八角形，有两层基座，下层基座为叠涩束腰式，底盘周围雕刻跑兽，壸门内雕伎乐天八个，底座雕圆形仰覆莲瓣，上雕四门空心八角灯亭，塔身中空，夜间灯光四射。塔的整体造型秀美，雕刻精细，是中国现存石灯塔中之佳品。塔身砖砌、外檐采用木结构的塔，如苏州报恩寺塔；仿楼阁式木塔形制而全部砖造的塔，如泉州开元寺双塔；砖石建造、在构造和外观上作适当简化的塔，如河北定州开元寺塔和河南开封祐国寺塔等。还有设置于寺院中的密宗陀罗尼经的石质经幢等。室内有活动性的华盖、佛幡和固定式的藻井、佛龛、佛帐等装饰，还有表现天国世界的天宫楼阁绘画等。

辽金佛寺相当兴盛，保持了唐代的风格，现存天津蓟州独乐寺与观音阁、山西大同下华严寺薄伽教藏殿天宫楼阁、大同善化寺大雄宝殿、应县佛宫寺释迦塔等都是中国建筑史上的经典实例。伴随着佛教中国化的进程，中国建筑文化和外来佛教建筑文化不断融合，形成了中国特色的佛教建筑艺术。

中唐以后，佛寺对公众开放。至宋代更发展为在寺内定期设市交易。北宋汴梁（今河南开封）大相国寺即著名商市，在主院落大殿前和东西配殿和庑下陈列百货出售。这种传统延续下来，直到清代。北京隆福寺、白塔寺、护国寺庙会形成定期集市。

明清时期建造的大型佛寺有南京的大报恩寺与琉璃塔，太原的崇善寺等。保存完整的有北京的智化寺、卧佛寺、碧云寺等。布局特点为主房、配房等组成的严格对称的多进院落形式。在主轴的最前方是山门，即整个寺院的入口。门内左右建筑钟鼓楼。中央正对山门的是天王殿，常为三间穿堂形式的殿堂。进入第二个院落，坐落在正中主轴上的正殿是大雄宝殿，正殿是整个佛寺建筑群体的中心建筑物，其后有一至二重后殿。正殿左右为配殿，正殿后一进院落，多建二层藏经楼。主轴院落两侧布置僧房、禅堂、斋堂等僧人住房。这时期佛教从汉族地区传播至更广大的其他民族地区，以诵咒祈祷为主要仪式的藏传佛教成为佛教主要流派，并向文化水平低的平民进行布教。藏传佛教特有佛塔式样，即类似瓶子式样的喇嘛塔在各地建造。西藏地区藏传佛教寺院多建在山区，依山就势，清顺治年间（1644—1661）重建和扩建的西藏布达拉宫气势恢宏，成为这个时期宗教建筑的代表。很多藏传佛教寺庙建筑艺术形式吸收了藏族建筑风格，高台座、红白色的外墙粉刷、金瓦顶、梯形藏窗等，装饰效果鲜明，反映了各民族的文化交融。

纵观中国佛教建筑的发展，若与其他世俗建筑相比较，它的佛寺布局、佛殿、佛塔、石窟、装修与装饰诸方面都显露出自己的艺术特点和风格。

道教建筑。道教是中国本土宗教，以"道"为最高信仰。道教在中国古代鬼神崇拜观念上，以黄、老道家思想为理论根据，承袭战国以来的神仙方术衍化形成。东汉末年出现众多道教组织，著名的有太平道、五斗米道。祖天师张道陵正式创立教团组织，距今已有1800年历史。道教于唐宋时代隆盛。道教建筑称"观"或"宫"，也为院落式布局。主院落在中轴线上，主殿供天尊、老君等，其他小院及厨库居室在两侧和后部。道教是一种多神教，信奉的神仙上至三清、四御，下至城隍、灶君及风雨雷电、山川社稷，神灵。道教建筑除宫、观、道院外，广义地说，东岳庙、关帝庙、城隍庙、土地庙等大小庙宇也属于道教。道教有打醮等仪式，有时需露天活动，殿前多有大的月台。现存的山西芮城永乐宫和北京东岳庙都是元代官府兴建的道观。永乐宫主体为三进院落，在狭长的中轴线上由南向北依次排列着宫门、无极门和三清（又称"无极"）、纯阳、重阳三殿

（迁建前，宫墙后另有邱祖殿遗址），东西两面不设配殿等附属建筑物。前后三殿规模以三清为最大，各殿殿前庭院深度及月台甬道宽度依次缩小。三殿内绘有壁画精品。众所周知，儒、道、释的建筑艺术思想区别颇大，儒家在本质上是入世的，免不了大事礼仪。佛家是出世的，向往西方极乐净土。道家思想较为庞杂，元代道教全真派尤重清净。永乐宫这种不过于突出建筑的方式，与力求突出壁画的意图有关，其目的在暗示人们，现实空寂和仙界充实之间存在着反差，只有通过道家修炼，才能到达"真实"的彼岸。

伊斯兰教建筑。清真寺，亦称"伊斯兰教礼拜寺"。伊斯兰教自唐代传入中国后逐渐发展。与其他宗教建筑相比较，可以看出中国伊斯兰教建筑具有明显的特色，礼拜寺的朝向皆为面东背西。现存南方始建于宋元的清真寺如泉州清净寺、广州怀圣寺、杭州真教寺和今新疆地区的明清清真寺都保持中亚和阿拉伯风格。在中原地区，明代以降，伊斯兰教建筑多采取中国传统木构架殿宇和院落式布局，以礼拜殿为主，前有大门、二门，门内两旁为讲堂，庭院正中建礼拜殿。殿后墙称"正向墙"，后有半圆形的龛，称"窑殿"。正向墙前左方有宣谕台，是向教众宣讲教义之处。教徒膜拜要面向麦加。在清真寺中还建有塔楼，即"邦克楼"，为召唤教徒来礼拜之处，其形式多样。这些采用院落式布局的清真寺，殿内横铺条形礼拜用毯，窑殿保持阿拉伯建筑风格，建筑装饰图案以几何纹、植物纹及阿拉伯艺术文字图案为主，没有动物纹样，具有清新明快的伊斯兰教艺术装饰风格。如杭州凤凰寺，又名"真教寺"，主要建筑物向着麦加，布置在东西向的中轴上。寺院用高大的砖墙围合，寺内主要建筑物为门厅、礼堂、大殿。大殿是全寺的主体建筑，为元代所建，由三个穹隆顶相连成长方形砖结构无梁殿顶，外观呈三个攒尖顶，中间为重檐八角，两边为单檐六角，是中外建筑文化融合的产物。内部以圆拱门相通，内壁四隅上端转角处作菱角牙子叠涩。殿内彩画是明代遗物，外墙粉刷白色。寺内碑廊中存古碑数通，碑文记录了凤凰寺历代维修情况。中国伊斯兰教建筑艺术既有中国特色，又具有与世界伊斯兰教建筑相关联的宗教特色。（图15、图16）

图 15　新疆吐鲁番苏公塔礼拜寺

图 16　北京东四清真寺内景

（五）园林建筑

中国有悠久的造园历史，自人类进入文明社会后，造园活动就逐渐出现在上层阶级的生活领域，先是帝王将相、达官贵人的苑囿、离宫，进而是一般官僚豪强、富商大贾的园林、别馆。中国古代园林主要分为皇家苑囿与私家园林两大类，一般皇家苑囿富丽开阔，私家园林淡雅幽邃，风格迥异。又由于地理气候因素，北方、南方园林在风格上也存在一定差异性。中国自古以来有崇尚自然的传统，"天人合一"的思想影响深远，历代造园以山川林泉为本源，融诗、文、画、园为一体，创作出无数意境丰富、格调高雅的经典园林，形成以山水为景观的造园风格。

汉以前，中国古代园林是以帝王贵族畋猎苑囿为主流。早在商代末年，帝王贵族在苑中放养众多的野兽飞鸟以供畋猎行乐，甲骨卜辞中就记载了大量捕鱼和狩猎活动，如"癸卯卜，㱿获鱼其三万不"。出现了预示着园林雏形的"圃""囿"等字，如"乙未卜，贞黍在龙囿音，受之年。二月"，"贞今其雨在圃鱼一"。至西周时期，苑称为"囿"，有专门的官吏"囿人"来"掌囿游之兽禁，牧百兽"（《周礼·地官》），以供周王畋猎游乐之用。《诗经》中所描写的灵囿、灵台、灵沼，就属于周王的苑囿。囿的规模很大，囿中养鹿蓄鱼，上古时期苑囿中的田猎活动，至此已经仪式化，成为向祖先、宾客及天子表达敬意的方式。春秋战国时期，各国诸侯竞建苑囿。文献记载的先秦苑囿之中多有台观之设，如楚灵王之章华台、吴王夫差之姑苏台、越王勾践之斋台和燕台等。从江苏六合和仁战国墓、山西长治分水岭战国墓、河南辉县战国墓出土铜器上的图像可以看到，当时苑囿是以台榭作为观赏、宴乐的主要场所，辅以其他建筑类型，并利用自然的池沼、林木以及鸟兽群集之地作为宴饮、习射活动的游乐场所。

秦汉时期仍盛行畋猎苑囿，这时期园林称"苑""苑囿""宫苑""园囿""林苑""池苑"，当时皇家苑囿既是巡狩讲武的场所，也是游娱宴饮的地方。秦统一后，保留诸侯苑囿，又新建上林、甘泉、宜春等苑。上林苑规模空前，著名的阿房宫就造在其中。阿房之外，建有许多离宫别馆。秦亡，上林苑废，至汉武帝时又予恢复。据班固的《两都赋》记载："上囿禁苑，林麓薮泽，陂池连乎蜀汉，缭以周墙，四百余里，离宫别馆，三十六所，神池灵沼，往往而在。"司马相如的《上林赋》中记载，苑内畜养禽兽，供狩猎之用，此外还建造了离宫和"观"（即一种供观览用的建筑物），说明上林苑观赏、游乐内容明显增加，成为居住、娱乐、休息等多种用途的综合性园林。汉武帝迷信神仙方术之说，颇受求仙思想影响，在上林苑中最大的苑囿式离宫建章宫的太液池内建蓬莱、方丈、瀛洲三岛，也影响了后代园林的山池组合。上林苑、建章宫是汉鼎盛时期宫苑的代表作，从一个方面反映出当时人工造园的高超水平和统治者的思想意识。此外，贵族、大臣、富豪的造园也有所发展，如西汉梁孝王刘武，"筑东苑，方三百余里"（《汉书·梁孝王传》）。由此可见，私家园林已开始人工凿池叠山，建造大量建筑物，一方面在模拟皇家苑囿，另一方面略显书卷气，文人园林初见端倪。隐士和隐逸思想开始对园林产生影响。东汉帝苑八九处均设在洛阳城内外。

　　魏晋南北朝是中国园林发展的转折阶段，是中国山水园林的奠基时期。这时期私家园林逐渐增加，园林向小型、精致、高雅、人工山水方向发展。由于这时战乱不断，生死无常，"清谈"之风成为一种风尚。人们追求返璞归真，寄情山水，隐逸江湖，出现名士"竹林七贤"，被誉为高雅清新之士而受人尊敬。中原大批士人逃亡江南，偏安一隅，于山明水秀之中吟诗作画，私家园宅也形成一种崇尚自然风光、清新野趣的风尚。这时期园林不再是畋猎游乐场所，以池岸为中心布置假山花木的造园活动已成为固定的模式和流行的方法，深深影响着以后的造园格局。当时贵族兴舍宅为寺，佛寺中亦盛种花木，开后世寺观园林之端。

　　隋唐时期，风景园林全面发展，帝王苑囿与离宫极盛，私家园林兴建。长安帝王苑囿与离宫兴作极盛，长安北郊设有规模宏大的禁苑，南苑有芙蓉苑，宫内兴庆宫则以南面龙池为中心辟为园林区。贵族官僚在长安近郊利用环境营建别墅，官署中也大都有园，而曲江池与若干寺观成为市民的游乐地点。洛阳作为陪都，隋炀帝时在洛阳辟西苑，以人工开挖水面为主要景物，湖中堆土作山，山上再造台、观、殿、阁之属，苑内又设16院建筑群，清代圆明园与其类似，也是采用人工开挖湖面、堆土作山的造园方法。唐代，长安北郊设有规模宏大的禁苑，另有东内苑、西内苑和南苑等诸园。唐中叶以后，贵族官僚在东都洛阳营造

图 17　西安出土唐代明器中所示庭园、水池、假山及八角亭

园林，如白居易在洛阳履道坊的宅园，此园于宅基地中，水占五分之一，竹占九分之一，其造园意匠之深远，堪称文士中小型宅园范例。在各地风景名楼的建筑中，尤以滕王阁、黄鹤楼、岳阳楼三者最为著名。它们倚城临江或湖起楼，凭高远眺，湖光山色尽收眼底，《滕王阁序》《岳阳楼记》两篇文章时代不同，一为唐，一为宋，皆成为千古名篇。杭州西郊从西湖至灵隐一带，亭台水榭，风景优美。"亭"古代本是驿馆，此时已扩展成为驿馆、亭子的多义词。（图17）

两宋时期，造园艺术在唐代基础上继续发展，园林与人们日常生活相结合，细致精巧的风格更趋成熟，造型秀丽多样是这个时期园林建筑的特点。宋代《东京梦华录》记载园林总数不下一二百处。著名的金明池，位于北宋都城东京汴梁（今河南开封）西门顺天门外路北，与路南的琼林苑相对，是太宗太平兴国元年（976）人工开凿的。金明池作为皇家御园，既是皇帝游玩之处，也是供市民观赏禁军演练水战的场所。宋徽宗时所建皇城东北隅园林——艮岳，耗费人力财力，从江南罗致奇花异石，这就是历史上著名的"花石纲"。从宋代绘画《清

045

明上河图》中可以看到北宋都城东京汴梁酒店内的庭园鳞次栉比。南宋临安（今浙江杭州）属典型的南方水乡城市，可从《咸淳临安志》所附的《京城图》《皇城图》，以及《梦粱录》《都城纪胜》《乾道临安志》等书的描述，得知当时临安城擅湖山之美，沿西湖一带及城内，还有不少皇家苑囿，私家园林、水阁、凉亭不计其数，风景秀美，精巧雅致。诗人讽喻偏居一隅的南宋朝廷把临安营造成舒适、安逸之所："山外青山楼外楼，西湖歌舞几时休？暖风熏得游人醉，直把杭州作汴州。"平江（今江苏苏州）是南宋藩屏重镇和主要都会之一，宋时有十余处园林，有郊区的石湖、天池山、尧峰山、洞庭东西山等风景，有不少贵官豪族的别墅园林。拱桥帆影，园花岸柳，把平江城装点得十分活泼多趣而富于生气。观存刻于南宋绍定二年（1229）的《平江图》碑，可以看到当时南宋平江庭园水榭的面貌。在州县公署内设立守居园池，后园池亭供守、吏休娱燕集之用，已成为一种风尚。私家园林春时开放供人游赏，无论汴京、洛阳、临安、吴兴、平江都是如此。可见，两宋时风景园林已渗透到市井各个阶层的文化生活中，这是宋以前未曾出现过的现象。

明清是我国古代园林最后的兴盛时期。这个时期造园活动曾出现两个高潮。

其一，明中晚期南京、北京和江南一带官僚地主修建园林众多。明代帝苑仅见北京南郊的南苑，京城内则沿袭元时太液池、万寿山，拓广中海，增凿南海，辟为西苑。地方园林则十分发达，江南名园如苏州拙政园、无锡寄畅园、南京瞻园、上海豫园都建于明正德、嘉靖年间，亭园华美举世闻名。嘉靖以后，造园之风更甚，北京海淀李伟的清华园和米万钟的勺园，就是万历间兴建的两座名园。

其二，清代中叶帝王苑囿和扬州、江南各地私家园林兴盛，如苏州留园、扬州瘦西湖等。其他如山岳风景区、名胜风景区、城郊风景点等也有较大发展。清康熙中期以后，开始造离宫苑园，从北京西郊香山行宫、静明园、畅春园到承德避暑山庄，工程相继而起。畅春园是在明代官僚李伟修建的清华园旧址上建造起来的皇家园林，前有供议政及皇室居住用的宫殿部分，后有以水系为主体的园林部分。承德避暑山庄是依托起伏的山丘和热河泉水汇集成的湖泊而建的大规模

图18　北京颐和园——西堤练桥

离宫型皇家园林，其布局也包含宫殿和园林两大部分，是清代规模较大的帝苑之一。乾隆朝是清代园林的极盛期，先后扩建了北京西郊玉泉山静明园，香山静宜园，圆明园，京城内北、中、南三海和承德避暑山庄，又在圆明园东侧建长春、绮春二园。其中长春园北侧建有单独的一座欧式园林，内有西洋喷泉、巴洛克式宫殿等中西合璧的庭园，又结合由瓮山前湖改造而成的蓄水库建造了另一座大型园林清漪园，光绪年间改名为颐和园（图18），从而在北京西北郊形成了以玉泉、万泉两水系所经各园为主体的苑囿区。乾隆帝六下江南，各地官员及富豪献媚邀宠，大事兴造行宫、园林，使运河沿线和江南有关地区掀起一个造园高潮，其中最典型的例子为扬州盐商于瘦西湖的造园之热。明清两代，苏州是经济发达地区，吸引着众多的官僚、富豪营建邸宅，使之成为江南园林最发达的地区。清代中叶以后，作为重要的对外贸易港口城市，广州的园林兴建也出现了繁荣局面，在周围地区所建的顺德清晖园、番禺余荫山房、东莞可园、佛山十二石斋诸园，表现了晚清时期岭南园林的风格，从中也可看出外来因素对建筑和装饰的影响。清康熙年间（1662—1722），地处边陲的云南昆明滇池修佛寺，建大观楼，成为城市近郊的游览区。西藏拉萨的罗布林卡（藏语意为宝贝之园）建于清乾隆年间（1736—1795），是达赖避暑消夏、居住游憩和处理政教事务之处，和清帝的圆明园、清漪园相似。台湾受大陆尤其是福建影响，道光、咸丰年间（1821—1861），先后有台南紫春园、归园，新竹潜园、北郭园等豪富士绅所建私园出现。

明清时造园技艺具有一套成熟的经验，各地园林兴盛造就了一批从事造园活动的专家，如计成、周秉臣、张涟、叶洮、李渔、戈裕良等，他们中一部分人有较高的文化艺术素养，将"诗情画意"的文人思想意境融贯于园林的造景中，既从事园林设计和施工，还能在较高层次上总结经验，形成系统学说。如明末造园工匠计成著有《园冶》一书，全书系统地论述了宅园、别墅营建的原理和具体手法，反映了中国古代造园的经验和成就，是一部研究古代园林的重要论著。张涟、李渔对堆山叠石都有独到的见解。明末文震亨所著《长物志》，专章叙述了室庐、花木、水石、禽鱼以及家具、陈设、香茗等与园林有关的项目。清康熙李渔著《一家言》，对居室、山石、花木也有专论，其中关于利用窗孔作画框构成"无心画"以及堂联斋匾的做法，独具匠心。文人参与造园活动，把园林创作推向更高的层次，引领人们在获得精神享受的同时，领略山水林泉的自然之美。

近现代中国社会变革激烈，也是我国现代园林形成和发展的一个时期。西方文化大量涌入，科学技术不断创新，中国社会发生了翻天覆地的变化。中国有着悠久的造园历史，真正为公众所使用的"公园"，则是近代西方社会的产物，公园成为城市文明的象征之一。以上海为例，华洋杂居、五方共处是上海租界的显著特色，公园的出现源于租界的外国侨民生活需要。清同治七年（1868），英国殖民者在英美租界（1899年改名"公共租界"）建了公共花园（今黄浦公园），这是上海第一个公园，亦为中国第一个公园。此后上海公共租界内又陆续建起了虹口公园（今鲁迅公园）、兆丰公园（今中山公园）、汇山公园、河滨公园、南阳公园等。上海法租界内主要有法国公园（今复兴公园）、贝当公园（今衡山公园）、兰维纳公园（今襄阳公园）、凡尔登中心公园等。这些园林虽称"公园"，但在很长时间内禁止华人进入，后来租界当局陆续将租界公园对中国人开放。这些园林对于中国现代园林和海派园林的发展有着重要的启蒙作用。受西学东渐风潮的影响，市民意识开始觉醒，从清光绪八年（1882）由商人按股份集资形式在旧有花园别墅基础上创建的申园对外开放始，上海出现一种特殊的园林形式——经营性私园，以园景丰富多彩和游乐、餐饮设施吸引游人，集花园、茶馆、戏院、会堂等功能于一体，较为著名的有双清别墅（徐园）、味莼园（张园）、愚园、半淞园等，张园更被誉为"晚清上海最有名而时髦的园林"。随着上海最大的游乐场"大世界"建成开业，以及华人自建公园的逐渐增多，经营性私园日渐衰微。清末民初，上海地方政府开始在其管辖区辟建公园，可谓"第一代华人公园"。青浦县（今上海青浦区）于清宣统三年（1911）将曲水园改作公园开放，宝山县（今上海宝山区）利用几座相邻的小宅园改建为城西公园。之后，上海相继辟建了市立园林场风景园、市立动物园等。新中国成立后，上海的新公园规划设计同全国其他城市一样受苏联公园规划理论的影响，注重功能分区和群体性文体活动。新建的公园有文化休息公园、儿童公园、纪念性公园、植物园和动物园等类，中国园林建设出现了新的面貌。

（六）民居建筑

民居，指各地百姓居住建筑。《礼记·王制》中记载："凡居民，量地以制邑，度地以居民。地邑民居，必参相得也。"《管子·小匡》中记载："民居定矣，事已成矣。"民居是历史上最早出现的建筑类型，又受气候、地理和社会生产力、风俗习惯等不同因素影响，各地民居类型呈现不同风貌，可以说民居是传统建筑中最具艺术特色的类型。

远古时期，北京周口店龙骨山就发现了约50万年前原始人居住的天然洞穴。进入新石器时代以后，随着生产力的提高，原始农业的生产经济逐步取代了采集和渔猎的攫取经济，需要人们定居下来从事农业生产，随之出现了民居和聚落。至迟在新石器时代中晚期，中国的史前建筑已发展为两个体系，即黄河流域的穴居和长江流域的干栏，这是由北、南不同的自然条件决定的，两种民居建筑自身的物理性能完全不同，以西安半坡遗址和河姆渡遗址为代表。前者从地面窝棚发展而来，后者是巢居的演化。

青铜时代，从商、西周时期到春秋时代，随着此时生产力的发展，工艺技术日益提高，人们居住条件得到改善。商、西周时期，中国古代建筑形式以木构架为主，抬梁式木构架已初步完备。至此，中国古代建筑中使用木构架，采取相对封闭有中轴线的院落式布局的主要特点已初步形成，这对民居建筑产生了深远的影响。这时期民居建筑日渐增高和宽阔。从甲骨文有关建筑的"宅""宗""囿""贮"等文字，推测当时房屋下部有些在地面建台基，有些使用干栏式构造。西周青铜器往往能反映当时民居建筑的形象。如陕西扶风西周窖藏出土的刖人守门方鼎，下层两侧设窗，窗旁饰斜角雷纹，正面开门，守门者是一个受过刖刑（割掉一足）的奴隶形象。至战国时期，浙江绍兴坡塘出土的战国早期鸠柱房屋模型，屋顶作四坡攒尖式，上有八角形立柱，屋为三开间，正面敞开，无墙、门，立明柱两根。左右两壁为镂空长方格形，后壁中间开一小窗。屋顶、后壁及屋阶饰以典型的越文化青铜器上的勾连云纹，对研究古代南方民居建筑极具价值。（图19）河北易县燕下都东贯城出土的战国镂空楼阙形方饰，楼观在方柱之上，为四阿顶透空阁楼，阁楼中有多人，楼顶有飞鸟云龙，建筑造型奇特。北京故宫博物院藏的战国燕乐狩猎水陆攻战铜壶、四川成都百花潭出土的战国采桑宴乐射猎攻战纹铜壶、江苏六合和仁东周墓出土的铜匜、山西长治分水岭战国墓出土的铜匜等文物上的建筑图案极具代表性。从这些图案可以看出，在士大夫等高等级民居中出现了台榭建筑，屋顶有两坡式、四坡式、四坡攒尖式等，"前朝后寝""前堂后室"室内空间划分明确，堂室之间有隔墙，南面临庭院敞开，中堂中间立两根明柱，柱上有简单斗拱，堂上以南向为尊，为贵族会见宾客、举行礼仪的场所。堂后有寝室住人，庙室祭祖，使用功能划分明确。（图20）

春秋战国以后，由于铁工具的普遍使用，木材加工日益精细，木结构建筑

图 19　浙江绍兴坡塘出土的战国早期鸠柱房屋模型

图 20　江苏六合和仁东周墓铜匜台榭建筑图

技术迅速发展，建筑面积和空间不断增大、增宽，形成了一定的建筑格局。考古出土的汉代陶建筑明器有仓房、宅屋、院落、楼阁、作坊、厕所、圈舍等民居及其配套设施，为研究汉代民居提供了形象的实物资料。宅屋的样式有多种，从楼层高度来说，有单层和多层楼阁等。汉代人崇尚"事死如事生"的丧葬观念，人们按照生前的居所制作模型随葬，这些模型直观形象地表现了当时民居建筑形制特征。河北阜城县桑庄东汉墓出土的绿釉陶楼是典型的东汉豪族民居模型，由台基、门楼和五层楼阁组成，为仿木结构建筑陶制模型。各层门窗、屋脊、栏杆等部位都塑有各种花纹及俑、鸟等。楼阁与底部基座、栏杆、门楼浑然一体，结构严谨，高大美观，体现了汉代楼阁式建筑特点。作为明器随葬品的东汉陶楼模型，凡三层以上者，最高一层往往开有供瞭望的小窗，这是为了瞭望观察敌情，反映了东汉庄园豪族拥兵自卫的情形。汉代壁画、画像石、画像砖、石祠等也反映出汉代民居建筑形象，如山东武梁祠、孝堂山石祠等画像石，成为解读汉代民居建筑极好的材料。这时期木构架建筑中常用的抬梁、穿斗、密梁平顶三种基本构架形式已经成型，建筑类型已相当丰富，楼阁、回廊、阙楼、仓廪等都已出现，不同地区已出现了不同系统的木结构形式。自此，中国民居木结构建筑的体系已初步形成。战国时期出现的民居二层楼房，在汉代得到了普遍发展，西汉民居高楼已达三层。由于这时民居建筑质量的提高，室内陈设和家具制作也更为精致，出现了完备的供人们席地起居的低型家具陈设。屏风不但有家具的功能，也兼有建筑装饰物隔断的作用。汉代民居建筑堂前开敞，仅置屏风不足以御风寒，于是又在檻柱之后的横楣上挂帷幔。居室陈设开始出现悬挂承尘，用来遮挡天花板掉下的灰尘。墙面多为绢锦和羽饰，当时叫"墙衣"。门户多嵌以玉，称为"玉户"，门环以金银制成铺首，称"金铺"，即"金铺玉户"。

魏晋南北朝是战乱频繁、民族大迁徙的时期。这时的民居建筑形制仍是东汉的延续，贵族住宅有庑殿式屋顶和鸱尾，围墙上多数装有直棂窗、悬挂竹帘与帷幕，院内或有围绕庭院的走廊。佛教逐渐兴盛，有不少贵族官僚舍宅为寺，这些住宅由大型厅堂和庭院回廊等组成。北魏末期贵族住宅后部往往建有园林，是园林式住宅的初创阶段。

隋唐五代时期，民居建筑颇有发展。特别是盛唐、中唐时期，贵族高官住宅豪侈，其精美程度前所未见。从敦煌壁画可以看到，唐、五代时期不仅继承南北朝传统，在住宅后部或宅旁掘池造山，建造山池庭院或园林苑囿，还在风景优美的郊外营建别墅。壁画中所见较多也更典型的四合院住宅以廊庑分为前、后二院，门屋或为单层，或为双层。隋唐以来建筑使用斗栱进一步发展，建筑物内部空间越来越高大，民居室内陈设的家具也发生相应变化，低矮供人跪坐的床榻几案逐渐变成高的供人垂足而坐使用的桌椅。可以从敦煌壁画和五代《韩熙载夜宴图》中看到当时家具有长桌、方案、凳、椅、带围的大床，还采用迎门外设屏风的做法，屏风除起装饰作用外，还体现出中国传统审美观中注重含蓄的一面，忌一进门将室内一览无余。

宋代手工业分工细密，科学技术和生产工具又有了长足的发展。北宋末年编制的官式建筑法规《营造法式》，把唐代已形成的以木材为模数的设计方法、各工种做法和工料定额作为一种制度固定下来。民居建筑仿学官样也逐渐程式化。民居住宅多使用梁架、栏杆、棂格、悬鱼、惹草等朴素而灵活的形体。屋顶多用悬山或歇山顶。稍大的民居住宅外建门屋，内部采取四合院形式。南宋偏安江南，建筑最具地方特色，当时江南一带利用优美的自然环境建造民宅，或临水筑台，或水中建亭，或依山构廊，既是民宅，又具有园林风趣。这时期殷实富有人家的住宅完全是梁架式木结构建筑，宋辽金墓葬出土的众多仿木构砖室墓可以佐证。

明清时期完善和发展了木结构建筑系统，木结构建筑是中国古代建筑的集大成者，无论是大型宫殿还是民宅，其木结构建筑已经达到了炉火纯青的境界。传统中国社会以宗法制度为主，家庭以血缘纽带来维系，维持社会稳定的精神支柱则是儒家伦理道德学说，提倡长幼有序、兄弟和睦、男尊女卑等观念。南北地区有着不同的民居建筑，以适应当地的自然环境。四合院是汉族地区常见的民居建筑，堪称北方民居建筑的代表。修建四合院按照传统礼制，以南北中轴线对称布置房屋，院落有一进和多进，以二进和三进最为常见。四合院四面建房，构成了封闭的居住空间，适合一家人数代同住，体现尊卑有序的观念。晋陕豫大宅院形制与北京四合院接近，又别具特色，以山西灵石的王家大院和山西祁县的乔家大院最具代表性。陕北、河南的窑洞延续了古老的穴居居住方式，因地制宜，风格独特。徽州民居建筑可以安徽歙县民居建筑为代表。徽派民居建筑多为对称的三合院或四合院，建筑正面檐墙多饰有精美的砖雕、木雕、石雕，并称"三雕"。

南方民居选址多取山水聚会、藏风得水之地，民居建筑多选址于优美的自然环境中，充分利用山水林陆的自然景观，创造舒适的生活条件。多数殷实人家住宅与私家园林结合在一起，苏州、杭州、松江、嘉兴、扬州是当时园林式住宅的荟萃之地。江南水乡民居以苏州、绍兴一带的城镇沿河而设，民居临街枕河，显示出江南民居清新典雅的风貌。

这时期房屋装饰已将空间造景、房屋结构、室内装修及家具、字画、工艺陈设品作为一体统筹考虑，建造房屋之始就考虑室内陈设与装饰。从明清绘画中可以看到，当时民居的门、窗、户、牖（槛窗）、隔扇、屏风、栏杆，甚至家具布置、室内陈设均为整体构图。大户人家住宅内部，有按功能分隔室内空间的竖直隔断、悬装于廊柱间檐枋下的花格挂落，还有可移动的屏风、置于柱子之间的木雕飞罩，与博古架等家具相结合，增加了空间层次和深度，创造出丰富的空间艺术效果。这时期建筑纵轴对称的院落式布置已成定式，大宅室内家具陈设受其影响也采用成套对称方式。达官贵人府第均把家具作为室内设计的重要部分，在建房之初就根据室内进深、开间等尺度与功能需求筹划配置家具，室内以临窗迎门桌案和炕为布局中心，配以成组的几、椅、柜、橱、书架等对称摆设。至清代后期，民居陈设空间渐显拥挤。

各个民族具有的历史条件、自然气候的差异，以及生活习俗和宗教信仰的不同，导致其民居建筑形式存在较大差异，如藏族石砌厚壁台阶式平顶建筑、维吾尔族的内院拱廊式平顶建筑、傣族和彝族的独院干栏式竹楼、客家人的土楼和围屋等，表现出各自的民族特色。

通过总体布局的变化、建筑空间的灵活组合、建筑造型的意匠和细部构造的艺术处理，中国民居建筑表现出民族特点和地方色彩，显示了丰富多彩的艺术风貌。

第一章 原始建筑

原始建筑概述

原始社会时期，生产力水平低下，人类使用的生产工具主要是石器，所以又称"石器时代"。石器时代可分为旧石器时代和新石器时代。旧石器时代占绝大部分时间。人类使用打制的石器，过着渔猎和采集野生植物的生活。新石器时代在距今1万年左右出现，人类使用磨制的石器，开始了农业种植和牲畜的饲养。有人类就有居所，在不同的自然环境、生活方式下，原始社会出现了不同的居住形式。旧石器时代，人类往往利用接近水源、便于狩猎的天然洞穴作为居所。这些洞穴遗址中遗存了大量人类生活垃圾，以及堆积很厚的灰烬层。考古资料表明，目前发现的距今50万年前北京周口店岩洞，是已知最早的旧石器时代中国猿人居住遗址。各地发现其他旧石器时代至新石器时代早期的洞穴居所20余处，如旧石器时代的辽宁营口金牛山、贵州黔西观音洞、河南安阳小南海，新石器时代早期的江西万年仙人洞、广西桂林甑皮岩等。除穴居外，南方地区原始人类可能在树上架构房屋——巢居。随着原始社会进入母系氏族时期，原始农业生产逐步取代了采集和渔猎，人类从山林走向土地肥沃的平原，大约从旧石器时代后期开始，出现了人类建筑的房屋和聚落。

新石器时代中、晚期发展出了两种建筑体系。一种是黄河流域的穴居式建筑。它是由窝棚发展而来。窝棚是用几根木棒支起、用柴草等杂物遮盖其上的简易建筑，它没有墙壁，不够坚固，隔绝性能也很不理想，只能起到简单遮风避雨的作用。在长期的摸索中，人们给它增加了"墙壁"，即在地面以下凿穴而居，较深的成为穴居，较浅的成为在地面上围筑矮墙、用木材支撑起茅草屋顶的半穴居。考古发掘的新石器时代穴居建筑遗址遍布北方地区，如河北武安磁山、甘肃秦安大地湾、河南密县（今新密市）莪沟、陕西西安半坡、陕西临潼姜寨、河北易县北福地、河南郑州大河村和河南淮阳平粮台等遗址。

西安半坡村聚落遗址位于浐河东岸台地，总面积约5万平方米，临河高地居住区排列住房四五十座，布局有条有理。从考古发现的柱洞遗迹来看，有圆形、方形的建筑，除了规模小的住房之外，还有大型的公共性质的建筑。大型公共建筑立柱比较多，房屋中的立柱末端应是利用树干的枝丫横向架构横梁，以支撑起巨大的空间。聚落周围有深几米的壕沟，其整体布局呈现出后世城市的原型。辽宁喀左东山嘴发现的红山文化石砌的圆形祭坛遗址，以及半穴式土木结构的牛河梁女神庙遗址，是迄今发现的早期祭坛遗址，距今约5000年。这些建筑遗址丰富了中国史前文化的内容，折射出当时人们的宗教信仰和包括建筑在内的众多艺术文化。

长江流域的干栏式建筑使用木材将房屋架空于地面之上，如距今7000年前河姆渡遗址的干栏式建筑。干栏式建筑从巢居演化而来。巢居是在大树上架构筑巢，之后出现了人为设立木桩构架干栏式建筑。干栏的特点是在地面上打入许多桩柱，柱上端用横木组成框架，然后在上面铺木板成平台，再在台上建屋居住。架于地面之上的干栏式建筑，既可以避免虫兽的侵扰，又可以隔绝潮湿和高温的地面，底层可以饲养家畜，因此成为新石器时代南方地区人类重要的居住方式。干栏式建筑在南方一些地区至今仍有遗存。

古籍文献有不少关于穴居式建筑与干栏式建筑的记载，如古文献《周易》"系辞"载"上古穴居而野处"，说的是人类利用穴居方式；《礼记·礼运》载"昔者先王未有宫室，冬则居营窟，夏则居橧巢"，说的是人类依据自然环境营造适合居住的穴居式和干栏式建筑，穴居适合干冷气候，干栏则适合炎热气候。晋代张华《博物志》言"南越巢居，北朔穴居"，指出了南方、北方使用干栏、穴居的不同方式。很多与穴居建筑有关的文字，如带"穴"字偏旁的"窗""空""穹""窑""窨"等，反映出史前时代从天然的洞穴到地面半地穴建筑等居住方式的发展。

由于南、北自然条件的差异，发展出两种不同的建筑体系。原始人类的房舍经历了从天然洞穴到人工建筑的发展变化，人工建筑主要从地穴、半地穴向地面建筑发展，从树上巢居向地面发展，建筑的坚固度、美观度、复杂性方面不断提高，原始人类努力改善自身生存条件、改进房屋的平面和空间，使之更适于居住。原始建筑开启了人类建筑的历史。

易县北福地穴居式建筑

新石器时代（前6000—前5000）
南北长403厘米，东西宽450厘米，深40—50厘米
河北保定易县北福地早期新石器时代遗址

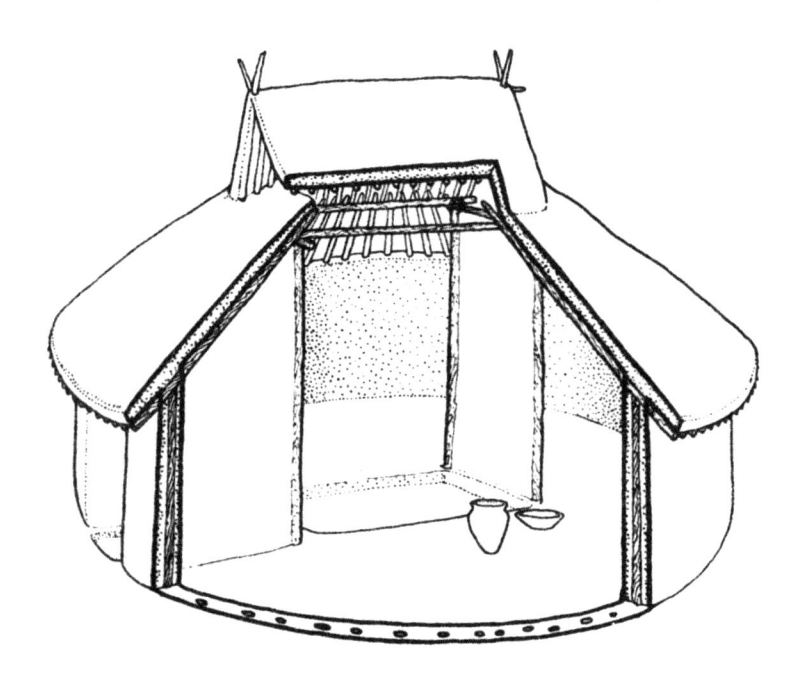

河北易县北福地新石器时代穴居遗址剖视复原图

　　河北易县北福地半地穴式房屋遗址，属早期新石器时代遗址，距今8000—7000年。该穴居的构筑大致是在地面以下挖一个平面圆角近方形的浅穴，浅穴南北长403厘米，东西宽450厘米，深40—50厘米。北部有宽90厘米、长40厘米的坡形门道，有斜阶可通至室内地面，据推测阶道上部可能原搭有简易的人字形屋顶。浅穴壁体内整齐地排列着深16厘米的柱洞，分散在居住面近四壁、近灶面处和屋外门道一侧。柱洞内的木柱已朽，当时很可能使用木材编织和排扎相结合的方法构成壁体，以此支承屋顶的边缘部分。住房中部柱洞内的木柱，应为支持屋顶结构的骨架。研究者推测，此屋顶形状可能用四角攒尖顶，也很可能在攒尖顶部利用内部柱子再建采光和出烟的二面坡屋顶，壁体和屋顶敷设泥土或

草。室内地面为红褐色硬土，地面中央挖椭圆形红烧土灶面，长78厘米，宽62厘米，北侧有一个圆形灶坑作火塘，供炊煮食物和取暖之用，灶坑居中可使热气和光亮均匀分布。灶面和灶坑周围，分布八块大小不等的河砾石。

从新石器时代早期开始，距今8000—4000年，北方黄河流域盛行穴居。穴居建筑的发展大致经历了"穴居—半穴居—地面建筑—下建台基的地面建筑（高台建筑）"几个阶段，居住面逐渐升高。从平面看，依次是圆形、圆角方形、方形和长方形的发展。从室数规模而言，则有单室、前后双室，或分间并连的长方形多室，从单间建筑向多间建筑发展。从不规则到规则，从没有或甚少表面加工直到使用初步的装饰。从考古发现的诸多房屋建筑遗址可知，到新石器时代末期，建筑技术已经发展到了较高的水平。最早的穴居住房均为圆形的平面，而北福地遗址半穴居的平面为圆角方形，是圆形穴居到长方形平面的过渡，说明史前人类已经开始改进房屋的平面和空间，使之更实用。

河姆渡干栏式建筑

新石器时代（约前5000）
面积约4万平方米
浙江余姚河姆渡早期新石器时代遗址

浙江余姚河姆渡新石器时期4B层干栏式建筑遗迹

距今7000余年的浙江余姚河姆渡干栏式建筑遗址是史前干栏式建筑的典型代表。考古工作人员曾对河姆渡遗址进行了两次大规模的发掘，在遗址居住区发现了遍及整个发掘区的干栏式建筑遗存。第一次考古发掘时，遗址出土木构件总数达2583件之多。第二次发掘共发现有规律的排桩在25排以上，根据排桩的走向组合，推测至少有六组（栋）以上的建筑。很显然，这种建筑是一种把地面架空的干栏式建筑。其中一座面宽约23米的干栏式建筑，使用四排相互平行的桩柱作为基础，估计此屋进深约7米，前有深1.3米带栏杆的走廊。桩柱上方横梁上可以看到铺有厚地板，同时遗址出土有芦席残片，可能为地板上的铺席遗迹，据此可推测地板距地0.81—1米。这种以桩柱为基础，在其上架设横梁承托地板，再于其上立柱架梁构成的干栏式建筑，是对原始巢居的直接继承和发展。

不同于北方地区的穴居建筑使用编织、绑扎木材的建筑方法，干栏式建筑的木质建筑构件是通过榫卯结构嵌合、架构而成。榫卯结构是指两个构件采用凹凸相结合的连接方式，凸出部分称为"榫"，凹进部分称为"卯"。从河姆渡遗址大量带有榫卯结构的建筑材料来看，榫卯结构在新石器时期就已经出现，并广泛使用了。河姆渡干栏式建筑遗址出土的凿卯带榫的构件达百件以上。这些木质建筑构件都是用石凿、骨凿和石斧及木制工具加工而成。利用这些工具，古人类发明和制作了更为复杂的榫卯结构，如燕尾榫、带销钉孔的榫和企口板，后世常见的榫卯结构都已出现，标志着当时制作木构件工艺已达到相当高的水平。值得注意的是，许多构件有重复利用的迹象，说明这种建筑结构和工艺已经经历了相当长的发展时期。相比穴居系列建筑构件广泛采用的绑扎结合的方法，干栏式建筑利用木质构件榫卯结构嵌合的技术更加先进，并对后世中国建筑、家具产生了深远的影响。此外，有学者根据现代民俗资料推测，为了适应南方多雨的气候，干栏式的屋顶都较大较陡，出檐较深，大屋顶与深远的出檐正是以后中国建筑的显著特点之一。

除河姆渡遗址之外，在浙江吴兴钱山漾、江苏常州圩墩、丹阳香草河、吴江梅堰、云南剑川海门口和湖北蕲春毛家咀等众多遗址中，都发现有干栏式建筑遗址，建造时期约从新石器时代到西周时期。考古发现的甲骨文中诸多字形反映了中国古代建筑的形制，如"宅"字的造型即是一座建造在桩柱上的干栏式建筑（也可能是建筑在高台上），仿佛是一座干栏式建筑的剖面图。湖南长沙南托大塘距今约6900年的新石器时代遗址出土了多件刻画有建筑纹样的陶片残件，有一件中部左侧刻画有一座大坡顶建筑，右侧是一组小型尖顶建筑，两组建筑均建造在一个干栏结构的平台之上，这表明当时这一地区也在使用干栏式建筑。

在长期的社会生产实践中，先民们为适应自然环境，利用了当时的建筑构件加工技术，发明建造了干栏式建筑，成为我国木构榫卯技术与干栏式建筑历史的开端。河姆渡等遗址发现的干栏式建筑是中国古代建筑史上这一重大发明创造的见证。

牛河梁女神庙遗址

新石器时代（约前3630）
长22米，宽9米
辽宁凌源牛河梁新石器时代遗址

辽宁牛河梁红山文化女神庙遗址

公元前3000年之际，生活在今辽宁西部地区的先民们已经创造了高度发达的文化——红山文化。该时期处于母系氏族社会的全盛时，社会结构是以女性血缘群体为纽带的部落集团，晚期逐渐向父系氏族过渡。在这一地区，考古发现了众多红山文化时期的墓葬（积石冢）和玉器、彩陶器等遗迹和遗物，尤其发现了祭坛和神庙遗址。这些建筑遗址丰富了中国史前文化的内容，折射出当时人们的宗教信仰和包括建筑在内的众多艺术文化。

1979年在辽宁喀左东山嘴发现了规模巨大的红山文化祭坛遗址，这是中国迄今发现最早的祭坛遗址，距今约5000年。1983年在距东山嘴约50千米的凌源牛河梁遗址又发现了红山文化大型祭坛、积石冢和"女神庙"遗址，其时代约与东山嘴遗址相同。牛河梁转子山祭坛为一座正圆形建筑，建筑规模浩大，先在平地堆土夯筑成大型土堆，再用长宽厚均为30厘米的石料在土堆外面层层垒砌成阶梯状，石材均为外地采运而来。祭坛现存10米高，直径约100米。

于牛河梁主梁顶部发现的女神庙遗址，其建筑平面呈窄长形，南北最长处22米，东西最窄处2米，最宽处9米，朝南略偏西。从基址分析，庙宇是一组多间建筑，分为主室、侧室、前室和后室。为半穴式土木结构，现保存地下部分深0.8—1米。从南单室四边成排分布的炭化木柱痕分析，地上原立有木柱，内侧贴成束的禾草，再涂抹泥土形成墙面。墙面有用朱、白两色相间绘出的几何形勾连回字纹图案，线条皆为较宽的直线和折线，并以两两相对的折线纹为一组，是国内目前所见时代最早的壁画。

在神庙中发掘出多尊女神像，其中一尊泥塑彩绘女神头像约真人般大小，脸蛋红润，神态安详，用玉片磨制镶嵌的两眼炯炯有神，乳房丰硕，充分显示了女性美的魅力。据统计，其他女神像残块共属于六尊神像，有的比真人小很多，有的基本与真人同大，有的比真人大三倍。研究推测，该处遗址是一处以祭祀女性祖先为主的多神礼拜场所。考古发现，女神庙为复杂的多室结构，左右对称，主次分明，不仅前、后室之间有主次之分，而且有左、右侧室，结构上已具中国传统宫室、庙宇的雏形，是中国较早的礼制建筑遗存之一。

在巨型祭坛和女神庙周围50多平方千米范围内的众多山头都有积石冢和祭坛。它们以位置相对较高的女神庙和巨型祭坛为中心呈众星捧月状分布。据研究该区域可能属于宗教圣地、祭祀中心，红山文化先民们在此祭祀他们共同的神灵。可以试想5000多年前的某一天，人们手里或拿着用以通神的精美玉器，或捧着装有祭祀物品的彩陶器，经过长途跋涉，成群结队登上祭坛和神庙，向神灵表达着自己和部落的心愿。

除了红山文化之外，采用坛庙方式祭祀祖先和神灵的，还有位于长江下游地区的良渚文化，在浙江余杭反山、瑶山和汇观山等遗址，均发现规模宏大、用三色土修筑的祭坛遗址。红山文化、良渚文化祭坛周围或祭坛中均发现大量随葬玉器，进一步说明了玉器作为祭祀礼器的功用，以及两种文化可能存在类似的祭祀礼仪。此外，良渚文化使用三色土修筑的祭坛，使人联想到北京中山公园内的清代五色土祭坛，它们虽然时代相隔久远，但冥冥之中似乎有着深厚的渊源。

规模宏大、工程浩大、结构复杂的祭坛和女神庙遗址，表明新石器时代晚期已有高度发达的社会共同体，拥有较为严密的社会组织和社会秩序，能够组织、规划建设此类大型公共建筑。这一类建筑从坛址的选择到建筑与大自然的关系，再到建筑轴线对称的布局和结构，都体现了以自然天地为参照系的大尺度空间观念，奠定了中国传统建筑利用地形、注重秩序、布局严谨、组合规整的基础。

第二章 夏商周建筑

夏商周建筑概述

夏、商、周合称"三代",历经1800多年,这个时期不仅创造了灿烂的青铜文化,也发展出不同的建筑类型,如城堡、城市、宫殿和墓葬等。

城市、宫殿建筑较之前有了巨大进步。夏代二里头宫殿遗址表明建筑技术已趋于成熟,宫殿基座四面围绕一周大型柱洞,是主体殿堂的回廊柱,为完整庭院建筑,其布局谨严,主次分明,开创了"三代"都城宫殿的建筑模式,院落式的布局结构为此后中国历代宫室建筑所承继。商后期,以宫室为中心、南北沿中轴线分布的建筑布局形式已经成熟,宫室多建在高大夯土台之上,夯土和版筑技术被广泛用来修筑城墙及建筑台基。中国古代建筑木构架体系已初见端倪。随着社会的发展,建筑也出现了等级制度,后来在此基础上发展出工官制度,国家设有以管理工程为专职的官员,周时国家管理工程的最高官员称为"司空",秦时称为"将作少府",西汉改称"将作大匠",掌管全国的土木建筑工程和各种工务,工官制度对实行建筑的标准化起到了一定推动作用。

西周初年兴建的洛邑王城具有代表性,城约呈方形,东西长2890米,南北长3320米,折合西周尺度,大致符合所载"方九里"之数。洛邑位于今河南洛阳附近,为周室的东都,是西周王朝为治理四土而在天下之中位置设立的祭祀中心与政治中心。西周洛邑王城的祭祀建筑与宫殿相邻,祭祀在"祖""社"中进行。"祖"指宗庙,"社"指社稷坛,分别是祭祀祖先和社神、稷神的地方,这些建筑被称为礼制建筑。洛邑王城是经过精心规划、反映西周政治理念的城市。近几十年的考古资料表明，在西周周原岐邑地区北部，今陕西岐山凤雏村，发现了有可能是武王灭商以前的先周宫殿（或宗庙）遗址。建筑群坐落在大夯土台面上，坐北朝南，以门道、前堂、过廊、后室为中轴，东、西两侧配置厢房，形成一个前后两进、东西对称的封闭性院落布局，成为后世中国传统建筑最基本的布局形式。为改善屋顶的构造，西周时期还出现了瓦的局部使用。这种前朝后寝的格局是对之前夏商宫殿前堂后室格局的继承和发展，对后世宫殿直至明清北京紫禁城，以及佛寺、坛庙、衙署和住宅的布局都有深远影响。

春秋战国时期，列国分立、战争频繁、商业繁华，城市的建筑数量空前增加。根据《左传》记载，春秋时期筑城达83次之多，数量达63座。考古发现的此时城市遗址主要包括东周洛阳王城、曲阜鲁城、临淄齐城、郑韩故城、侯马晋城、凤翔秦雍城、邯郸赵城、纪南楚郢都等。各国兴建的都城一般有大小二城，小城是宫城，大城为居民区。居民区内有很多用墙围围成的网状"坊"，居民出入要经里门，实行宵禁。城内有封闭性商业"市"，定日定时开放。宫殿多夯土台榭，层层升高表现多层楼阁的建筑效果。凤翔出土了春秋时墙壁上的镂空青铜装饰构件，古代称"金釭"，据此可知那时室内装饰已达到相当高的水平。战国城市规模逐渐扩大，高台建筑更为发达，同时出现砖和彩画的应用。中国最早的一部工程技术专著《考工记》，详细记述了这个时期重要的建筑制度，如宫室内部标准尺度和工程测量技术。

墓葬也是"三代"重要的建筑类型。商代，统治者墓葬一般包括棺、椁两部分。商王配偶妇好墓圹上有小型建筑遗迹。西周王侯贵族墓葬盛行修筑带斜坡道的大型椁墓，还出现了大型车马陪葬坑，棺椁有严格的等级规定："天子棺椁七重，诸侯五重，大夫三重，士再重。"东周以前，庙祭是古代社会最重要的祭祀形式，东周时期发生变化，人们对"墓"的兴趣愈益增长。墓内放置多重棺椁。王陵成为这一时期最具特点的一种建筑类型，河北平山战国中山王陵墓出土的铜版《兆域图》就反映了这个时期王陵的建筑规模。图中用金、银错刻画出建筑平面、名称、尺寸，以及中山王的一段诏令。《兆域图》在建筑空间与体形关系上表达了尊卑等级的观念，体现了战国时期的建筑创作水平。湖北随县发掘的战国曾侯乙墓，椁墓由壁板和隔板组成独立的空间，在连接椁内各厢间隔板上开设方孔，彩绘漆棺上也发现绘有同样的方孔造型，彩漆内棺绘有窗形图案，象征椁内各空间相互连通。其他楚墓也发现类似曾侯乙墓间隔板上以雕刻或绘画手法表现的门、窗图形。彩棺巨椁装饰有门、窗等图案，表明楚国贵族将墓葬仿造成生前宫殿建筑模样，墓中开设门扉，以便墓主灵魂自由出入，享受祭品和舞乐。楚墓开启了中国传统墓葬建筑由竖穴椁墓向横穴室墓发展的历程，显示出来的特有丧俗一直延续到西汉。东周时期，在礼崩乐坏和儒教"孝"的思想盛行的社会大背景下，祭祀祖先的宗庙不再是社会政治生活的中心，祭祀墓主人的墓葬逐渐成为重点，墓葬建筑日益发展。

夏代二里头宫殿

夏（约前2070—前1600）
1号宫殿东西长108米，南北宽100米，面积达1万多平方米
河南洛阳偃师二里头宫殿建筑遗址

河南偃师二里头遗址1号宫殿基址复原图

　　1959年二里头遗址的发掘是夏代历史、夏都考古的重大发现。位于河南洛阳平原东部的二里头遗址，面积为5—6平方千米，遗址中有规模宏大的宫殿建筑群、宫城城墙等夯土基址数十座，以及道路网络、祭祀区、手工业作坊遗址等。从发掘情况来看，这是一处周密规划、布局有章、经过长时期使用的大型都邑遗址。其一至三期年代与夏朝中晚期对应，极有可能是夏王朝中晚期的都城之所在。中心区位于遗址东南部至中部一带，包括宫殿、贵族聚居区、手工业作坊区和祭祀遗存区等，一般居住活动区位于遗址西部和北部。宫殿区居中，祭祀区位于其北面，南面是手工业作坊区，重要的功能区域呈南北一字线排开，这是中国迄今发现最早的中轴线规划的大型宫殿建筑群。

　　从二里头遗址可以看出，夏代的建筑技术较之前有了巨大进步，筑城技术已趋于成熟，集中体现是大型宫殿建筑的出现和城垣的建设。宫城为整个都邑的核

心，平面呈纵长方形，长360米，宽290余米，有宽2米左右的宫墙。虽然其规模较商周时小，但建筑技术大致一致，如筑城前先在地面挖出基槽，从基槽起夯构筑城基，有城壕来护卫安全等。宫城围墙是使用夯土版筑而成，其东北角保存完好，宫墙东部发现有门道2处，在宫城南墙发现宫城南门的门塾遗迹（大门两侧之堂屋），属于宫城的南大门。城垣的出现也是古代社会从氏族制向国家社会转变的重要标志之一。

宫城内已发现以1、2号宫殿建筑为中心的十多座大中型建筑。1号宫殿是宫城西路建筑群的核心建筑，整体近似正方形，东西长108米，南北宽100米，面积达1万多平方米。建筑在一座高0.8米的大型夯土台基之上，形制包括主体殿堂、南面大门、四周回廊和东北面侧门等。北部正中为一长方形台基，复原为面阔八间、进深三间的四阿重屋式的大型殿堂建筑——主殿。主殿南距大门70米，殿堂前是庭院，庭院面积约5000平方米，可以容纳上万人。围绕殿堂和庭院的四周是廊庑建筑。主殿坐北朝南，前临广庭的做法，为此后中国历代宫殿建筑所继承和发扬。

主体殿堂基座四面围绕一周大型柱洞，是主殿的回廊柱。廊柱柱洞排列整齐，在每个廊柱柱洞外侧，还附有两个小柱洞或柱础石。有的研究者推测屋顶为四面排水的重檐屋顶。遗址没有发现瓦的遗存，屋顶应以草覆，如先秦典籍《考工记》和《韩非子》记载商代以前宫殿为"茅茨土阶"那样，是木骨泥墙加茅草屋顶的大房子。这时的宫殿为"四阿重屋"（四坡顶、两重檐，即在四坡屋盖的檐下，再设一周保护夯土台基的防雨坡檐）的早期形态，这种形制的产生与当时土墙结构需要防止雨水冲刷密切有关。在柱洞底部均安置有柱础石，以承木柱，一般都是未经加工的天然石板，形状、大小各异，不规则。后代建筑中二里头1号宫殿大型柱洞外侧这种小柱洞内的擎檐柱逐渐演变为斜撑，即从檐柱伸出支撑下檐，再后又变为从屋内挑出的水平构件，最终发展为中国古代建筑特有的斗拱。

殿堂内部情况已不明了，有学者按照立柱遗迹推测，将殿堂复原为面阔八间、进深三间、周围有回栏的建筑，也有研究者认为是有四围墙壁而无堂室分隔的敞亮殿堂。据《考工记》记载夏代宫室说"夏后氏世室",有"一堂""五室""四旁""两夹"等分隔情况。即前部正中面是开敞的"堂",是处理政务、接见群臣和举行祭祀的场所;"五室"在堂后,作居室用;"四旁"在堂的左右,"两夹"在后部左右两角,均作附属用途。

2号宫殿建筑基址位于宫城东部偏北,保存较为完整,为一长方形的夯土台基,南北长72.8米,东西宽58米,规模小于二里头1号宫殿建筑基址。由主体殿堂、东、南、西三面的回廊和四面的围墙,南面的门道及庭院所组成的一座完整的宫殿建筑。主体殿堂位于北部正中,基址长约33米,宽13米,整个台基以主体殿堂部分夯筑得最厚,约3米。从残留的木骨墙和栏柱柱础遗迹,可以推测出主殿面阔三间,四周有回廊。整个宫殿布局规整,结构严谨

2号宫殿基址范围内发现有排水设施。庭院内东北部发现一组由陶制水管连接而成的排水管道,这一组排水管道由11节陶水管组成,安装在预先挖好的沟槽之内,西高东低,便于排水。在庭院东南部也发现一条用石板砌成的地下排水沟。

二里头宫殿建筑基址规模宏大,以高台形式突出主殿建筑,已发现的两组建筑群均呈南北中轴线分布,坐南朝北,结构复杂,布局严谨,主次分明,开创了三代都城宫殿的建筑模式,尤其是院落式的布局结构为此后中国历代宫室建筑所承继,可以说二里头宫殿是3600多年前的中国最早的"紫禁城"。

夏代是否存在颇有争议,大部分考古工作者据考古发现持肯定态度。《尚书》《诗经》《左传》和《国语》等是记述夏代史迹最古老的文献,司马迁著《史记·夏本纪》更是系统勾勒出了我国第一部基本明晰的夏系史统。然而这些文献的记载始终遭到怀疑,尤其是近代以来疑古派的质疑使得夏代的历史更加扑朔迷离,而二里头遗址的考古发现是关于夏代历史的重要突破与转折。近年山西陶寺遗址的最新考古发现,初步揭示出陶寺遗址是中国史前功能区划最完备的都城,由王宫、外郭城、下层贵族居住区、仓储区、王族墓地、观象祭祀台、手工业作坊区、庶民居住区构成,其兴建与使用的时代为距今4000—4300年,多数专家认为"陶寺就是尧都"。这比历史教科书上华夏文明从夏王朝开始,整整提前了300年。

西周凤雏宫殿建筑遗址

西周早期（约前1046）
占地面积1469平方米
陕西岐山凤雏西周宫殿（或宗庙）遗址

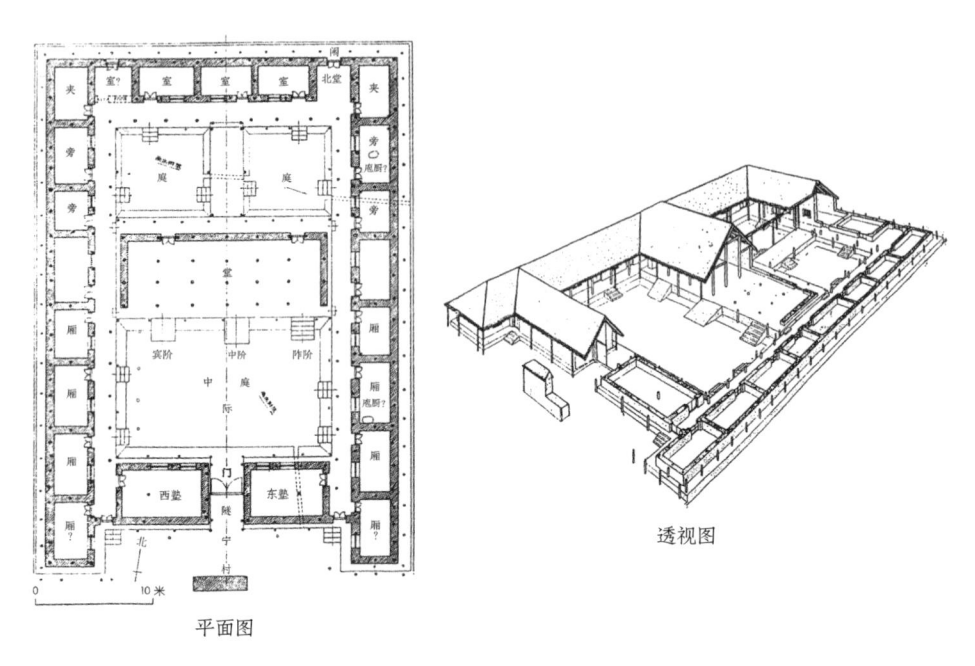

陕西凤雏西周宫殿（宗庙）复原平面及透视图

《诗经·大雅·绵》描写了周民的祖先率领周民从豳迁往岐山周原开国奠基的故事，此时的建筑情形是"陶复陶穴，未有家室"，即此时居住的是半地穴式的居室，这是一种自新石器时代即开始的居住形式。诗篇后面记述了周文王建立起完整的国家制度的故事，其中"周原膴膴，堇荼如饴。爰始爰谋，爰契我龟，曰止曰时，筑室于兹"几句，意思是说周原土地肥美，经过占卜谋划，决定在此修建房屋，此时期的建筑技术和形式已经发生了很大的变化，已经不再是"陶穴"了。

1976年在周原岐邑地区北部（今陕西岐山凤雏村），发现了先周宫殿（或宗庙）遗址，虽然此建筑基址比二里头和盘龙城的宫殿小，但布局规划更为规整、成熟。它建于西周早期，距今约3100年，废于西周中晚期。整组建筑坐落在一大夯土台面上，坐北朝南，占地面积1469平方米，墙是夯土修筑而成，从南至北中轴线上依次为影壁（屏）、前院、门道及门房、中院、大殿（前堂）、过廊、东西小院、后室，东、西两侧配置厢房，大殿前后、东西厢房前和后室前都有回廊贯通，形成一个前后两进、东西对称的封闭性四合院落布局。大殿为主体建筑，是周王处理朝政、举行祭祀天地祖先和婚丧等典礼的场所，后室是周王和嫔妃居住之处。东、西厢房的南端平面向前凸出于墊外，与影壁一起包围形成前院。整个建筑的东、西、北三面均有台檐，台檐外有散水沟和排水沟。

陕西岐山凤雏西周宫殿（宗庙）遗址建筑布局规整，规模宏大，注重群体建筑的对称，这是中国传统建筑的特色之一。完整围合的四合院格局，平面紧凑，这种前中后三进、东西对称的封闭性院落布局，完全实现了群体布局的均齐对称，突出了中轴线中心的大殿建筑，反映出尊卑有序、内外有别的观念，体现出以国君为核心、君权至上的思想。该遗址建筑的布局开后世中国建筑正统布局之先河，堪称中国早期传统建筑的典范。

瓦的使用是西周建筑艺术的新成就，凤雏宫室建筑遗址出土了中国最早的板瓦，表明此时已经在屋顶容易漏雨的屋脊和转角处使用板瓦，但其他地方仍然使用茅草覆盖。各地的西周遗址中有许多瓦出土，如陕西扶风出土西周早期古代建筑物上的板瓦，宽24厘米。此时瓦两面分别有陶钉和陶环，表明是用于屋脊或屋檐。1976年陕西周原遗址出土西周板瓦，以及起衔接和固定作用的瓦钉。瓦的使用，是中国古代建筑技术史上具有里程碑意义的重大进步，不过直至春秋时期瓦还只在贵族阶层使用，到战国时期才普及到下层民众当中。

"屏"即照壁的发现也是非常重要的，此遗址中轴线上最南为广场，即"外朝"，广场北为"屏"，又称"树"。照壁为中国传统四合院常见的建筑形式，在古代建筑中被广泛使用。风水讲究导气，气不能直冲厅堂，避免气冲的方法，便是在房屋大门前面置一堵墙。为了保持"气畅"，这堵墙不能封闭，故形成照壁这种建筑形式。此处照壁的发现，大大提早了照壁在中国古代使用的时间。清任启运《朝庙宫室考》云："蔽内外者谓之屏……天子外屏，诸侯内屏。"由此可见，凤雏遗址的外屏，是行天子制度。在西厢房里还发现藏有大量占卜用的甲骨，充实了西周文献的考古发现，照当时的礼制，只有宗庙才可以收藏甲骨，综合来看，该组建筑是集宫殿与祭祀功能为一体的建筑群。

1989年，在宫室基址周围航测发现岐邑（周城）遗址，古城呈南稍偏西方向，南北长约1300米，北段宽约600米，南段宽约700米；城墙周长约3900米；全城总面积约945000平方米。凤雏宫室建筑基址恰在城内中心部位，即青铜器小盂鼎铭"王格周庙"之周庙，亦即先周之京宫，古城即先周京都岐邑。2004年3月又发现周公庙遗址。

1999年至2000年发掘的周原遗址云塘发掘区，发现了由7座夯土台基组成的大型建筑，其中1号夯土台基（F1）平面呈凹字形，坐北朝南，东西长22米，南北宽13.2—16.6米，残高0.6米。台基上有柱基37个，柱基坑径1米左右，内填石头和夯土，台基四周铺设鹅卵石散水，宽0.6米。台基东西两侧各有一台阶。

除了以上这些考古发现之外，周原的宫殿建筑遗址还有不少，表明西周时期的宫室建筑无论在数量还是规模上都远超前朝，建筑技术和建筑思想都较夏商时期有了很大的进步。尤其是以周原凤雏宫殿（宗庙）建筑基址为代表的大批遗址发现，为更多地了解西周时期建筑史的发展提供了丰富的实物资料。

西周洛邑王城

始建于西周武王时期（约前1046）
城约为方形，东西长2890米，南北长3320米
河南洛阳西周洛邑王城遗址

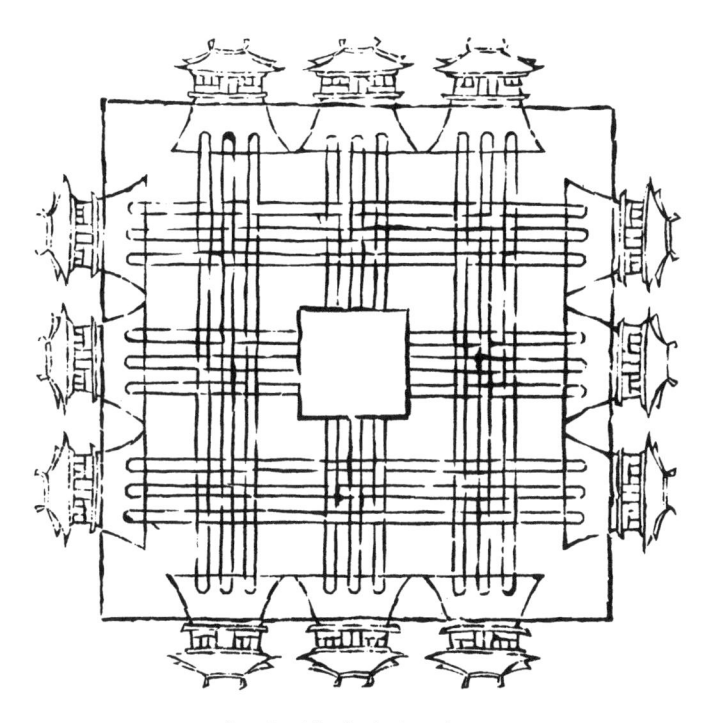

《三礼图》中的周王城图

1963年在陕西宝鸡出土了一件青铜器"何尊"，其上长达122字的铭文记载了西周武王开始营造东都洛邑时，在一次祭奠上对宗室子弟宣布的诰命，其中提到"余其宅兹中国，自之薛（乂）民"，意思是要在天下之中的中原建都，并在这里统治人民。"中国"一词在此最早出现。先秦典籍《逸周书·度邑》中记载了武王为新都选址的情景。武王病逝后，周公秉承武王遗志，于摄政第五年营建东都洛邑，至七年初成，亦称"新邑"。同年，周公还政成王，成王于新邑主持盛大祭典，并迁伐殷时所获作为政权象征的九鼎于此。至今洛阳城区仍有"定鼎路"的街名，可见西周洛邑对后世的影响之大。

考古发现，先秦时建筑遗迹大多是与统治阶级有关的建筑，如二里头宫殿、殷墟、郑州商城、周原、丰镐遗址及西周洛邑遗址等，西周洛邑可以说是史书明确记载的第一座国家层面详细规划建设的都城。

今河南洛阳地区，自二里头遗址以来，经历了偃师商城，再到西周洛邑，一直是"三代"统治的中心区域。考古发现洛邑故址就在今洛阳老城南关以北的瀍河两岸，历年来的考古工作发现了洛邑遗址的具体位置及众多遗迹遗物。洛邑遗址现存城墙遗迹为东周夯筑，大约沿用了西周原有规模。城约为方形，东西长2890米，南北长3320米，折合西周尺度，大致符合以后的记载"方九里"之数。现存洛邑王城遗址中，西周、春秋、战国和西汉的文化遗存都有发现，可见沿用时间之长久，其间有过多次改造。

成书于春秋末叶的典籍《考工记》，追述了西周时期的一些营造制度，其中提到洛邑王城："匠人营国，方九里，旁三门。国中九经九纬，经涂九轨，左祖右社，面朝后市。"意思是："匠人营造的王城，方形，每面九里，各开三座城门。城内有九条横街，九条纵街，每街宽都可容九辆车子并行；左设宗庙，右设祭坛，前临外朝，后通宫市。"可知这是一座布局规整、方正，建筑呈中轴线对称的城市。宋代典籍《三礼图》画出了王城示意图，大体反映了这种面貌，图中宫城在王城内正中央，但没有画出朝、市、祖、社的位置，且纵横街道皆经城门。据近代学者的研究，"朝"指外朝，是宫城前面的一座广场；"市"指宫市，在宫城北面，离开宫城设置；"祖"为宗庙，祭祀周王祖先；"社"是社稷坛，用以祭祀土地之神"社"和五谷之神"稷"。

由于历代的破坏和改造，西周洛邑王城的宫殿遗存已经荡然无存，但我们可以借助史书和金文的记载对其进行推测复原。宫殿沿中轴线分布，由诸多的"门"和诸多称为"朝"的广场及其殿堂顺序相连组成。历代比较多见的"五门三朝"的说法，南宋经学家胡安国注《春秋》说："雉门象魏之门，其外为库门，而皋门在库门之外；其内为应门，而路门在应门之内。是天子之五门也。"依此，洛邑王城宫殿的五门从南而北为皋门、库门、雉门、应门和路门。三朝即外朝、治朝和燕朝，它们依次分布在王城中轴线上。门、朝之外还有"寝"，朝、寝的顺序则为"前朝后寝"。《考工记》所说："内有九室，九嫔居之；外有九室，九卿朝焉。"外朝的地位十分重要，在祖、社举行祭祀大典前的聚会，举行有关国危、国迁、立君的所谓"三询"大事，以及公布重要法令的典礼等都在外朝举行。清代《钦定周官义疏》中也记载有相似的"天子五门三朝"图。

洛邑建成后，成为西周王朝治理国土的祭祀中心与政治中心，"天下之中，四方入贡道里均"。洛邑的规划原则与西周的政治文化有密切关系，洛邑规划上就更加重视突出周王宫殿的统帅地位，以宫殿区为中心，全城均齐对称，规整谨严，贯彻着严格的理性逻辑。

在东都洛邑王城遗址发现很多墓葬及陪葬车马坑。2002年，东周王城广场地下"天子驾六"车马坑的发现震惊世界。该车马坑中陪葬一辆6匹马的马车，以直观清晰的形式印证了文献中关于"天子驾六"的记述，解决了自东汉以来历史上关于周天子"驾六马"或"驾四马"的争论。虽然过了近3000年，考古出土时车辕、车身的构件及马的骨骼仍清晰可见，"天子驾六"车马坑因此也成了东周洛邑王城王陵区的重要地标。

从二里头到洛邑王城的宫殿，中国宫殿的总体格局已大体成形。洛邑宫殿已与祭祀建筑祖、社分开，宫城置于王城中央最重要的位置，祖、社挟持在宫城前方左右，众多的城门、宫殿和殿前广场，依中轴线排列，结构严谨，主次分明。这种建筑格局对以后各代宫殿直至明清北京紫禁城，对佛寺、坛庙、衙署和住宅等的布局，都有着深远影响。

殷商妇好墓

商王武丁时期（约前1250）
该墓南北长5.6米，东西宽4米，深7.5米
河南安阳殷墟小屯妇好墓

安阳殷墟妇好墓上复原建筑图

　　墓葬及其附属建筑也是重要的建筑类型，尤其是当很多地面建筑已经不复存在的时候，它们可以反映当时的房屋等建筑形式和建筑技术。在新石器时代，墓葬非常简陋，少数墓葬可能有棺、椁（套在棺之外的外棺）之设，没有墓室。到殷商时期，奴隶主墓葬不但有棺有椁，并在墓上建享堂。

　　商王盘庚迁殷之后，商王朝政治、经济、文化等发展进入了新的历史阶段。数十年的考古发掘表明，盘庚所迁之殷就是河南安阳西北五里的小屯村及附近地区。在此处除了发现大量珍贵的甲骨之外，还遗留下许多王和贵族的高等级大墓。王墓一般为平面"十"字或"中"字墓葬，为竖穴土坑墓室，室内有木棺，棺外护以木椁。安阳侯家庄武官村的大墓，深达15米以上，墓室四面或前后两面都有斜坡墓道，平面呈十字形或中字形。贵族墓为平面"中"字或"甲"字墓

葬，前者有两条斜坡墓道，后者只在向南一面有墓道。商代流行殉葬，在这些高等级的商代墓葬中，椁外均随葬有杀殉的奴隶和牲畜，棺底都有小坑，称为腰坑，殉葬有一人或一狗。

妇好墓是目前唯一能与甲骨文联系并断定年代、墓主人及其身份的商王室成员、未被盗掘的高等级墓葬。该墓于1976年河南安阳殷墟小屯出土，根据墓中所出的大部分铜器铭文，参照甲骨卜辞中的有关记载，墓主应是殷王武丁的配偶妇好。除了墓葬中出土的大量青铜器、玉器等随葬品十分珍贵之外，地面墓葬建筑的发现尤其值得注意。

妇好墓墓圹为长方竖井形，值得注意的是在墓顶地面正上方残存有夯土房基的遗迹，房基土厚20—30厘米，土呈红褐色，掺杂有石碎块，经夯打，其中三边轮廓基本保存完整，南端由于取土已遭破坏。房基大小稍大于墓口，正好坐落在墓口之上，但又未损及墓圹填土。东面有路土，门道可能向东。在房基上有排列规整的柱洞六个，洞底均埋有卵石柱础。房基外侧东、西、北三面皆有成行的夯土擎檐柱基，北边三个，东、西两边各两个，南边的已被破坏。

殷墟发现的甲骨卜辞中记有许多"祭祀之所"，其中一件记载有"甲申卜，即贞，其又（侑）于兄壬，于母辛宗"，表明该甲骨卜辞中"即"是祖庚、祖甲时卜人，"母辛宗"应是祭祀武丁的法定配偶之一"妣辛"的宗庙，与妇好有直接的关系。可见，妇好墓上的房屋可能为祭祀墓主而建的，据残迹复原，是一座面阔三间或三间以上、进深两间，周围有廊的"四阿重屋"享堂。

在众多的青铜器中，妇好墓出土了一件偶方彝，此器盖似屋顶，两端有对称的短柱纽。四面中部、四隅和圈足均有突起扉棱。通体云雷纹衬地，以浮雕技法表现了兽面、鸱鸮、夔龙、大象等动物形象，内底有"妇好"铭文。该器外形类似房屋建筑，口前后各有七个方形和尖形槽，像房子的屋椽探出的七个梁头，反映出当时的屋檐多探出梁头硬挑的做法，前沿所出梁头为大半圆形，后檐所出者为尖形，类似后世斗拱的雏形。

这种墓上压有房基的现象，亦见于大司空村、侯家庄等处。如大司空村311和312号墓上残存有夯土地基和作柱础用的卵石，从地基和卵石排列的情形来看，应为房屋一类的遗迹。在河南安阳殷墟出土了一组宗庙祭祀坑，还出土了三联陶水管、兽面纹铜建筑饰件、陶排水管道等建筑构件，这些或许都是当时的祭祀建筑构件。可以推测这一类型的房基，应是墓主人下葬之后有意识地被建造在墓地上的建筑的存留。

　　根据文献记载，此时的墓上都没有封土，当时人们似乎并不需要在墓上造设坟丘和建筑物。《易经·系辞下》记载"古之葬者，厚衣之以薪，葬之中野，不封不树"。妇好墓其地表可见享堂墙基，除此之外，周围无墙垣、廊庑等建筑遗存，享堂规模也比商代宫庙小很多。此时，除王和贵族的高等级墓外，一般墓葬均为大小不等的长方形竖穴土坑墓，没有墓道，也没有封土和地面祭祀建筑。商亡后，西周王侯贵族墓葬基本承接商代大型墓的形制，盛行筑造成带斜坡道的大型椁墓，不同的是，此时墓葬周围增设了大型车马陪葬坑等。这种不流行使用封土和墓葬地面祭祀建筑的情况，直到战国时期才发生变化。

　　从考古材料推断，至少在晚商时期，因墓祭需要，有的在墓顶平地建享堂。有学者持不同意见，认为殷商墓平地修建的建筑，与战国时期流行的坟丘墓上修建的建筑性质一样，这些先秦墓上建筑不是用于祭祀的祠堂或享堂，而是"寝"的建筑形式，是供墓主人灵魂起居饮食之所。这一问题仍有待进一步研究，但是殷商时期高等级墓葬地面上方存在附属建筑应是毋庸置疑的。

东周中山王陵《兆域图》中的建筑

墓主人葬于公元前310年左右
图长94厘米，宽48厘米，厚1厘米
《兆域图》出土于河北平山中山国王陵墓

河北平山战国中山王陵出土《兆域图》

墓葬上方建筑封土是为了让后人识别祖先墓葬，以便进行祭祀，封土的高度、大小象征墓主人的身份等级。《周礼》记载："以爵为封丘之度，与其树数。"就是说，按照官位的等级来定坟头的大小高度和种植树木的种类、数量。"三代"时期宗族社会有在宗庙中祭祀众多祖先（庙祭）的习惯，单独祖先的墓祭仅为祖先崇拜中的辅助形式。春秋前无墓祭礼俗。这一情况在东周时期开始变化。

文献记载孔子曾对学生说："吾闻之，古也，墓而不坟。"然而孔子南游时已见到墓地上封土有"若堂者""若坊者""若覆夏屋者""若斧者"，说明当时已有各种形状的墓葬封土了。到战国时期，墓地中高大华丽的享堂建筑屡见不鲜，更多的墓葬出现封土堆，崇高丰隆，故盛行"丘墓""坟墓""冢墓"之称。王墓则称为"陵"或"陵墓"。

1983年在河北平山发现一座中山国墓葬，墓主人当是中山国王䝮。中山王墓出土了一块铜版地图，图文用金银镶嵌，铜版背面中部有一对铺首，正面为中山王、后陵园的平面图《兆域图》，据推测，这幅战国时期的铜版地图距今已有2100多年历史。根据《周礼·春官》中所说"掌公墓之地，辨其兆域而为之图"，"兆域"指"陵墓区"，故把这块铜版地图称为"兆域图"。该图上注明了"内宫垣"和"中宫垣"两道围墙，规划中更大范围的"外宫垣"未在图中表示出来。从陵园规划图得知，规划的陵墓有封土，并在封土上建享堂。按照享堂复原形制，将《兆域图》规划设计内容绘成透视图，可以更清楚地了解这一建筑群的情况及当时的建筑水平。据此图及遗址复原，知其形制是：外绕两道横长方形墙垣，内为横长方形南部中央稍有凸出的封土台，台东西长310余米，高约5米；台上并列五座方形享堂，分别祭祀王、二位王后和二位夫人。中间三座为王和后的享堂，平面均为52米×52米；左右二座夫人享堂为41米×41米，位置稍后。五座享堂都是三层夯土台心的高台建筑，居中一座下面多一层高1米多的台基，体制最崇，从地面起算，总高达20米以上。封土后有四座小院。

河南辉县固围村战国中期1、2、3号墓则是相连布局，墓上平地各建方形享堂一座，中央一座较大，平面为28米×26米，面阔七间；两侧各一座较小，平面为16米×16米，面阔五间。三座享堂对称布置，建于长方形低平方台之上，周绕围墙，显然有总体规划。考古发现，墓内有多重棺椁。辉县固围村陵墓群布局与中山王陵墓《兆域图》的规划设计很相似，只是固围村为二墓并列，《兆域图》所示为五墓并列，规模更大。有研究者认为制作《兆域图》是当时列国通行的制度，是一种已经程式化、制度化的规划设计图，具有时代典型的意义。《兆域图》规划的整组建筑，规模宏伟，以中轴线上最高的王堂为构图中心，后堂、夫人堂对称分布，后堂及夫人堂依次降低，且夫人堂体量减小，平面退进，更加使得中心突出、主次分明，体现了尊卑等级不同的秩序。虽然《兆域图》所提供的是具体陵墓建筑设计图，但从总体规划到单体建筑都可以与宫廷建筑相印证，这对研究先秦宫廷建筑形制无疑有很大的帮助。中山王陵墓《兆域图》是现存最早的建筑平面设计图，为中国建筑史的研究提供了珍贵的资料。

曾侯乙墓

墓主葬于公元前 433—前 400 年
墓坑南北宽 16.5 米，东西长 21 米，深 13 米
湖北随县擂鼓墩曾侯乙墓

湖北曾侯乙墓发掘现场和椁室全景图

1978 年，在湖北随县擂鼓墩附近，发掘了一座战国早期的大型木椁墓曾侯乙墓，墓主人系诸侯国曾国的国君，葬于公元前 433—前 400 年。该墓规模之大，出土文物之多和制作之精、文字资料之丰富，在同类古墓发掘中实属罕见。

曾侯乙墓的椁室形制非常值得注意。该墓建造在一座小山岗上，为岩坑竖穴墓，平面呈不规则多边形，方向正南。发现时墓口东西最长 21 米，南北最宽 16.5 米，深 13 米。墓圹中填有青膏泥，青膏泥之下为木炭，木炭填塞于椁顶之上与椁

的四周，总重量达6万公斤以上。木椁由底板、墙板、盖板及71根长条方木垒成，椁室分东、中、西、北四室，用巨型优质梓木隔成的小室，用材总量达380立方米。各小室之间，在底部有方形门洞相通，形成"三室一厅"的结构。中室面积最大，南北长9.75米，东西宽4.75米，主要放置有青铜编钟等礼器，其余三室放置棺椁及其他随葬品。主棺分内外两层，外棺椁高3.5米，北端（足端）挡板右下方留有一方形门洞。内外椁均彩绘，足挡中间绘有一"田"形窗格。殉棺多达21具，均施彩绘，殉葬人多为13—25岁女性，被生葬或被杀害后装入棺椁。

据中室出土青铜器镈上的铭文可知这座墓葬的时代在楚惠王五十六年（前433）或稍晚。曾侯乙墓属于楚文化地区的高等级贵族墓葬，为竖穴椁墓。楚国地处长江中游一带，森林茂密，楚人利用得天独厚的自然资源，大量使用木材筑造竖穴椁墓。棺、椁的造型和边厢的构造十分有特色，独具匠心。边厢为椁墓由壁板和隔板组成独立的空间，设边厢制度是楚地由来已久的丧葬习俗。楚墓葬椁的形制从传统的单一空间逐渐发展到多个空间，经历了由简单形制向复杂形制的演变。这一变化除了与墓主人身份等级的不同相关，还与楚墓葬特有的习俗之一有关，那就是在连接椁内各厢的高大隔板下侧开设一个方孔，甚至直接在隔板上仿造建筑门窗形状制作出门扉，即便是彩绘的大型漆木棺上，也发现绘制出同样的方孔造型，彩漆内棺亦有表现窗类的图形，以开通历来密闭隔绝的埋葬空间。创造出门窗等形式的通道，目的是便于灵魂出入。这种做法与当时认为"灵魂不死"的观念密切关联。战国时期有了人死后"魂气归于天，形魄归于地"的"魂魄"观念，而信仰神鬼的楚人深信升天的祖灵会降临人世，往返于天地之间。这种灵魂往返出入的丧葬观念使得墓葬的建筑形制也发生变化，墓室从单一空间演变为连通的多个空间。这种相互连通的多个空间应该还与墓葬空间模仿墓主人身前居室空间构造的观念有关。当时人们相信灵魂需要像生人一样在墓室甚至墓室与外界之间往返走动，自然需要建构连接各室的门窗。楚人的这一丧葬习俗对汉代墓室的构造影响很大，为西汉时横穴室墓的出现起到了先导作用，开启了传统竖穴椁墓向室墓的发展历程。

第三章 秦汉建筑

秦汉建筑概述

公元前221年,秦建立了统一的中央集权制的国家,秦王嬴政称"始皇帝",修建了空前规模的宫殿、陵墓、长城和驰道等。秦始皇陵墓位于陕西临潼城东,现呈方形棱台状土堆。20世纪70年代以来,考古工作者对秦陵内外陪葬墓、陪葬坑、陵园建筑进行调查和发掘。中原地区墓葬兴建坟丘起于春秋末,至战国时,坟墓形制、高低、大小以及所种树木的多少,成为坟墓等级的主要标志。秦始皇陵园的陵寝地处西面,面向东方,是按照古礼以西南隅作为尊长之处,尊"事死如事生"之礼,并按都邑布局设计。秦始皇陵园均按照皇帝在世时所住宫廷规格设计、建造,奢侈华丽,代表了当时陵墓建筑的最高水平。

公元前206年秦亡汉兴。汉代国家统一,经济繁荣,留下了众多陵墓建筑遗存,湖南长沙出土的马王堆西汉墓是这一时期墓葬建筑的代表。马王堆1号墓属典型楚式"井椁"墓,四周相互隔绝的边厢放置随葬品,中间为墓主棺室。东、西、南三个边厢呈长条狭窄形,随葬品采用立体仓储式存放方式。北边厢比其他边厢宽出一倍,具有充足空间模拟墓主生前建筑居住陈设,存放的器具和食物共同界定了祭祀墓主灵魂的"礼仪空间"。江苏高邮出土西汉广陵王刘胥墓木梓面积比湖南马王堆汉墓大18倍,采用古代最高礼仪的"黄肠题凑"葬制,这是中国古代帝王陵墓仿地上建筑的一种特殊葬制,象征墓主的尊贵身份,棺椁周围用木头榫卯嵌合垒起一圈墙,上面盖上顶板,像一间房子。

西汉中期之后出现了大量崖洞墓、横穴砖室墓等洞室墓。河北满城西汉中山靖王刘胜夫妇墓是洞室墓的最早代表之一，开凿在山体之中，由墓道、车马房、库房、前堂和后室组成，是目前保存最完整、规模最大的洞室墓。此时传统竖椁墓衰退，新兴洞室墓流行。山东嘉祥东汉武梁祠为单间悬山式结构，平面呈倒凹字形，由东西两壁、后壁和前后屋顶石搭建而成。这种称为"享堂"的小型祠堂是为后人上坟扫墓时摆放祭品修建。武梁祠因画像内容丰富名扬天下。

秦汉时，建筑以木构为主、采用院落式布局的形制已基本成熟和稳定。建筑受到社会礼制和风俗习惯的影响。周代祭祀只见于文献，尚未发现遗址。据《考工记》记载，西周洛邑王城的祭祀建筑与宫殿相邻。已发现的汉代礼制建筑遗址则有西汉长安明堂辟雍、东汉长安王莽九庙和洛阳灵台。从《汉书·郊祀志》得知，汉代明堂是一种综合性的祭礼建筑。"辟雍"见于《礼记》，是帝王讲演礼教的地方，其制"象璧，环之以水"。汉代明堂、辟雍有合二而一的趋势。西汉长安明堂辟雍呈现"内实外虚"的布局形制。考古工作者发掘王莽当政时在长安所建礼制建筑，所建九庙遗址在太祖庙与三昭三穆、明堂辟雍西，正对未央宫正门的都城西安门大道路左。王莽侈大其制，伪托为先祖，故称"九庙"，遗址实际见有12庙。建筑中还发现了四神瓦当，分别代表东、西、南、北四个方位。

秦汉时期宫殿仍采用高台建筑，组合则更为多样。秦咸阳1号宫殿遗址出土了铸铜铺首、金釭、单龙托璧纹空心砖和菱格纹长砖等精美建筑构件和装饰。西汉长安宫殿主要有长乐、未央、建章三宫。长乐宫平面呈横长方形，四向开门，宫内前殿尺度最大，其后建有其他数殿。未央宫是正式大朝所用宫殿，平面呈方形，四面辟门，南面偏东的端门为正门，朝向都城西安门。未央宫中部以东，以前朝后寝作对称均衡布局，西部园林布局则较为自由。建章则为离宫。汉末营建邺城，吸收、改进了长安、洛阳城的特点。

东汉出现大量陶塑建筑模型明器（也作"冥器"。专为随葬而制作的器物，一般用竹、木或陶土制成）和画像砖、画像石，从这些遗物得以了解汉代住宅的形制。一般中小型住宅、宅第和坞壁，多有建筑模型明器。建筑明器房屋呈现不同形状，前后开口处筑院墙，形成小院。也有以楼房为主的住宅，比如河北阜城东汉墓出土的绿釉陶楼、甘肃武威东汉墓出土的陶楼院和张掖东汉墓出土的陶楼院等。在广州和四川出土的干栏式二层建筑明器，下层开敞，楼上住人，以适应南方的湿热气候。宅第为官僚豪强大宅，入正门经过一院达中门，正门之侧有屋，可留宾客，前堂后寝，另建"精舍"或花园。其前堂后寝的格局与宫殿的前朝后寝同样，体现了尊卑内外的等级观念，只是大小规格各不相同。

大宅第门外常建有双阙（汉阙，指成对地建在城门、宫殿或陵园大门外的标志性和威仪性的古代建筑。因通常左右各一，中间有缺口而名为阙，形制还有单阙和旁附子阙的子母阙等样式）。东汉庄园经济发展，豪强地主纷纷募集部曲家兵，筑坞自保。此时兴起的坞壁是一种防卫性的城堡式大型住宅，由高墙围成方院，墙四角或有角楼，院门常作"坞壁阙"式，院内正中或靠后常建一称为望楼的高楼。东汉建筑大量使用成组斗拱，木构楼阁逐渐增多，砖石建筑也发展起来，砖券结构有了较大发展。现存的东汉石祠和石阙各具特色。四川东汉墓还出土了柱、斗拱、椽飞、屋顶等仿木建筑结构模型。中国古代建筑主要的三种木构架形式——抬梁式、穿斗式、密梁平顶式都已现出雏形。

秦始皇陵

秦王政元年至秦二世二年（前246—前208）
封土底边南北长350米，东西宽345米，高76米
陕西临潼秦始皇陵

陕西临潼秦始皇陵遗迹远景

秦始皇陵，历代史书典籍中多有记载，强调陵墓整体设计的宏伟与豪华。早在公元前246年秦始皇就为自己建筑陵墓，直至他去世，前后共用了30多年，参与这次工程的刑徒达72万人，规模浩大。

秦始皇陵在陕西临潼，南倚骊山，北临渭河，处于骊山北坡大水沟与风王沟之间的开阔地带，渭河南岸三级阶地与骊山山地之间的台塬上，东西有两侧水流的拱卫，是一处风水极为理想的佳地。自20世纪70年代秦始皇陵东部发现秦陵1号兵马俑坑，考古工作者不断对秦陵内外的陪葬墓、陪葬坑、陵园建筑等进行了大量调查和发掘，收获丰富。秦始皇陵陵区文物遗存分布范围面积达60平方千米，其内间或分布有与秦始皇陵有关的文物遗存，陵区中部是相对规整的秦始皇陵园。陵园占地面积为212.95万平方米，呈南北长方形，坐西面东，布局突出高大的陵冢，强调内外城墙和以高大陵冢为中心，向东西伸展，通过内外城

垣上的东、西三出阙（三出阙，阙由原来的单阙演变为组合的形式，其中最高等级的三出阙建筑为古代帝王专用阙制，地位尊崇），司马道等构成的东西向轴线。陵冢位于内城南半部，占地面积近2.5万平方米，封土高耸，地宫幽深。围绕地宫分布铜车马大型陪葬坑、建筑遗址、陪葬墓、马厩坑等，以及城垣以外的陪葬坑和兵马俑等，这些陪葬坑和遗址大都经过考古探查试掘或正式发掘。陵园按照国都咸阳的布局设计，有内外两重城垣，互相套合，呈南北狭长回字形。经勘探，内城长1355米，宽580米，墙基宽8.4米，占地面积78.59万平方米；外城长约2188米，宽约976米，墙基宽7.2米。外城四角有警卫的角楼。东、西、南三面都有双重城门，陵墓正处于这三个方向双重城门的交会点上。在东西内外城之间分别发现两组南北对称的三出阙，它们是迄今为止国内发现最早的三出阙。陵南枕骊山，北望渭河，地势南高北低，以南门为正门，使骊山成为陵的天然背景，加长了入门后的纵深距离，是结合地形的良好建筑规划。

整个陵园可依主次分为四个层次：地下宫城（地宫）为核心部位，其他依次为内城、外城和外城以外的建筑。地宫是放置棺椁和随葬器物的地方，相当于秦始皇生前的"宫室"，在整个陵园的南边，处于封土下部大约居中位置。封土是一座人工堆积起来的巨大的平顶四方锥形台体，中腰有两处向内收缩，形成三层阶梯。现存封土底边南北长350米，东西宽345米，高52.5米。封土高度和文献记载存在差异，有认为是测点不同形成的差异，也有认为是文献记载有误（《汉书·楚元王传》载"高五十余丈，周回五里有余"，秦汉时50丈折今约115米，5里折今约520米，为"十五丈"之误），也有认为是秦末农民起义影响，覆土工程尚未完工的结果。地宫目前尚未发掘，但地宫的深度、结构和内容一直是富有吸引力的话题，考古工作者利用钻探技术探测得知，从地宫坑口至底部平均大约有26米深，如果加上封土没有改变时的距离，最深的地方大概有37米。墓圹呈竖穴式漏斗阶梯状结构，当初开挖的主体东西长约170米，南北宽约145米。墓圹南壁尚未钻探，其他三面的墓圹侧壁上都发现附设有数条斜坡墓道。所有斜坡墓道都在接近墓圹底部处采用小砖进行封堵。传说中地宫还有三道宫门：内羡门、中羡门、外羡门。《史记·秦始皇本纪》载："大事毕，已藏，闭中羡，下外羡门,尽闭工匠藏者,无复出者。"为了防止泄密,地宫完成后,把工匠们困死在中羡门与外羡门之间。

墓室周围存在着一圈很厚的细夯土墙,即宫墙,东西长约145米,南北长约125米,南墙宽16米,北墙宽22米。宫墙用多层细土夯实而成,每层有5—6厘米厚,相当致密和坚固,可以阻挡地下水的渗入,尤其令人惊讶的是,宫墙高度竟达到30米,顶面甚至高出当时秦代的地面许多。在土墙内侧还有一道石质宫墙,可支撑来自封土堆的压力。关中地区历史上曾遭受过8级以上的大地震,而秦始皇陵墓室却完好无损,这与宫墙的坚固程度密切相关。

内城垣内的地面地下设施最多,尤其是内城的南半部较为密集。内城北半部的西区是便殿附属建筑区,东区是后宫人员的陪葬墓区。在内城中心,南距陵墓封土150米处,有一组建筑遗址,建造有讲究的门道和地面,有的用素面石板铺地,有的用很精美的线雕菱纹铺地石铺地,石上刻有编号,还出土有直径61厘米的大半圆形瓦当,可以想见当年建筑的宏伟壮观,可能是部分陵寝的建筑所在,至少是陵寝的建筑的附属建筑。此处遗址向东有一条东西向的长墙,直到东边内城;同进向北有一条南北向的长墙,直到北边内城。这样将内城的东北部隔成一个长方形区域,向北有门通向外城,向南有门通向陵寝和陵墓。这个有隔墙的长方形区域,可能是用来居住管理陵园的官吏和供奉陵寝的宫女。在内城北部中间南北向的隔墙以西地区,也作长方形,只是南边没有隔墙而与陵墓连通,这该是陵寝以及附属建筑分布之处。1980年在陵区地宫西侧约17米处,发现了10乘大型彩绘铜车马、木车马、铜驭手,当为供死者灵魂巡行之用。在陵墓西北角的内外城之间,发现有左右饲官的建筑遗址。出土两件陶壶盖上有铭文"骊山饲官""左"和"骊山饲官""右"。"饲官"是陵寝中供奉饮食的官,包括每天多次供奉墓主的饮食在内。从汉以后陵寝中设有厨房和安置车马等交通工具来看,可以确定此处为秦始皇陵的"寝"的所在。

据史料记载,陵墓设"寝"从秦开始。汉代蔡邕《独断》记述:"宗庙之制,古学以为人君之居,前有朝,后有寝,终则前制庙以象朝,后制寝以象寝。庙以藏主,列昭穆;寝有衣冠几杖,象生之具,总谓之宫……古不墓祭,至秦始皇出寝，起之于墓侧，汉因而不改，故今陵上称寝殿，有起居、衣冠、象生之备，皆古寝之意也。"意思是说把寝殿从原来的宗庙里分割出来，造到了陵墓的边侧，这种新制度为西汉所沿用。墓地上设"寝"的葬俗普遍推行，当在战国秦汉之际。实行陵侧起"寝"、陵旁立"庙"制度，当与宗庙的地位发生变化有关。古代帝王陵侧建寝殿，意为模仿宫殿的"寝"，为墓主灵魂饮食起居之所，古人以为鬼神和活人一样需要起居饮食，即所谓的"鬼犹求食"。因此，按礼制对死人的供奉和对活人一样讲究，所谓"事死如事生，礼也"。因陵园设有"寝"，即有了"陵寝"之称。秦始皇陵园安置陵寝的小城在西，面向东方，是按照秦汉之际以西南隅为尊的礼制布局。在陵墓的内外城的南部以东，有一长条南北向的陪葬墓地区，当是一些亲属和大臣的葬地。把陪葬墓区放在陵园中部南方，正当陵墓的东方，此为依照"尊长在西，卑幼在东"的礼制。

外城即内外城垣之间的外廓城部分，其西区的地面和地下设施最为密集，象征京城内的厩苑、囿苑及园寺吏舍。南、北两区尚未发现遗迹、遗物。外城垣之外有修陵人员的墓地、砖瓦窑址和打石场等，北边有陵园督造人员的官署及郦邑建筑遗址，属于最次级边缘的地位。

陵墓构成了庞大的地下世界，除主体以外，有马厩坑、人殉坑、刑徒坑、修陵人员墓葬400多个，范围达56.25平方千米。陵区东侧发现了百余座马厩坑，17座陪葬墓；陵园西侧发现了31座珍禽异兽陪葬坑，一座曲尺形马厩坑和61座小型墓坑；陵区北侧发现了一座较大的动物陪葬坑；在东侧内外城垣之间发现了铠甲坑、百戏俑坑……在所有陪葬坑中，内城的陪葬坑分布大量珍奇异宝，构建了严密的防范设施。《史记·秦始皇本纪》记载："穿三泉，下铜而致椁，宫观百官奇器珍怪徙藏满之，令匠作机弩矢，有所穿近者辄射之。"陵外的陪葬坑则多随葬兵甲与生活用品，基本上以陶质与石质为主。陵墓东边外城以东1000米处，东门大道的北侧，出土了三个兵马俑从葬坑。南边是东西向的长方形大坑，12000平方米，北边有两个东西向坑，东面坑为矩尺形，西面小坑作凹字形。三个坑埋葬陶土彩绘秦军将相、武士等俑近万件，均等同于真人真物大小，成千上万个陶俑的造型及面部表情各异。马500多匹，木质战车130多乘，组成了面向

秦始皇陵兵马俑1号坑（东西向）

东方的庞大军阵，气势雄伟，是陵园的地下守卫，表现了秦始皇的赫赫武功和秦代高度发达的造型艺术水平。在兵马俑坑以西800米处发现了马厩坑。兵马俑陪葬坑是考古史上的重大发现之一，其从构造到埋藏品都蕴藏着十分丰富的信息，为研究秦帝国的历史提供了珍贵的资料。

秦始皇陵园是中央集权王朝建立以后的产物。考古资料表明，中原地区的墓葬兴建坟丘起于春秋后期。战国时期，坟墓的形制、高低大小以及所种树木的多少，成为尊卑等级的重要标志。坟丘式墓制流行，通称为"丘墓""坟墓""冢墓"。"陵"原是指山陵，从战国中期起，王墓建造"高大若山"，始称为"陵"。公元前335年建造的赵肃侯"寿陵"是历史上王墓称"陵"的最早记载。秦国从秦惠文王开始称"王"，坟墓也开始称"陵"。秦始皇则将自己的坟墓定名为"骊山"，把自己的陵园称为"骊山园"，从出土的铜钟铭文作"骊山园"和出土陶壶盖的陶文作"骊山饲官"得到明证，表示皇帝陵墓的等级要高于战国时代各国诸王。

秦汉陵制在商周的基础上已趋定型，影响了此后直至宋代陵墓，陵园按照"事死如事生"的原则，仿照秦都咸阳帝王生前所住宫廷规模设计，如同宫廷一样奢侈华丽，代表着当时建筑的最高水平。

马王堆汉墓

西汉早期（始于公元前186年，止于公元前168年以后数年）
1号墓墓口南北长19.5米，东西宽17.8米；2号墓墓口大径11.23米，小径58.9米；3号墓墓口南北长16.3米，东西宽15.45米
湖南长沙马王堆三座汉墓

长沙马王堆1号墓椁室结构及边厢随葬物出土情形（南北向）

  20世纪70年代在湖南长沙马王堆考古发掘了三座汉代墓葬，是西汉初年第一代轪侯、长沙国丞相利苍的家族墓地：2号墓墓主为轪侯，死于吕后二年（前186）；3号墓墓主为第二代轪侯利豨或其兄弟，死于汉文帝十二年（前168）；1号墓墓主为利苍的夫人辛追，死于汉文帝十二年（前168）后的某一年。三座墓葬规模巨大，尤其是1、3号墓未被盗扰，出土的珍贵文物数量浩大，种类繁多，

为研究汉代初期丧葬礼俗及长沙国的历史、文化和社会生活等方面提供了十分宝贵和丰富的资料。

研究表明，现今的马王堆当年原是一片四五米高的土丘，造墓时先在土丘上挖出墓坑的下半部，再用版筑法夯筑出墓坑的上半部和墓道，入葬后填土夯实，筑起大小相仿、东西并列的两个土丘，高20多米，可见造墓堆砌封土之高。三座墓坑形式基本相同，均往下深挖10余米，都是北侧有墓道的竖穴土坑墓。以1号墓为最大最深，墓口南北长19.5米，东西宽17.8米，以下有四层台阶；3号墓从墓口到墓底也有三级台阶，其墓底和椁室周围，都塞满木炭和白膏泥，层层填土，夯实封固；1号墓填木炭总重量达1万多斤。分布在木炭层外的白膏泥，黏性甚强，封固严密，故而墓内的多层棺椁、墓主遗体及随葬器物都完好地保存下来。

马王堆汉墓均为"井椁"墓，由四边壁板和四边隔板各自分隔的空间，构成了四个边厢。西汉前中期的葬制沿袭周代的棺椁制度。《礼记·檀弓上》云："天子之棺四重。"郑玄注曰："尚深邃也。诸公三重，诸侯再重，大夫一重，士不重。"椁与棺同为葬具，椁围在棺外，《礼记·檀弓上》说："椁周于棺。"墓中的木椁其实是墓室内的构造，故称"椁室"。椁室是用厚木板在墓坑中搭成的，而外棺则是预先做成一个或几个有盖的木匣子，套在内棺的外面，然后被埋入墓坑之中。椁室内用板壁分隔为棺厢、头厢、边厢、足厢等几部分，形如方井。棺厢中盛放几重棺，其余头厢、边厢、足厢则放满了随葬品。这种制度不仅在文献典籍有记载，在湖南长沙、河南信阳、广东广州等地发掘的战国楚墓和西汉墓葬均有发现。马王堆1号"井椁"墓最为典型，椁室用厚重的松木大板构筑而成，采取了中国木建筑结构的扣接、套榫和栓柱接合等方法，没有一处金属钉的痕迹，共用木材52立方米。其下置垫木和两层底板，再以四块壁板和四块隔板构成居中的棺房和四周的边厢，上部覆盖顶板和两层盖板。四层套棺用梓属木材制作，最外层为黑漆素棺，棺上未加其他装饰。第二层为黑地彩绘棺，饰复杂多变的云气纹及形态各异的神怪和禽兽。第三层为朱地彩绘棺，饰龙、虎、朱雀和仙人等祥瑞图案。第四层为装有女尸的锦饰内棺，盖棺满贴以铺绒绣锦为边饰的羽

长沙马王堆3号墓椁室结构及边厢随葬器物出土情形（南北向）

毛贴花锦。与1号墓相比，3号墓的椁室南边厢多一纵梁，套棺三层，外棺和中棺的外表均髹棕黑色素漆，内棺满贴以绒圈锦为边饰的绣品。

  1号墓四个边厢的随葬品十分丰富，有纺织品、漆木器、陶器、竹器和其他器物共千余件。随葬品的组成与战国楚墓类似，保留了旧楚地的丧葬风俗。四个边厢的面积和随葬品的配置则有明显的不同。东、西、南三个边厢的面积大小相同，为1.36平方米，立体空间为1.96立方米，由于它们的宽度仅为深度的三分之一，导致大多数葬品只能大致按材质堆放，而不是平放在地面上。这种窄长的空间，比较适合于立体仓储式堆放随葬品。三个边厢的空间配置有意识地对随葬品进行了分门别类，按次序放置在相互隔绝的边厢内。78%的漆器和全部竹简都存放在东边厢。这里还有由家臣"冠人"俑带领的奴役俑，共计234件。70%的竹笥和贮存粮食的麻布袋堆放在西边厢，共计61件。50%以上陶器放在南边厢中，共计90件。还有由"冠人"俑率领的杂役俑。东、西、南边厢集中了家庭财产，多数器具和食品都储藏在这三个边厢里。北边厢面积最大，约占四个边厢总面积的40%，等同于其他任意两个边厢面积之和，其空间可采取平面方式陈设随葬品。四壁张挂丝帷，底部铺着竹席，西边陈设漆屏和几案等生活用品，东边有成群的歌舞侍俑，这种随葬品的组合配置突出了北边厢特殊空间的象征意义。

墓葬边厢的大小广狭，主要依墓主等级的不同而异。《礼记·丧大记》云："棺椁之间，君容柷，大夫容壶，士容甒。"轪侯夫人属"君"级，棺椁之间的宽度可容"柷"。《尔雅·释乐》郭注："柷如漆桶，方二尺四寸，深一尺八寸。"由此可知1号墓边厢实际上是僭越礼制的。战国楚墓出现了椁内祭祀墓主亡灵的意识，将供献祭祀一类的器物和食品集中放置于椁内一侧，后逐渐把供献祭祀品集中放置在头厢内，或放在模造门扉之前，呈现祭祀墓主亡灵的礼仪空间。马王堆汉墓处在中国传统椁墓向室墓发展的变化时期，既有楚文化的传承，又受汉墓祭祀空间进一步拓展的影响，具有过渡阶段的特点。

2000多年后，当历史尘埃被层层拂去，呈现在人们眼前的是地下世界的绚烂景象，尤其是椁室北边厢布置成丞相夫人的"内室"，精心挑选和摆放的器物营造出特殊的"礼仪空间"，透露出主人的尊贵：四壁挂着丝织的帷幔，地上铺陈精致的筵席，熏炉袅袅地吐着清香；精心打扮的"女主人"身着华袍，头戴笄簪，对镜理妆，凭几携杖，负扆西坐；遥遥相对的东端，有垂拱待召的侍俑，调丝弄竹的乐俑，身姿婀娜的歌舞俑；漆案上放置着盛食物的盘、耳杯、卮，还有串肉的竹签和双箸，宜酒宜食，这些精美的器物成套出土，依然保留着2000多年前那场盛宴中的排场。北边厢这种器物组成和格局，说明了"灵座"在墓中的设置。"事死如事生"，北边厢陈设多仿照墓主生前的摆设，可以看出这个空间营造遵循"以礼而置"的原则。器物组成和格局说明北边厢是人为建构的供献祭祀墓主灵魂的"礼仪空间"。这种精心营造的祭祀墓主灵魂空间，在3号墓北边厢亦有重现，所不同的是，3号墓北边厢顶部约一半的位置，加了一个类似建筑门楣的木框，说明"门"的符号在汉代墓葬艺术中继续发展，并被赋予多种多样的形式和意义。

湖南长沙马王堆汉墓椁室及北边厢随葬品以一种特殊的组成和配置方式，营造出墓主生前建筑居住环境，成为墓主的地下宫殿。它们既带着战国楚文化的印记，也受到汉代文明新的影响，为解读汉初建筑特点和丧葬文化提供了鲜活形象的史料。

汉广陵王黄肠题凑墓

广陵王刘胥去世于汉宣帝五凤四年（前54）
南北长16.65米，东西宽14.28米
江苏扬州广陵王汉墓

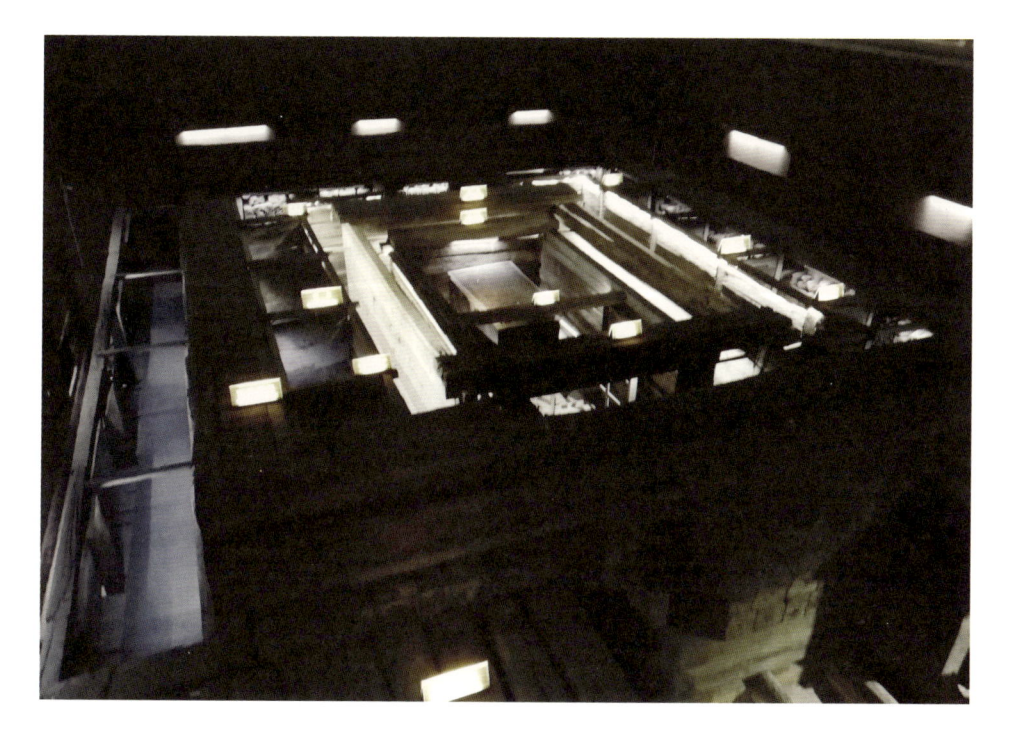

扬州汉广陵王黄肠题凑墓

20世纪70年代末期，在距江苏扬州45千米处的高邮市天山乡神居山上发现了两座木椁墓，分别是西汉第一代广陵王刘胥和王后的寝陵。刘胥是汉武帝刘彻的第六子。汉代扬州为江南重镇，汉武帝特派其子管理扬州，死后葬于此地。

广陵王刘胥墓寝陵采用特殊葬制——黄肠题凑。这种葬制始于周代，盛行于西汉。《汉旧仪》说："武帝坟高二十丈，明中高一丈七尺，四周二丈，内梓棺柏黄肠题凑。"《汉书·霍光传》关于"黄肠题凑"的说法及注解最为详尽：（光薨，上及皇太后亲临光丧）"赐金钱、缯絮、绣被百领，衣五十箧，璧、珠玑、玉衣、梓宫、便房、黄肠题凑各一具，枞木外藏椁十五具"。三国时魏人苏林注：

"以柏木黄心致累棺外，故曰黄肠，木头皆内向，故曰题凑。"这是指在棺椁周围用黄心柏木按向心方式垒叠而成的厚木墙，四壁所垒筑的枋木（或木条）全与同侧椁室壁板呈垂直方向，若从内侧看，四壁都只见枋木的端头。上面盖上顶板，使得整个墓室就像一间房子似的。"黄肠题凑"是汉帝王陵的重要组成结构之一，天子以下的诸侯、大夫也可用"题凑"。但一般不能用柏木，而用松木及杂木等。经天子特许，诸侯王和重臣死后也可用"黄肠题凑"，如西汉霍光去世，汉宣帝赐给梓宫、便房、"黄肠题凑"各一具。考古发掘，北京大葆台广阳顷王刘建墓、石家庄赵王张耳墓、扬州广陵王刘胥墓等汉代诸侯王墓出土了"黄肠题凑"，以西汉广陵王刘胥墓形制最为复杂，保存最为完好，展现了汉代王族的葬礼、葬制和葬具的实例。

西汉广陵王刘胥寝陵深埋地下约24米，坑口面积655平方米，木构建筑东西宽14.28米，南北长16.65米，面积约237平方米，木材折合约545立方米。筑墓时先在坑底上打下块石、夯土、木炭和碎石等五层基础，然后"题凑之室，棺椁数袭"。"黄肠题凑"墓一般分正藏椁和外藏椁。该墓的正藏椁由857根方木垒叠而成"黄肠题凑"式椁壁，采用就地取材的金丝楠木，以整段的树干四面削出高低榫，两头正中嵌入一块5立方厘米的小方木。四面企口高低错落有序，全凭榫卯相连。头皆内向，做辐射状层层垒筑，两端面都涂有防腐的黄色涂料，大概是取《周礼》"除蒧涂椁"之义。方木之间紧密嵌合，垒砌成墙，周长45.94米，深2.48米，俨然方城模样，下有二至三层方木铺地，上有两层盖顶，由44厘米见方、11.2米长的62根方木组成。"黄肠题凑"结构紧密，据说当初出土时连现今最薄的刀片都无法插入。使用大量木材起到一定的保护作用。

正藏椁南北壁正中有南门和北门，门是向内开的双扇对开，上下有转轴，闭门后再以"题凑"封闭。正藏椁东、西两侧有外藏椁环抱，东、西椁室互不相连，各有前门和后门。椁室内放置大量送葬的草人及俑人等随葬品，意味着此处是婢妾、下人生活和居住的地方。

正棺为三椁两棺，合为五重。棺为彩棺，内外髹麻布无数层，厚至2厘米以上，极为平整，漆面光彩照人。所谓三重椁，即在正藏椁内又套筑两重椁，每重椁均有独立的墙壁、顶盖和大门，类似地面的殿堂建筑。三重椁共有五道，均设置在一条中心线上，从前到后相递降低，造成透视上深远之感，形成椁室层层、门户重重、如临森严壮观宫廷之境。三重椁的前部设有便房，后部为棺室，即梓宫，其间有门相隔。内藏比外藏高出1.5米，梓宫与便房地面高出藏椁22厘米。整个建筑显得主次分明，庄严肃穆，所有构件采用榫卯、穿楔、槽、扣相联结，不用一根铁钉，构造出牢固的整体，大体上反映了西汉中期地下建筑的大、小木作制度。墓中出土的文物中多为木器，有俑、卮、车、四孔四足器、奁、盘、壶、耳杯、案、坐榻、勺、箭、筝（矢箙）、戟、弩机和盾牌等，漆耳杯、漆盘精工细作，装饰及花纹素雅动人，几辆明器漆木车特别精致，显示出西汉漆工的高超技艺。刘胥王后的陵寝同样是"黄肠题凑"葬式，规模略小于前者。

"黄肠题凑"墓是中国传统木椁墓的继续和发展。前堂、后室、梓宫、便房、"黄肠题凑"、外藏椁及多重棺椁、积石积炭等复杂结构标志着木构墓室制的成熟。在埋葬空间中尽量扩大头厢位置的祭祀空间，以致墓主人棺居中的埋葬空间开始后移。这种墓葬开创了后来的开通型室墓形制，奠定了以祭祀前堂和后棺室配置为特点的前堂后室式室墓的格局。随着西汉以后砖室墓和石室墓兴起，木构墓室的"黄肠题凑"葬制慢慢退出了历史舞台。

满城汉墓

墓主刘胜去世于武帝元鼎四年（前113）
全长51.7米，最宽处37.5米，最高处6.8米
河北保定满城西汉中山靖王墓

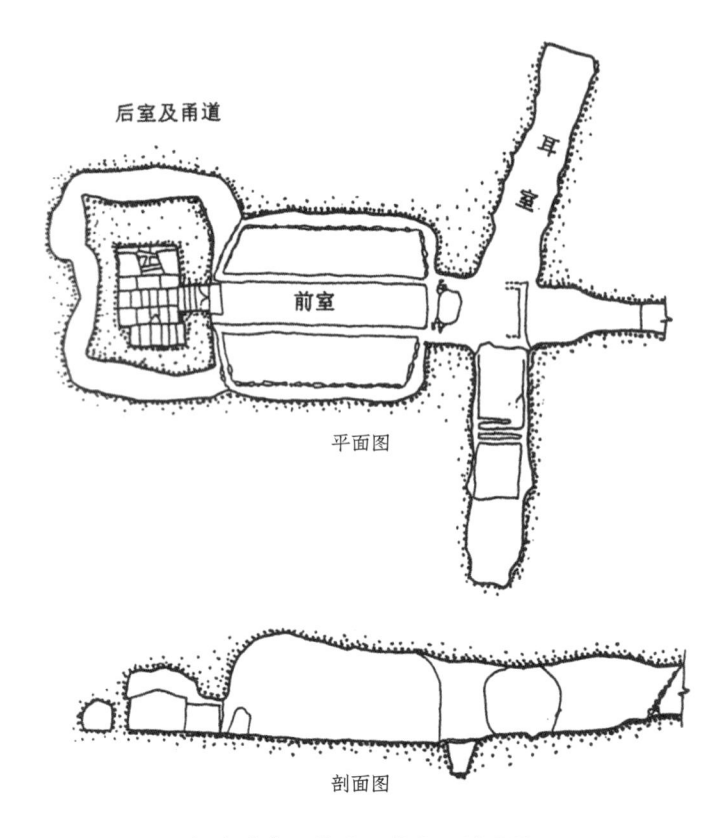

河北满城1号西汉墓平、剖面图

1968年，河北保定城西北21千米处的满城发现了西汉中山靖王和夫人的墓葬。中山靖王刘胜为西汉景帝刘启之子、汉武帝刘彻同父异母的兄长，景帝前元三年（前154）被册封为中山王，死于武帝元鼎四年（前113），统治时间达42年之久，为西汉中山国的十代王之第一代。中山国是西汉早期的诸侯国之一，西倚太行山脉，腹拥华北平原，其都城卢奴（今河北定州）位于太行山东麓的南北孔道上，南连邯郸，北接涿蓟。刘胜与夫人窦绾的墓如规模巨大、气魄宏伟、开凿

工整的洞中宫殿,是目前发现保存完整、规模最大的汉代诸侯王崖洞墓。两座汉墓相距约100米,皆以山为陵,在高约200米的石灰岩丘陵上横凿而成。1号墓为刘胜墓,墓洞全长51.7米,最宽处37.5米,最高处6.8米,容积约2700立方米。全墓由墓道、前室(甬道)、南耳室(车马房)、北耳室(库房)、前堂(中室)、后室6个部分组成。该墓的平面呈早字形,整个墓道先用石块填满,后在墓道外口砌两道土坯墙,其间浇灌铁水加以严封。甬道中间有渗水井排水设施,两侧有长长的南北耳室。南耳室和甬道是车库马房,内置猎车、安车6乘,马16匹,狗11只,鹿1只。北耳室是储藏食物的库房兼磨坊、厨房,出土了大批不同类型的陶器,如装酒的大缸、装食物的大瓮、灶和炊事用具的模型、石磨等,磨旁有马骨。

前室是一个修在岩洞里的瓦顶木结构建筑,宽宏富丽,放置大量铜器、陶器、铁器、金银器、漆器等陪葬品,并有石俑和陶俑若干,象征着墓主人生前宴饮作乐的大厅。前室南部出土了铜帐钩,据推测此处原应有华丽的帷幕,正适合贵族宴饮、会客时使用。

后室又分石门、门道、主室和侧室。后室的南、北、西三面有回廊相绕,象征地面建筑。石门与前室相通。主室象征内寝,内置汉白玉石铺成的棺床,上置一棺一椁和贵重器物,木质棺椁业已朽腐,从遗迹可判断木棺施以红漆,并且四周装有鎏金铜环和衔环铺首。椁下有4个大铜轮,便于移送椁棺,估计当时棺椁是用人力拉上山后推入墓室的。在内棺所在位置发现了珍贵的金缕玉衣,骸骨无存,从金缕玉衣的摆放可见,刘胜入殓时头枕镶玉铜枕,两手握璜,胸前、背后共置10余枚璧,腰左侧置刀1把,右侧置剑2把,玉衣袖内有篆刻小玉印2枚,印文为"信""私信"。主室南侧凿一小侧室,内置青铜沐盆、盛水的铜锅、错金熏炉、铜灯、搓澡石等,象征盥洗室。墓内有完整的排水系统。

窦绾墓和刘胜墓的形制大体相同,窦绾死去的时间晚于刘胜,建造的空间稍大,其容积达3000立方米。窦绾墓中发现了金缕玉衣,随葬了长信宫灯等许多珍贵器物,该墓葬使用的镶玉漆棺,是漆棺镶玉的首次发现。两墓共出土文物1万余件,其中珍贵文物4000多件,举世闻名的金缕玉衣、长信宫灯、错金博山炉、朱雀衔环杯均出土于此墓。刘胜墓出土的金缕玉衣全长1.88米，共用了玉片2498片，金丝1100克左右。玉片的制作工艺十分精湛。金缕玉衣在诸侯王及其夫人墓中出土是符合汉代礼制的，是其身份地位的重要体现之一。此外墓中还有大量金器、银器、铜器、铁器、玉器、石器、陶器、漆器、丝织品出土：由4枚金针、5枚银针、"医工盆"以及小型银漏斗、铜药匙、药量、铜质外科手术刀等组成的质地最昂贵、年代最早的医疗器具组合；最早的古代天文学器物——铜漏壶计时器；最早采用刃部淬火工艺的铁剑；最早的国产玻璃盘和玻璃耳杯。墓葬犹如2000多年前舒适豪奢、应有尽有的宫殿。

刘胜墓有着简洁的对称结构和醒目的中轴线，和汉代诸侯王"前朝后寝"的宫室布局类似。不过此种布局又非直接模仿实际的宫殿构造，而是将宫殿的基本结构（如朝堂、车库、府库、寝殿等）简化、微缩为一个象征性的地下家园。墓葬的设计和营造反映了西汉时期生死观的发展变化。刘胜所在的西汉武帝时期，传统竖穴椁墓走向衰退，新兴洞室墓开始兴起并流行，通过对满城汉墓构造特点及其空间意义的分析，我们会对西汉人们的宗教思想以及丧葬礼仪制度有进一步认识。

芒砀山西汉梁王崖墓

墓主去世于景帝中元六年（前144）
全长96.45米，南北最宽处32.4米，最高处3米
河南商丘芒砀山西汉梁王墓

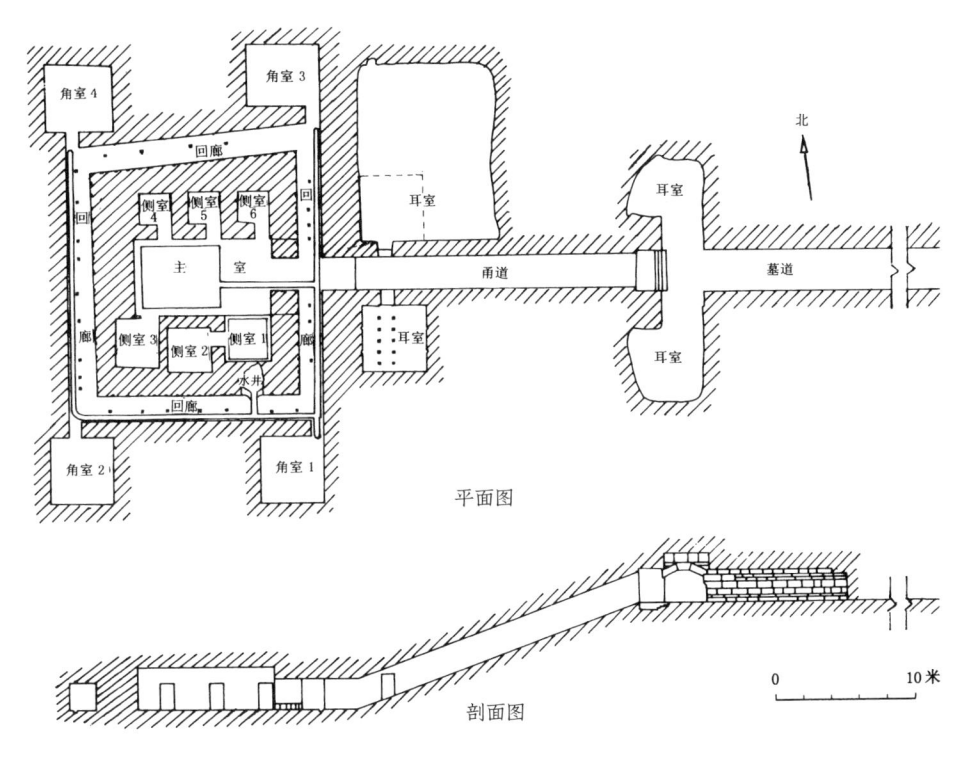

河南商丘西汉梁王崖墓平、剖面图

立国于汉高帝五年（前202）的梁国占据当时"天下膏腴之地"，是西汉诸侯国中的大国。梁国位于今河南东部、山东南部地区，都城为睢阳（今河南商丘睢阳）。汉文帝刘恒嫡次子刘武于文帝十二年（前168）继嗣梁王。七国之乱时，刘武率兵抵御吴楚联军据守梁都睢阳，拱卫了国都长安，功劳极大，仗其母窦太后的宠爱和梁国地广兵强，曾欲继其兄景帝之位，后因病死未果，谥号"孝王"，葬于芒砀山。芒砀山是汉高祖刘邦斩蛇起义之地，是汉人公认的风水宝地。此后梁国历经100余年八代八王，皆选择在芒砀山群厚葬，芒砀山遂成为罕见的规模

宏大、结构复杂的王陵区。1992—1994年考古工作者调查发掘西汉大型陵墓14座，其中有8座大型崖洞墓。根据分布情况，可分为保安山、僖山、夫子山3个陵区。所有陵墓墓门均开凿在距山顶10余米处，其上都有高大封土，多覆盖整个山顶至半山腰处，厚5—10米，面积5000—6000平方米。保安山1号墓与2号墓应为梁孝王与其王后李氏的异穴合葬墓，为山岩中开凿的大型洞室墓，此谓"斩山为椁，穿石为藏"。这种葬制流行于西汉早中期，汉文帝的霸陵为此种形制最早、最高级别的陵墓代表，（2021年"江村大墓"被正式公布为汉文帝霸陵）。目前经考古发掘的王陵级别的大型石崖洞室墓，梁孝王墓仍为较早的代表墓葬之一。

梁孝王墓有着长方形的寝园，面积约6600平方米。寝园前部以寝殿为中心，其四周有院落和回廊。后部是以堂为主的建筑群，辅以排房、庖厨、院落等建筑。根据寝园东门石墙上干支刻字，推测其始建年代为公元前150年。梁孝王寝园是迄今发掘唯一保存完整的汉代寝园建筑遗址，为研究汉代建筑和陵寝制度提供了重要资料。崖洞墓模仿地面宫室构建，分门别类设置车马室、厨房、兵器库、钱库等。墓甬道门朝东略偏南，开凿于距山顶约20米处。墓道口为U形，上部用梯形石板扣压，极其坚固，保存完好。这种设计改变了学界认为拱顶建筑是汉武帝时才从西域传来的传统认识。墓室全长（从墓道口至西回廊西壁）96.45米，南北最宽处（回廊北耳室北壁至回廊南耳室南壁）32.4米，最高处（主室）3米，总面积约612平方米，容积约1367立方米。从墓室遗迹和文献记载来看，墓内装饰华丽，曾有精美壁画。全墓由墓道、甬道、主室、回廊、侧室、耳室、角室、排水系统等组成，享用了汉代皇帝的埋葬规格。它以主室为中心，以墓道、甬道为中轴线，按照南北对称的特点把我国传统的地上建筑布局用于地下建筑。墓曾被盗掘，遗留下来的随葬品较少。

王后李氏墓东西全长210.5米，最宽处72.6米，墓室总面积1600平方米，总容积达6500立方米。由东西2条墓道、3条甬道、2个主室、34个侧室等部分构成庞大的地下宫殿群，按功能分类，墓葬可分为前庭、车马室、甬道、客厅、卧室、回廊、冰窖、马厩、兵器库、壁橱、粮库、后室、洗浴室、厕所、庖厨、隧道、排水系统等部分。建筑有精妙的"一线天"景观。从墓室门口到西宫主室跨度达150米，最大落差9.9米，每天清晨的第一缕曙光可以透过墓室主门照射到西宫墙壁上，设计精妙。在梁孝王陵和王后陵之间还有一条地下通道，是梁孝王和王后灵魂幽会的通道。墓道、甬道、前庭塞石、封门石板、墓室门扉等多处有刻字，墓室壁上有朱书文字，这些文字对于研究墓葬年代、墓室用途、墓主身份等有重要价值。随葬品有铜器、铁器、陶器、玉石器。墓外还有两个陪葬坑，其中1号坑出土包括"梁后园"铜印、鎏金铜车马器等在内的文物2000余件，2号坑出土大量车马明器。室内有中国发现最早使用、雕刻精美的石制坐便器，还有贮藏食物的冰窖。

保安山发掘的另一座梁王墓，是梁孝王的大儿子、梁共王刘买的地宫，出土了四神云气图彩绘壁画。该墓为保安山最精致的墓，于1987—1991年发掘。陵墓坐东面西，与梁孝王墓一样系人工在坚硬的岩石中开凿而成。整个地宫由墓道、甬道、主室、耳室、巷道及排水系统组成，长70余米，总面积383平方米。墓中的四神云气图彩绘壁画以青龙、白虎、朱雀为主题图案，辅以缭绕的云气和绶带穿璧，历经2000多年仍色彩艳丽。这座地宫曾遭多次盗掘，墓道塞石的下边保存下来钱窖一座，出土了汉代"半两"铜钱225万枚，鎏金车马饰物1万余件，骑兵俑和侍女俑40多件，侍女俑容貌秀美、栩栩如生。

梁孝王陵墓东北方向的僖山山顶，还有一座凿山竖穴土坑墓。墓门向东，墓道前段出土有大量精美的玉器，有玉璧70多块，玉质刀剑装饰品24件，以及玉戈、玉圭、玉猪、玉鸽和玉质男女舞蹈俑等。墓内出土的1000余枚玉片，已复原成金缕玉衣，这是继满城汉墓之后第二次出土比较完整的汉代金缕玉衣。

梁王家族崖墓群体现了汉代丰富的开山采石经验，在火药尚未发明的2000多年前，仅凭人工一锤一钎的敲打，完成了巨大浩繁的工程。梁孝王墓甬道向下倾斜，主室的高度及各个侧室的形制比例适中，室顶正处在岩层的断层。每个室四壁垂直、室角呈直角等，说明在山体内作业有较先进的测绘技术和测量工具。梁王王后墓的地宫内三段甬道中的封石有3000余块，有的封石重达1.8吨。所有的崖墓都有合理的排水设施，通过排水道将各个室的水汇总至水井室内，利用山体的自然岩缝排出山外，说明当时人们对山体的走向、山水的流向有了足够的认识。

中国建筑经典

武梁石祠

东汉晚期（147—189）
面阔 2.4 米，进深 1.4 米
山东济宁嘉祥武梁祠

山东嘉祥东汉武梁祠双阙正面图（20 世纪初照片）

　　在墓葬中或墓葬前祠堂内制作内容丰富的画像石在汉代成为风尚。位于山东济宁嘉祥的武梁祠是东汉晚期当地武氏家族墓地的祠堂，建于东汉晚期的桓帝、灵帝时期（147—189）。武梁祠像一座没有前墙的小屋，结构为单间悬山式，面阔 2.4 米，进深 1.4 米，平面呈倒凹字形，由左右两壁、后壁和前后屋顶石搭建而成。这种祠堂主要用于后人祭祀，所以称为"享堂"，这种建筑在当时盛行。建筑经验的积累、铁质工具的使用，使得战国时已经出现石质建筑，如石柱础、石阶等，至东汉时则出现如武梁祠那样全部石造的建筑物，祠内多有刻石而成的图像。武梁祠屋顶、内壁满刻画像，画像石雕刻精美，屋顶前坡祥瑞图案为黄龙、白虎、麒麟、神鼎、六足兽等。后坡为白鱼、玄圭、赤熊、玉马、白

嘉祥武梁祠西壁拓片

鹿、金胜、比目鱼、比翼鸟、比肩兽、木连理、璧流离等。祠堂画像的主要内容安排在正面的后壁和左右两壁。工匠将三面墙壁的画像分成上、中、下三层。上层位于左右两壁的山墙尖顶三角部分，是神仙的世界，东王公和西王母高高在上，各居一方；中层是古圣先贤和历史故事；下层主要是表现墓主现实生活的出行拜谒画面，同时夹有部分历史故事。三层之间以联弧、菱形等花纹区分。整个画面以一座带双阙的楼阁为中心，将现实生活放在下部，神仙之类放在上部，中间穿插着历史故事和人物，祥瑞则安排到祠顶。

　　三面墙壁的画面统一安排制作。从西王母、东王公的自上而下，到历史故事的自右向左，再到现实生活的以墓主为中心的左右回护，恰如观赏一幅社会生活的画卷，由远而近，最后聚焦在墓主这个中心。为了说明历史传说故事，画面旁边还有榜题。每一个故事都有一个中心，人、物、景围绕中心安排。工匠善于抓取历史故事矛盾冲突的高潮，进行画龙点睛式的内容剪裁，突出故事的最关键的一刹那，辅以景观，以突出特定的环境。人物之间的呼应也处理得非常出色。画像石采用减地平雕加阴线刻的技法，上承战国画风之古朴，下启魏晋画风之先河，为了解和认识汉代的历史、文化、思想、艺术提供了不可多得的形象资料。研究者指出，公元2世纪是中国古代修建祠堂建筑的兴盛年代，而武梁祠是可依据文献资料完整复原的公元2世纪祠堂。

孝堂山石祠

东汉前期所建,最早参观题记是汉顺帝永建四年(129)
东西长约 4.1 米,南北进深约 2.5 米,高 2.64 米
山东济南长清区孝里镇孝南孝堂山石祠

山东济南东汉孝堂山石祠(坐北朝南)

东汉时墓前修建享堂成风。位于山东济南长清的孝堂山石祠,历史上曾讹传为西汉孝子郭巨为其母所建之享堂,实际为东汉前期所建。它是目前可见年代最早、保存最完整的地面石祠建筑。

祠堂是作为祭祀用的建筑物,供后人祭祀死者。孝堂山石祠是一座单檐悬山顶两开间建筑,仿汉代民居建筑缩小比例而建,用青石砌成。在前后两坡相交的屋脊上,瓦垄做成卷背式。

祠堂坐北朝南，平面横向呈长方形，东西长4.12—4.14米，南北进深2.49—2.53米，高2.64米。石室前面正中立有八角石柱，八角石柱与后壁开置三角隔梁，使石室成为两开间。室内北部建有低矮石台，占石室面积一半左右，为祭祀摆放祭品之用。根据石台形制和雕饰，推测其与石祠为一体，属于原物。石祠前檐东西各立有两个八角石柱，石柱旁立有后代所加的石板，加固支撑前部的房檐。

现存石室有过历代维修痕迹，维修记录已无从查找，石祠上有东汉、北魏、北齐、唐、宋的题刻。石祠题记铭刻可分为两类：一类是建造时所题字，该题字和石祠年代相同，但此类目前发现较少；另一类是后人到此参观、历代维修所题字，其中最早的参观题记是汉顺帝永建四年（129）。石祠东侧石柱刻有"惟大中五年九月十五日建"，西八角柱题记"大宋崇宁五年岁次丙戌七月庚寅朔初三日郭革自备重添此柱并垒外石墙"的刻词，该类题字对于研究孝堂山石祠历史颇为重要。

孝堂山石祠画像内容丰富，涵盖了历史故事、生产劳动、社会生活、神话宗教等题材，历史故事题材有"孔子见老子""周公辅成王""泗水捞鼎""七女为父报仇"等，生产劳动题材有"狩猎"，社会生活题材有"庖厨宴饮""乐舞百戏"，反映战争题材的有"胡汉战争""胡王献俘"，雕刻技法高超，刻画生动，是研究汉代历史和绘画史的珍贵资料。

东汉时豪强大族势力扩大，儒家思想与厚葬风气流行，墓前使用石材建筑祠堂成为风尚。从现存的孝堂山石祠可以推测出东汉时祠堂的大体结构和建筑情况，也可以了解当时人们的宗教信仰、生死观念等方面的状况。

雅安东汉高颐阙

汉献帝建安十四年（209）
主阙13层，高约6米，宽1.6米，厚0.9米；子阙7层，高3.39米，宽1.1米，厚0.5米
四川雅安城东十五里姚桥村东汉高颐阙

四川雅安高颐阙正面图

　　阙是中国古代特有的建筑形式。按阙所在的位置分为宫阙、宅第阙、祠庙阙、墓阙、城阙等。因为在阙楼上可以观望，所以阙又被称为"观"；又因古代在阙上悬挂法典，阙又被称为"象魏"，如《周礼·天官·太宰》有"乃悬治象之法于象魏"的记载。古诗词中常以宫阙并举，并以之代称帝王宫殿。从《古诗十九首》描写汉代宫殿与双阙的诗句"两宫遥相望，双阙百余尺"可以看出，宫殿外巨大的双阙是与宫门配套出现的建筑。先秦以阙的数量多少来区别天子和诸侯的等级；汉代《白虎通义》云"门必有阙者何？阙者，所以饰门，别尊卑也"，亦以阙的结构作为等级的区分。汉代阙有单阙、二出阙、三出阙之分，二出阙由一个正阙和一个子阙构成，三出阙由一个正阙和两个子阙构成。四川雅安高颐阙是现存汉阙的代表作品。

汉代官员年俸2000石以上者，墓前立阙，作为身份和地位的象征。高颐曾任益州太守等职，因政绩显著，死后朝廷敕建阙以表其功。高颐阙用红石英砂岩叠砌，建于汉献帝建安十四年（209），东西二阙相距13.6米，东阙仅存阙身，清时曾镶砌夹石及顶盖，西阙保存完整、雕刻精美。主阙13层，高约6米，宽1.6米，厚0.9米；子阙7层，高3.39米，宽1.1米，厚0.5米。阙顶仿汉代木结构建筑，有角柱、枋斗。浮雕图像想象丰富，内涵深厚。阙身刻三车导从，车前伍佰、骑吹、骑吏等马车出行图。其上五层：第一层南北两面各浮雕一饕餮，转角大斗下均雕一角神；第二层浮雕内容有"张良椎秦皇""高祖斩蛇""师旷鼓琴"等历史故事，以及神话故事传说中的九尾狐、三足鸟等；第三层为人兽相斗的图像；第四层向外倾斜，浮雕有天马、龙、虎等；第五层四面雕成枋头24个，刻有隶书铭文"汉故益州太守阴平都尉武阳令北府丞举考廉高君字贯□"，正中脊部刻一鲲鹏。从形制上看高颐阙阙顶为重檐五脊殿式，檐下雕刻有人物场景图，隐起柱枋斗拱，斗拱形制清晰地表明其结构是仿木而来，为后人了解汉代建筑形制及其构造方式提供了形象资料。

高颐阙为二出阙，符合太守2000石以上的用阙体制。三出阙则为皇帝专用。1963年调查唐代乾陵时发现其南门土阙下残存石基为三出阙式，说明唐代仍在沿袭汉制三出阙。除了身份等级限制之外，建造精美壮丽的阙也十分昂贵，如山东嘉祥武氏阙西阙铭刻记载："使石工孟季、季弟卯造此阙，直（值）钱十五万，孙宗做师（狮）子，直（值）四万。"

墓阙是设在墓地入口神道两边的具有导引功能的标志建筑，常与其他地面墓葬建筑配套出现。高颐阙前还保留"天禄""辟邪"如狮似虎的两件石兽，是全国唯一碑、阙、墓、神道、石兽保存较为完整的汉代葬制实体。一高一矮的双阙建筑，分布在神道两侧，形成一种稳定的三角态势，在前方石辟邪的衬托下，整个空间环境显得庄重神秘。

阜城东汉陶楼

东汉（25—220）
通高 216 厘米，基座边长 82.8 厘米
河北阜城桑庄东汉墓出土

河北阜城桑庄东汉墓出土绿釉陶楼

  战国时期，楼阁建筑越来越多，多用于重要的礼制、祭祀建筑当中。汉时楼阁建筑则普遍用于民居住宅之中。史料文献记载，西汉的楼阁一般采用井干式，即用大木实叠而成。《史记·孝武本纪》记载："乃立神明台、井干楼，度五十余丈，辇道相属焉。"东汉的楼阁一般采用构架式，斗拱的使用更为普遍、

多样。高层木构楼阁上的平坐和出檐皆由起悬挑作用的斗拱支撑。楼阁式住宅的种类也比西汉繁多。汉代的木结构楼阁今已不存,从考古出土东汉陶楼明器可见一斑。

东汉陶楼明器有仓房、宅屋、院落、楼阁、作坊、厕所、圈舍等。宅屋的样式多种。从楼层高度来说,低的为两三层,高的达五层。有的在腰檐上置平坐,平坐上施勾栏。这样不仅可满足凭栏眺望的功能要求,而且由于各层腰檐与平坐搭配方式的不同,或挑出,或收进,明暗虚实错综起伏,形成抑扬变化的节奏感,从而使建筑物的外形美观而精致。

1990年河北阜城桑庄东汉墓出土的绿釉陶楼,通高216厘米,基座边长82.8厘米,由台基、门楼和五层楼阁组成,为仿木结构的陶制建筑明器。各层门窗、屋脊、栏杆等部位都塑有各种花纹及俑、鸟等。楼阁与底部基座、栏杆、门楼浑然一体,结构严谨,高大美观,装饰繁多。东汉建筑明器凡三层以上者,最高一层往往开有供瞭望的小窗,这是为了观察敌情,反映了东汉庄园经济豪族拥兵自卫的情形。

与木构建筑相适应的是建筑的高大台基。"五步一楼,十步一阁""各抱地势",说的就是依地势高低而建的楼阁景观。这件绿釉陶楼明器便有台基。这种高大的台基出现的原因主要有:一是可以防潮、防水,这是由木构建筑的特殊属性决定的;二是起到烘托建筑物的作用,不同高度层次的建筑可以体现出不同的身份等级;三是登高望远的需要,或出于军事用途,或出于观光需要,都要借助高台楼阁。

东汉陶楼逐层施柱、逐层收小减低、逐层或隔层出檐或装平坐等,使楼阁外观稳中有变,虚实相生,成为中国古代木构楼阁长期遵循的建筑样式。

马鞍山朱然墓漆案家居图中的室内陈设

墓主葬于 249 年
为双室砖墓，全长 8.7 米
安徽马鞍山三国吴将朱然墓出土

安徽马鞍山三国吴朱然墓出土彩绘宫闱宴乐图漆案

　　古人的起居方式按照时代的先后可以概括为席地坐和垂足坐两大时期，家具也随之变化发展。先秦至汉魏，中原地区保持席地起居的方式，可以从墓葬出土的漆器、画像石、画像砖等文物中看到古代室内陈设情况。1984年安徽马鞍山三国时东吴名将朱然墓出土的一批漆器，绘画精美，反映了贵族生活的场景。

　　朱然墓漆器绘画为迄今出土唯一有纪年可查的，最能代表汉末、三国时期艺术水平的漆画，填补了三国时期绘画尤其是吴、蜀绘画实物遗存的空白。朱然墓出土的贵族生活图漆盘，盘内用黑、红二色绘制贵族宴饮、出游、娱乐、梳妆情景。盘内绘十二人，分为三层。上层为宴宾图，画五人，其中四人跪坐宴饮。中部画五人：一人对镜梳妆；二人对弈，两男子分坐两边，中置棋盘，前有矮足圆盘，上置食物；二人驯鹰。下层似为出游图，画两人，一人骑马，一人跟于马后，前后有山岳。在此件漆器中，可以看到室内铺设的筵席、跪坐的人物、低矮的家具和盛放食物的圆盘等器物。

漆案是放置器物的家具，上绘有宫廷宴乐的场景，共画有55个人物，有皇帝、后妃、宫女、侍从及高官、贵妇，他们或嬉戏交谈，或观看演出。图最上排的左方是显赫的宴会主人拥侍妾跪坐在帐内。一排在帐外跽坐于毯的是王侯、公子、夫人等权贵，他们身前矮小的桌上放着食物。中层右方是乐班，班首是饰有羽葆的豪华乐器建鼓。左下角画黄门侍者，或手捧食盒，或抬食案。宴会场地左右均有御林军持械警卫。画面中部是表演杂技的百戏图。墓中还出土了季札挂剑漆盘、百里奚会漆盘、伯榆悲亲漆盘、童子对棍漆盘及人物故事大漆盘等漆器。从漆器中可以看到跪坐的人物，盛放食物的矮小桌子食案，屏障用的家具帐，帐内也有供人跪坐的筵席，以及装饰华美的建鼓。

几、案等置物类家具，席、榻等坐卧类家具，屏风、帐等屏障类家具，奁、箱、笥等储藏类家具，以及其他陈设或娱乐器具，至汉代时已趋于完备，品类齐全，工艺精湛，注重美感。朱然墓漆器绘画显示，三国绘画继承了汉画的传统，更加重视现实生活的反映，风格更加写实。南北朝以后，家具逐渐向高足过渡，床和榻也由矮而高，从而使其他各类家具也逐渐迎合时代潮流发生变化。朱然墓漆器绘画是研究汉、三国时代室内起居、家具陈设的重要材料。

秦咸阳到汉长安

秦至西汉（前221—25）
陕西咸阳秦咸阳城遗址、陕西西安西汉长安城遗址

秦都咸阳1号宫殿建筑遗址复原透视图

中国历代都城是各时期的政治、文化、经济中心，体现了一个时代的文化和技术水平，在社会发展的过程中起到了非常重要的作用。秦咸阳城、西汉长安城主要由皇家宫室及其附属设施构成，突出表现了为帝王、贵族、官僚服务的性质，反映了中国早期都城的特点。

秦咸阳城遗址位于今天的陕西咸阳东15公里的咸阳塬上，渭河的北岸。咸阳作为秦都历经七世，共144年，是当时全国政治、经济、文化的中心，也是军事统一六国的指挥中心。秦孝公十二年（前350），秦孝公由栎阳迁都咸阳，商鞅在城内营筑冀阙，惠文王时继续扩建都城。据文献记载，其时城内已有南门、北门和西门。秦始皇统一中国后，吸收了关东六国的宫殿建筑模式，在咸阳塬上仿建了六国的宫室，扩建了皇宫。滔滔渭水穿流于宫殿群之间，一如银河亘空，十分壮观。整个咸阳城"离宫别馆，亭台楼阁，连绵复压三百余里，隔离天日"，宫殿林立，各抱地势。各宫之间又以复道、甬道相连接，以宫室为主体，构成了繁华的都市。

汉高祖元年（前206），项羽率军入咸阳，烧宫室，咸阳城遂成废墟，至今仍不能准确判断其城郭遗址。考古发现渭水两岸几十平方千米内分布着极为丰富的文化遗存，其城郭范围大致为北起窑店镇以北二道塬下，南至渭河以南西安市三桥镇巨家庄，西起塔尔坡村，东到柏家咀村。这一范围内有数十处建筑遗迹，

其中有国家府库遗存、秦人墓葬、宫室遗址等。中部偏北有东西长约870米、南北宽约500米、周长约2747米的夯土墙基。墙基宽约11米，最深处约4.6米。平面呈不规则长方形，似为秦咸阳城的宫城。宫城内目前已发掘3座宫殿遗址，均建于战国时期，推测其有可能就是当时的咸阳宫。

咸阳宫是咸阳都城修建最早的宫殿，考古发现咸阳1号宫殿可能是文献所载冀阙的西阙，属高台建筑。它利用北塬为基础加高夯筑成台，依台地的高低重叠修筑楼阁。台的下层周边为围廊，廊中南北各有数室；上层南部为平台，西部有数室，北部和东部为敞厅，东南角又有一室；台顶中部有两层楼构成的主体宫室，高耸于周屋之上，平面呈曲尺形，四周建造有上下不同层次的小宫室，使全台外观如同三层，立面不对称。据推测东西阙总长可达130余米，两阙之间有走廊相连。

以冀阙为中心的咸阳宫，据成书不晚于南北朝时的建筑典籍《三辅黄图》记载，"因北陵营殿"，"端门四达，以则紫宫，象帝居"，可知四面都开宫门，以人间宫殿来象征天上。《史记·秦始皇本纪》则记载："秦每破诸侯，写放其宫室，作之咸阳北阪上。"六国宫殿的具体所在及其形制未详，可能是在咸阳宫附近的北塬上。测绘六国宫殿，重新建在咸阳，这一举措促进了各地建筑艺术和技术的交流。

秦始皇二十七年（前220）筑信宫于渭水南岸，信宫又称"极庙"，象征天极。秦二世时从信宫筑道路通骊山，建甘泉前殿。秦始皇三十五年（前212），在信宫西南面积广大的上林苑中建朝宫，著名的阿房宫即朝宫前殿。《史记·秦始皇本纪》记载："乃营作朝宫渭南上林苑中。先作前殿阿房，东西五百步，南北五十丈，上可坐万人，下可建五丈旗。周驰为阁道，自殿下直抵南山。表南山之巅以为阙。"以南山山峰为阙是将自然景色引入宫内，这可说是见于记载的最早的"借景"手法。阁道即架空的廊道，以潜行其中，不为外人知。阿房殿基址仍存，为极大的满堂红夯土台基（台基整个经过人工夯实的，而非以单体建筑为单位打造，因为满堂夯土，所以叫"满堂红"，也叫"一块玉"），东西长1000余米，南北长500—600米，面积竟与明清北京紫禁城差不多。土台北高南低，最

西汉长安城未央宫椒房殿遗址

高处现在仍有8米,台上应有一大群建筑,其最大者即为前殿阿房宫。秦始皇又收天下兵器,熔铸为三丈大钟和十二尊巨大金人像,立在朝宫门前。秦亡迅速,规模宏大的阿房宫实际并未修建完成。除此之外,在咸阳城东有兰池宫,在城北有望夷宫,还建有离宫别馆,"规恢三百余里,离宫别馆,弥山跨谷,辇道相属"。秦宫虽已灰飞烟灭,不可再见,但通过典籍文献和考古发现,仿佛可以看见那宫殿接天蔽日、复道横空、长桥飞渡、覆压关中数百余里、恢宏壮丽的气象。

西汉长安城位于渭河南岸。汉高祖五年(前202),将秦留下的兴乐宫重加修饰并改名为"长乐宫",并将都城从栎阳迁于长安。在长乐宫以西修建未央宫,建造东阙、北阙、前殿、武库、太仓等。汉惠帝元年(前194)开始修建长安城墙。汉武帝时国力富强,大修宫殿。武帝太初元年(前104)兴建了北宫、桂宫、明光宫、建章宫。建章宫在长安城西墙外,为当时长安城规模最大的宫殿,又开凿修建了昆明池和上林苑。上林苑由城西经城南直到城东南，范围广大，苑墙长达200多千米，内有宫观数十座。宫中的太液池和上林苑内的昆明池皆是巨大的人工湖泊，从二池以明渠引水入城。此外，还在位于今陕西淳化秦林光宫的基础上扩建甘泉宫。从高祖开始历时90余年，汉长安的大规模营建方告一段落，以宫殿为主的都城形制基本定型。

考古发现，长安城东城墙长6000米，南城墙长7600米，西城墙长4900米，北城墙长7200米。西汉长安城的城墙全部用黄土夯筑而成，高12米，宽12—16米；墙外有壕沟，宽8米，深3米。因城墙建于长乐宫和未央宫建成之后，为迁就二宫的位置和城北渭河的流向，把城墙建成了不规则的正方形，缺西北角，西墙南部和南墙西部向外折曲，因此过去称长安城"南为南斗形，北为北斗形"，或称为"斗城"。全城共有12个城门，每门3个门道。

城内主要建筑群有长乐宫、未央宫、北宫、桂宫、武库等。未央宫平面呈方形，每边长2000多米，周长8800米，面积近5平方千米，由前殿、椒房殿等40余个宫殿组成。未央宫四面辟门，南面偏东的端门为正门，正对都城的西安门。端门北稍偏西为未央宫前殿，前殿是前朝最重要的大殿。前殿之前有广阔的庭院，左右和后方有一些次要殿堂如宣室、温室、清凉（均在北），宣明、广明（均在东），昆德、玉堂（均在西）等，四周宫墙围绕，四方设门，自成一区。宣室殿是前殿的"正室"，可能是朝事前后皇帝休息的地方；温室殿以椒涂壁，香桂为柱，悬挂壁毯，铺设地毯，是冬处之室；清凉殿以文石为床，玉盘贮冰，"中夏含霜"，为夏处之室。在以上组群建筑的左右，隔永巷（长巷）又有东、西掖庭宫。宫内还有皇室官署如少府等。前殿和西掖庭宫之西则是以沧池为主的园林。宫东门遥对长乐宫西门，门外建东阙。北门遥对繁华的市，且隔渭河与陵庙相望，地位重要，建有北阙。南面、西面因离都城城墙太近，可能没有建造宫阙。

据建筑典籍《三辅黄图》记载："未央宫周围二十八里，前殿东西五十丈，深十五丈，高三十五丈……至孝武以木兰为棼橑，文杏为梁柱，金铺玉户，华榱璧珰，雕楹玉碣……黄金为璧带，间以和氏珍玉。"在大兴土木的热潮中，建筑业的发展达到了顶峰，达官显贵、富商巨贾也竞相效仿修建住宅和园林，全社会弥漫着奢侈的气息。

城内工商业区集中在西北角的横门大街两侧，据文献记载共有九市。这一带发现许多钱范、陶俑，说明当年曾有作坊。居民区主要分布在城东北隅宣平门附近。文献记载，长安有闾里一百六十，汉平帝时期人口达24.6万余。"室居栉比，门巷修直"，贵族居处及衙署分布于各宫之间。

汉长安城的宫城突出，长乐宫、未央宫、建章宫、桂宫及南郊的宗庙、社稷等礼制建筑，突出表现了为帝王、贵族、官僚服务的性质，与秦咸阳一样具有"都城即宫城"的特点。但其布局比秦朝有所发展，如"前朝后市""左祖右社""前朝后寝"等形制，都对后世都城的建筑营造产生了重要的影响。

长安明堂辟雍

西汉元始四年（4）
四面的围墙均长235米
陕西西安明堂辟雍遗址

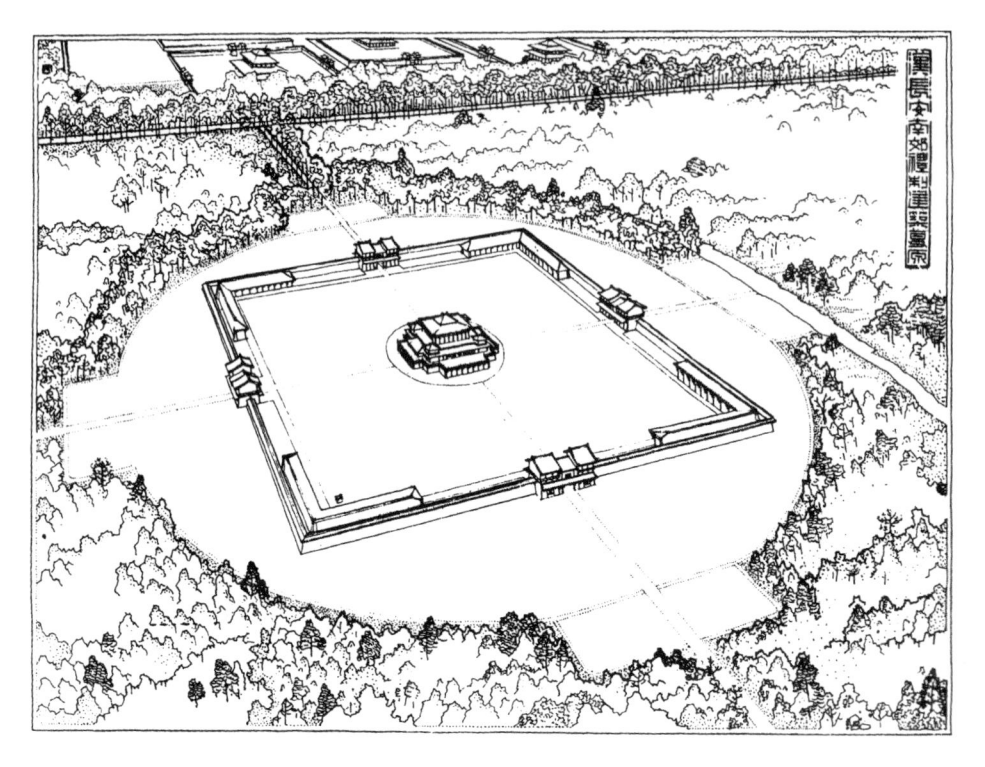

汉代长安南郊礼制建筑总体复原图

　　礼制建筑是中国古代都城的重要组成部分，通过礼制建筑的研究不仅可以认识古代的建筑技术，而且能够窥知曾经维系国家政权的礼仪制度。

　　明堂，文献记载，有说是天子布政之宫，有说是用来明诸侯之尊卑，又有许多烦琐的象征规定，大约最初就属于宫殿与祭祀功能混沌未分的状态，到汉时其概念和形制已很模糊。武帝封禅泰山，欲在泰山下建明堂，不晓其制，有个叫公玉带的献上自己杜撰的图样，妄称是黄帝时明堂图，"中有一殿，四面无壁，以茅盖，通水，水圜宫垣；为复道，上有楼，从西南入，名曰昆仑"。战国到西汉是高台建筑的流行时期，即以高大的夯土台为基础，在其上建造的土木混合结构的建筑。西汉时期长安城安门外大道以东，今西安市西郊大土门村发现的明堂辟雍遗址即是这类建筑。

"辟雍"一名首见于古代典籍《礼记》，是帝王讲演礼教的地方，其制"象璧，环之以水"，"水旋丘如璧曰辟雍"，辟雍即明堂周围环绕的圆形水沟，环水为雍（意为圆满无缺），圆形像辟（辟即皇帝专用礼器玉璧），象征王道教化圆满不绝。汉代的明堂、辟雍已有合二为一的趋势。考古发掘的长安城南郊安门外大道路东的明堂辟雍遗址建于西汉元始四年（4），是一座平面呈方形的大庭院，四面的围墙均长235米。每面围墙的正中辟一门，四隅有曲尺形的配房。围墙外围有环形水沟，直径368米。庭院中间有直径62米、高出院落地面30多厘米的圆形土台，土台正中有平面呈亚字形的夯土台基。台基四面均有墙、柱痕迹，中心建筑南北长42米，东西宽42.4米。复原后显示，中央建筑下层四面走廊内各有一厅，每厅各有左右夹室，共为"十二堂"，象征一年的十二个月；中层每面也各有一堂；上层台顶中央和四角各有一亭，为金、木、水、火、土五室，祭祀五位天帝，五室间的四面露台用来观察天象。全体各部尺寸又有许多烦琐的数字象征意义。整群建筑十字对称，气势恢宏。

明堂辟雍的布局，是将建筑主体放到院落正中，势态向四周扩张，周围构筑物尺度比它远为低小，四面围合，势态向中心收敛，取得均衡，可称"内实外虚"。中心建筑以台顶中央大室为统率全局的构图中心，四角小室是其陪衬，显得壮丽、庄重。中心建筑外向，与四围建筑遥相呼应；四角曲室内向，取得与中心建筑的均衡。匠师们在这座建筑中既要满足礼制规定的多种使用要求，又要照顾到各种烦琐的象征意义，更要将其不同一般的体形体量组合，呈现出建筑之美。

汉代明堂对后世产生了重要影响。唐初议建明堂，经学家争论不休，至高宗总章二年（669）由皇帝亲自指定了设计方案。最终由于群议未决而没能建成，这在《旧唐书·礼仪志》中留下了详细的记载。武则天以周代唐，于垂拱三、四年（687—688）在洛阳建造明堂。这座明堂没有拘泥于井字形构图，也没有了四室十二堂的制度，而只采用了下方上圆的基本形式，并以下层象征四时，中层象征十二辰，上层象征二十四气来表达它的象征含义，另于室内中央用铁铸成水渠以象征辟雍。

长安王莽九庙

王莽地皇元年（20）
在1-11号建筑的外边有周环方形大围墙，围墙每边长1400米
陕西西安王莽九庙遗址

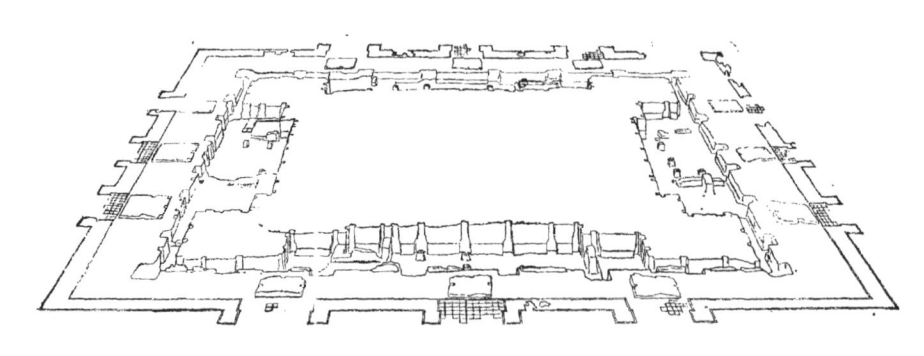

长安王莽九庙平面复原图

西汉末年，外戚王莽掌握了朝政大权。为了给篡权制造舆论，于是托古改制，假借实行真正周礼的名义，以汉儒传下来的经书为基础添油加醋，编造了一系列礼仪程序，兴建了一大批礼制建筑，包括明堂、辟雍、太学、灵台、九庙等。

王莽九庙历代类书多以王莽篡僭而不载，《汉书·王莽传》对此则有大篇幅记载："九庙：一曰黄帝太初祖庙，二曰帝虞始祖昭庙，三曰陈胡王统祖穆庙，四曰齐敬王世祖昭庙，五曰济北愍王王祖穆庙，凡五庙不堕云；六曰济南伯王尊祢昭庙，七曰元城孺王尊祢穆庙，八曰阳平顷王戚祢昭庙，九曰新都显王戚祢穆庙。殿皆重屋。太初祖庙东西南北各四十丈，高十七丈，余庙半之。为铜薄栌，饰以金银雕文，穷极百工之巧。带高增下，功费数百巨万，卒徒死者万数。"

如此浩大的工程，乃王莽新朝的国家大事。"（地皇）三年正月，九庙盖构成，纳神主。"而一年多后的地皇四年（23）九月，"众兵发掘莽妻子父祖冢，烧其棺椁及九庙、明堂、辟雍，火照城中"。王莽费尽心思建造的九庙只剩遗迹，仅在少数典籍中有零星记载。1956年，考古工作者在今西安西郊小土门西北村枣园一带，发现大规模汉代礼制建筑遗址群，通过对建筑形制与出土文物的分析研究，判定此处当为王莽九庙遗址。

考古发现，王莽九庙共有12座建筑遗址，每座建筑的形制基本相同，都由中心建筑、围墙、四门和围墙四角的曲尺形配房组成，中心建筑和围墙的平面均作方形，轮廓如"回"字，规矩方正，分毫不差。其中11座建筑围在一平面方形、边长1400米的大院子中，排列为南北3行，中间一排3座，南北两排各4座，每座建筑边长55米。每座建筑外筑有夯土墙，形成边长270—280米的方形小院落。距这11座建筑南10米的地方另有一边长为100米的方形大建筑，应该是比其他建筑大一倍的黄帝太初祖庙，其外土墙围成的方形院落边长也是280米。

12座建筑中央都有一个亚字形的高大台基，高出四周地面约2米，面积占中心建筑的一半。台基夯土铸造，地面草泥铺墁上涂朱红色。按《吕氏春秋·月令》，此为"太室"，四角突出部分为"夹室"。太室的四面又有四个内部构造完全相同的厅堂，厅堂内并列4排柱础，每排4个。厅堂内右边有一个厢房，左边为一堵隔墙，四堂之间有绕过夹室的走廊相通，厅堂前面各对着3个方形土台，方形土台前有砖路正对四门，整个中心建筑还有河卵石铺砌的散水环绕。

从地理位置、规模、形制、建筑年代等各方面条件看，这12座汉代礼制建筑遗址都符合典籍中"王莽九庙"的记载，然而《汉书·王莽传》明言庙号为"九"，而建筑的数目却有12，这多出的3个建筑遗址属于谁？对此研究者解释为，有庙号的9个是为先于新室的王莽祖先而造，多出的3个似为新庙：一个是王莽的自留的庙，其他两个系效法周之文世室、武世室，或汉之以文帝为太宗、宣帝为中宗的办法，预留给子孙有功德而为祖、宗者。基本可以判定这12座礼制建筑的位次、名号。

王莽建九庙是对周、汉"明堂、辟雍"制度的发展。为了使新朝"合法化"，王莽偷天换日、改弦易辙，让自己的直系祖先坐到上帝的位置上，王莽攀缘上的有王位的先祖黄帝、虞帝、胡王、敬王、愍王、伯王、孺王都进了王莽的九庙"祫祭"，又将汉高祖庙改成"文祖庙"，宣布："汉高皇帝为新室宾，享食明堂。成帝，异姓之兄弟，平帝，婿也。"意思是说：我王氏已经是朝廷的主人，汉高祖不过是我家的宾客，成帝是我家的异姓兄弟，平帝是我的女婿。这使得夏、商、周、汉四代的祖先都成为王氏直系祖先的配祭之神，实质上是以禹、舜从唐尧那里继承王位的故事来肯定自己从汉室篡权的事实，在君权神授的层面上完成了自己篡位的"合法化"。九庙修建完毕，汉长安南郊礼制建筑群中心便由明堂西移至九庙。

第四章 魏晋南北朝建筑

魏晋南北朝建筑概述

公元220年以后中国社会进入大动荡的魏晋南北朝时期，经历大动乱、大分裂和大融合，社会经济遭受破坏，但建筑活动仍然没有停止。曹魏的都城邺城遗址主体在今河北临漳境内，其规划布局继承了汉末邺城，将宫室建在城北，官署居宅布置在城南，南北中轴线贯穿全城，正对宫殿，成为中国历史上第一座分区明确和有中轴线的都城，对后世都城建设影响深远。北魏建都洛阳，在汉魏故城外拓展外郭，建里坊。东晋、宋、齐、梁、陈诸朝在建康建都，水运发达，商业繁荣，四周城镇连成一片。

佛教传入中国，社会上下求佛祈福，保佑平安，建寺成风。出现了数量众多、规模宏大的寺、塔、石窟和精美的雕塑与壁画，不仅"南朝四百八十寺"，北魏时洛阳也有千余寺。佛教传入中国后与中华文明融合，佛教建筑逐渐本土化。寺庙建筑多采用中国建筑的宫殿样式和官署样式。作为具有特色的佛教建筑形式——塔传入中国以后，逐渐与中国传统木构楼的形式相结合。史载北魏洛阳所建永宁寺塔，高9层，举高90丈，有刹，复高10丈，下为土心，去京师百里已遥见之，可在塔上俯视整个洛阳城。现存北魏时期佛塔河南登封嵩岳寺塔是青砖、黄泥砌筑的十五层密檐式砖塔，平面呈十二边形，高约39.5米，外轮廓呈抛物线形状，施工难度颇大，体现了当时高超的建造工艺。

甘肃敦煌莫高窟、山西大同云冈石窟、河南洛阳龙门石窟、甘肃天水麦积山石窟号称"四大石窟"。莫高窟是融绘画、雕塑和建筑艺术于一体，以壁画为主、塑像为辅的大型石窟寺。石窟形制主要有禅窟、中心塔柱窟、殿堂窟、中心佛坛窟、四壁三龛窟、大像窟、涅槃窟等。莫高窟249窟、285窟覆斗顶（又称"倒斗顶"，顶部与四个坡面形成的空间类似于将盛粮食用的斗倒扣过来，故称"覆斗顶"）为西魏时期修建。云冈6窟的中心塔式，是北魏迁都洛阳以前孝文帝时期修建。麦积山30窟的窟檐为石窟与木构建筑相结合的产物。

魏晋南北朝时期社会动乱对城市造成破坏，但为国内外各地区各民族建筑技术、文化的交流融合提供了契机。这个时期流行的玄学和佛教文化，冲破了两汉经学和礼法对人们思想的束缚，建筑风格随之变化，外观由汉式庄重严谨向活泼遒劲方向发展，屋顶变成凹曲面，屋檐变成两端上翘式，广泛采用西域传入的植物纹饰，建筑艺术焕然一新。魏晋南北朝建筑为隋唐建筑的繁荣奠定了基础。

北魏洛阳城

北魏太和十八年（494），孝文帝迁都洛阳，在西晋旧城上重建都城
东西约3100米，南北约4000米
河南洛阳汉魏洛阳城遗址

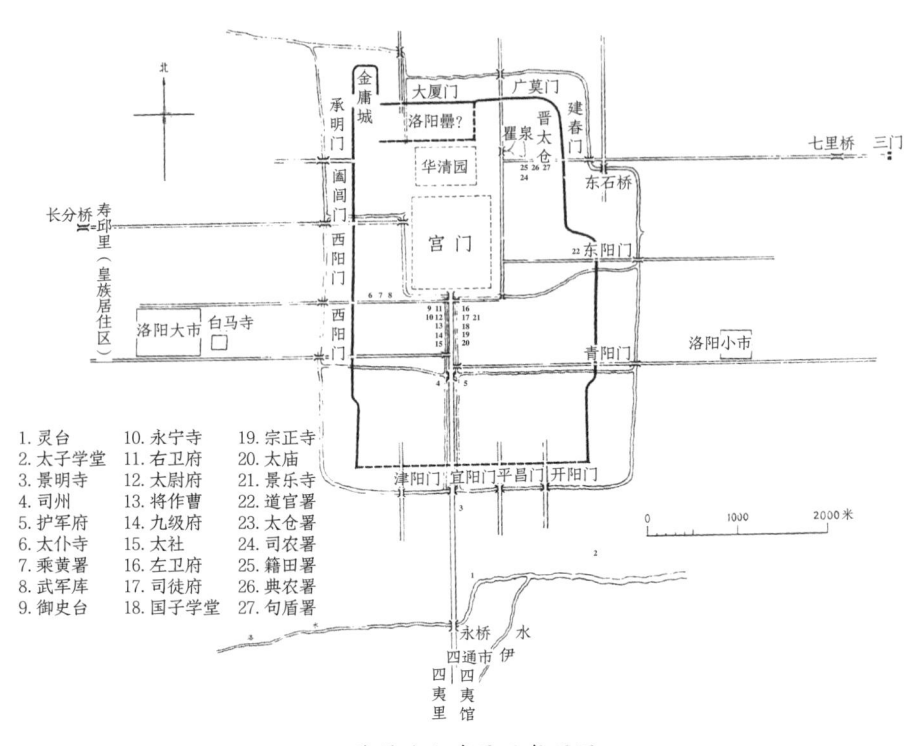

北魏洛阳城平面复原图

建武元年（25），东汉光武帝刘秀定都洛阳，故址在今洛阳市东7.5千米，此处居洛阳盆地中心，南临洛水，北靠邙山，早在西周时期，已形成一座规模可观的城市。秦至西汉，洛阳已是天下名都之一。东汉洛阳城宫殿区相对集中，形成南宫、北宫相对峙的格局，道路及宫殿以外的面积不足全城面积的三分之二，为大量官府建筑及太仓、武库、商市所占据。据文献记载，东汉洛阳城周围，营造了为数众多的宫、观、亭、苑，靠近城市地带还是众多礼制建筑和居民区所在地。1922年在河南洛阳发现了原位于汉魏洛阳城南郊太学讲堂西侧的石经。史籍记载，城西之西阳门外三里御道南有汉明帝所立白马寺。汉末董卓作乱，洛阳

南、北两宫都被烧毁，也烧毁了众多宫庙、官府等，洛阳数百万人口被迁往长安，造成了"千里无人烟"的局面。

曹魏文帝时，都城从邺城迁至洛阳，并依东汉旧制建南、北两宫，在城北建苑囿。魏明帝仿照曹操在邺城西北部筑铜雀三台，在洛阳西北角修筑了金墉城。西晋时金墉城成了皇后黜退幽禁之所。北魏迁都洛阳后沿西晋旧制，妃嫔患病也徙居金墉城。

西晋时洛阳城有所增建，经济繁荣，后因战乱被毁。北魏太和十八年（494），孝文帝迁都洛阳，在西晋旧址上重建都城。北魏洛阳城有宫城、都城两重城垣，东西长约3100米，南北长约4000米，东开三门，北开二门，南与西各开四门。宫城在都城中央偏北。宫城前为贯通南北的主干道——铜驼街，两侧分布官署和寺院。太庙、太社位于铜驼街南端东西两侧。其余部分则是里坊，坊四周均筑墙，边长300步，共有320个坊，通过考古出土的北魏墓志研究，现已知道里坊名称的有88个。著名的商业区洛阳大市位于都城西阳门外，附近为商人和手工业者居住区。贵族则居住在西市西面北至邙山一带。都城南面宣阳门外为外国商贩的集聚区。

北魏时期佛教盛行，史籍记载，全城共有寺庙1367座，最大的一座寺庙是建于北魏熙平元年（516）的永宁寺。寺中有九层佛塔一座，高达九十丈，上有金刹，复高十丈，通高约今147米，离洛阳百里之远都可望见。考古发现永宁寺遗址中央现尚存一高大的土台，中心为塔基遗址，塔基高出地面5米，东西长101米，南北宽98米。中心部位筑有上层夯土台基，四面皆用青石包砌，是木塔基座遗址，长宽均为38.2米，高2.2米。塔基范围内出土大量制作精细的泥塑佛像。

战火之中沦为废墟的北魏洛阳城是当时世界最大城市和国际性都会，奠定了传统社会中期的都城形制，宫城位于中轴线上，体现了统治者至高无上的权威；宫城、内城、外郭城的三重建筑风格，利用地形、湖泊、水系，使自然的美景与雄伟的建筑完美结合；主要建筑沿轴线南北纵深发展，次要建筑则严格对称地布置于中轴线两侧。这些做法都被后世王朝采用。外郭城内修建坊里的做法开创了唐代都城的棋盘式格局。

曹魏邺城

邺南城兴建于东魏初年（534），邺北城为曹魏在旧城基础上扩建
邺南城东西六里，南北八里六十步；邺北城东西七里，南北五里
河北临漳西南邺镇曹魏邺城遗址

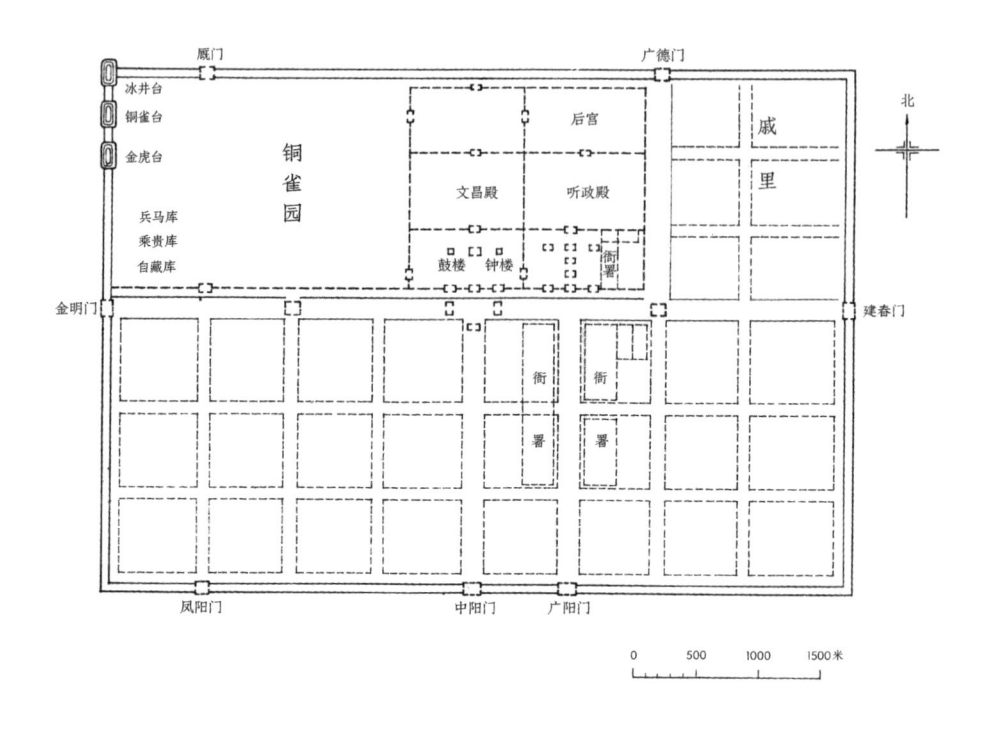

曹魏邺城平面复原图

邺城位于河北临漳与河南安阳交界处，包括南北毗连的邺北城和邺南城。考古调查发现，遗迹大部分在漳河以北。邺南城在今漳河南，初营于东魏初年（534），东西六里，南北八里六十步，毁于隋。东汉建安九年（204），曹操以邺城为国都。魏文帝时，迁都洛阳，以此为北都。335—370年，后赵、冉魏、前燕都此，534—577年，东魏、北齐都此。

史籍记载，邺北城呈长方形，东西七里，南北五里，以一条东西大道将全城分作南北两区，有七门：南面三，北面二，东西各一。北区中部建宫城，宫城以东为戚里，是贵族居所及官署，以西为禁苑铜雀园，西北部筑有金虎、铜雀、

冰井三台，三台间距约85米，原有阁道相通。台以夯土筑成，现存最南的为金虎台地表遗迹。铜雀园内置武库、马厩、仓库，三台内可存储大量物资。铜雀园既是宫苑，又兼兵马库藏之用，有军事城堡的性质。邺南城为居民里坊，只有少数官署。

　　作为曹魏、后赵、冉魏、前燕、东魏、北齐六朝古都，虽处于动乱的魏晋南北朝时期，城市建设却有序而富有开创性，形成了中国古代都市规划的一种新模式，对南北朝和隋唐都城的规划都产生了重大的影响。邺城前承秦汉，后启隋唐，开创了城市以中轴对称布局之先河。曹操营建邺城时既总结了秦咸阳、汉长安城市空间布局的不足，也吸取了东汉都城洛阳的做法，在全城中轴线的位置上辟南北干道，南通大城正南门，北达宫城。一条主要干道连接东西两座城门，将城区分为南、北两部分：轴线以北为内城，是统治者专用区，建有宫殿、官署和苑囿；轴线以南为外城，是居民、商业、手工业区。整个布局区划分明，交通便利，克服了东汉洛阳城宫殿区分散、东西交通不便等缺点。将市从后宫移到了民间，打破了营国制度所规定的后宫对市的束缚，将市与坊巷、里间相结合，这是前所未有的改变。市场和民间结合起来，市场不再专为统治者提供服务，有利于商业经济的发展，一定程度上引发了城市格局、城市建设，乃至城市生活的重大变动。

　　邺城首创城市主干道与皇宫丁字交会的新格局，各城城门都有城楼，由"罗青槐以荫涂"的大街相通。这种城市道路的布局手法，是邺城的一大特色。通过有序、对称的道路彰显了皇权至高无上的等级观念，又便利了交通，可称统治阶级的正统道德伦理观念和城市道路功能融合的经典。

中国建筑经典

嵩岳寺塔

北魏正光四年（523）
密檐式砖塔，平面呈十二边形，高约 40 米
河南登封嵩岳寺塔

河南登封北魏嵩岳寺塔

  塔源于印度的窣堵坡（基本形制为用砖石垒筑圆形或方形的台基，在台基之上建一半球形覆钵状塔身，内填泥土，埋藏有舍利容器），是随佛教的传入而发展起来的建筑形制，结合了传统的中国建筑工艺。佛塔、寺庙的繁荣兴盛与佛教的发展有着密切的关系。东汉时期，洛阳城外修建了白马寺。北魏时期开凿了云冈石窟、龙门石窟，在洛阳城内修建了1000多座寺庙。位于河南登封嵩山南麓的嵩岳寺塔，是北魏时期修建的佛塔，塔顶于唐代重修。该塔历经1500多年风雨侵蚀，仍巍然屹立，是我国现存最早的一座密檐式砖塔，也是我国现存最古老的一座佛塔，其十二边形的平面是目前所知国内塔中的唯一实例。

  嵩岳寺塔为砖砌空筒结构，高约40米，由基台、塔身、密檐和塔刹四部分组

成，系糯米汁拌黄土泥作浆，青砖垒砌而成，外轮廓整体挺拔秀丽。基台随塔身砌作十二边形平面，塔身之上是十五层叠涩檐（叠涩，即一种古代砖石结构建筑的砌法，用砖、石或木材通过一层层堆叠向外挑出或收进，向外挑出时要承担上层的重量），自下至上层层内收，檐与檐之间通过矮壁相连，上砌拱形门与棂窗，除几个小门是实际建构之外，绝大多数是雕饰的假门和假窗。这种叠涩外檐与外轮廓整体收分相配合，两檐间纵断面呈抛物线的造型方式，形成柔美挺拔的外轮廓，对后世砖塔，特别是唐塔的影响巨大。密檐之上是由宝珠、七重相轮、宝装莲花式覆钵等组成的高约3.5米的塔刹。

基台和密檐之间是集中装饰的塔身。通过中部砌筑的一周腰檐，塔身被分为上下两段。下段是平坦的素壁，各边长约为2.8米，四向开有塔门。上段为全塔装饰集中部位，十二个转角处均设倚柱，外露部分随塔身呈五角形。除开门的四面外，其余八面倚柱之间各造佛龛一个，龛室平面呈长方形。龛的下部为基座，基座正面装饰为两个并列的壸门，壸门内各雕一尊狮。全塔8个龛室，8个基座，共计雕有16尊造型各异的狮子。塔的外表面最早以白灰敷面。第一层塔身四个塔门中，由南门可达中空的塔心室。塔心室原通过木楼板被隔为10层，最下一层内壁为十二边形，二层以上改为正八边形。塔室之内，原置佛台、佛像供和尚和香客绕塔做佛事之用。

1988年，河南省古代建筑保护研究所在对塔进行加固的过程中，于一层塔底部发现唐代地宫。地宫平面近方形，边长204—208厘米，残高130—150厘米，地宫内残存壁画、建筑彩画及石刻线画，壁上有唐开元十一年（723）的题记。地宫中部地下有一东西长100厘米、南北宽60厘米、深125厘米的坑，坑内出土包括背刻"大魏正光四年"铭文佛像在内的佛像残件。

北魏政权崇信佛教，除了在平城（今山西大同）、洛阳、登封等地修建佛寺、石窟之外，还在龙城（今辽宁朝阳）修建了"思燕佛图"。该佛塔是北魏文成文明皇后冯氏在北魏孝文帝太和年间（约485）于三燕龙城（十六国的前燕、后燕和北燕均曾都于龙城）宫殿旧址上，为其祖父北燕王冯弘祈寿冥福和弘扬佛法而修建，为木构楼阁式塔，后毁于火灾。嵩岳寺塔是北魏佛塔中的珍品。

中国建筑经典

云冈石窟

北魏文成帝兴安二年至太和十九年（453—495）
东西绵延约 1 千米；现存主要洞窟 53 个，造像 51000 余尊
山西大同西郊云冈石窟

山西云冈石窟北魏第 2 窟

　　佛教初创时并不注重偶像崇拜，公元前334—前324年亚历山大率军东征时将希腊的造型艺术带到了东方，逐渐形成了希腊—印度式的犍陀罗艺术，出现了佛教的造像崇拜，涌现出各类塑像、绘画等与佛教相关的艺术品，以至于后来将佛教称为"像教"。目前所知，印度最早的佛像出现在迦腻色伽王时期（127—225）的铸币上，而中国东汉时期出现佛像，时间在136—141年的汉顺帝永和年间、147—167年的汉桓帝统治年间，晚于印度之后二三十年。魏晋南

北朝时期，中国大地出现了众多规模庞大、雕刻精美的石窟佛教造像。

从道武帝天兴元年（398）到孝文帝十八年（494），平城（今山西大同）作为北魏的都城近一百年，北魏皇室崇信佛教，热衷开凿石窟。云冈石窟位于山西省大同市以西16千米的武周山北崖，建于北魏文成帝兴安二年至太和十九年（453—495），最早由当时的高僧昙曜奉旨开凿。大小各窟，绵延总长约1千米，现存主要洞窟53个，大小佛像51000多尊。其中最大佛像高达17米，最小佛像高仅数厘米。

窟群分东、中、西三部分。东部石窟以造塔为主，有"塔洞"之称；中部石窟空间形制均为前后两室格局，主佛居中，四周洞顶、洞壁浮雕满布；西部窟群开凿时代略晚，大多是北魏迁都洛阳后的作品，以中小窟、补刻小龛居多。云冈石窟中规模最大的洞窟是东部窟群中第3窟，前室壁面高约25米，相传为昙曜译经楼。昙曜五窟属中部窟群，现编号第16—20窟，是昙曜和尚奉旨主持开凿的，为最早开凿的一组窟洞。

云冈石窟开凿之初，佛像造型和服饰风格明显带有外来文化的特征，西域情调浓厚。佛像的脸形较为丰腴，深目高鼻，眼大唇薄，两肩宽厚，既有中亚犍陀罗造像风格，也有印度笈多时期秣菟罗造像风格。云冈石窟开凿中期是在北魏孝文帝时期，也是石窟开凿的高峰期，此时窟室布局多沿袭汉制，以精雕细琢和装饰华丽著称。佛像的衣着服饰近似于南朝士大夫的穿着，五官也趋于世俗化和汉人化。晚期石窟集中开凿于孝文帝迁都洛阳前后，石窟形制小但数量多，而且很多是为了祈求平安及超度亡者而建。此期造像形象清瘦俊美，表现出秀骨清像的风格。

云冈中期洞窟形制呈现多样化特征，既有马蹄形洞窟，又有中心柱窟、方形和横长方形窟。其中，中心塔柱式石窟最为著名，其因窟中心有方形柱而得名，洞窟前半部是人字披顶，后半部是方柱撑顶，方柱四面开龛，也有洞窟是一面或三面开龛的，窟顶多有平棋藻井。这是循用印度支提窟，结合汉式建筑人字披顶而成的一种窟式。中心塔柱式石窟是对中心塔佛寺的模仿，在各地北朝石窟中具有代表性，也可证中心塔佛寺在当时的盛行。云冈第6窟平面呈方形，平

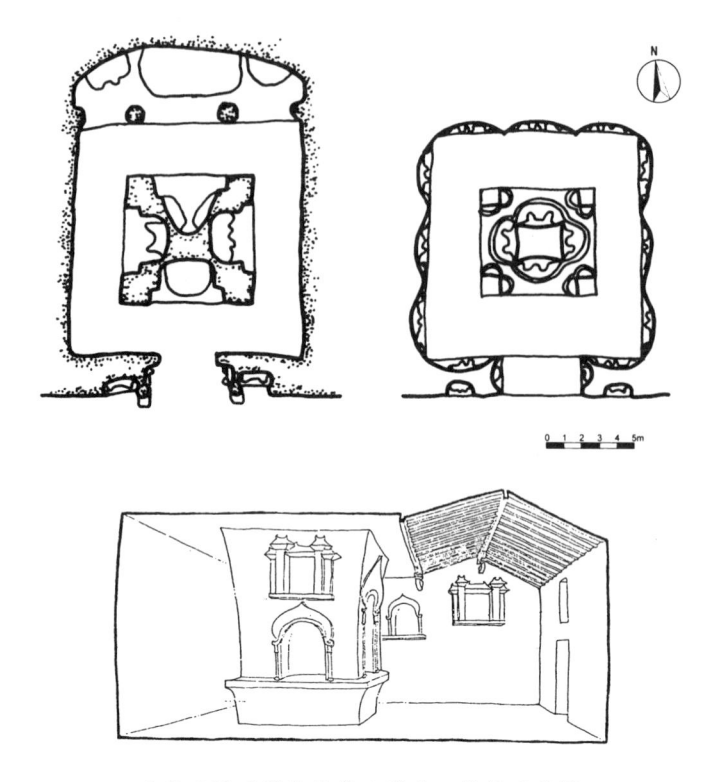

山西云冈石窟北魏第6窟中心塔柱示意图

顶，主室正中凿一高2层中心柱塔，在窟内左、右和前壁下部浮雕出一圈带有柱枋斗拱屋顶的廊庑，后壁为一大佛龛，总体是对于佛寺内的中心塔周廊和塔后佛殿的体现。第6窟属于云冈中期造像，这一时期的雕刻日趋华美富丽，雕刻技艺高超，出现了褒衣博带式袈裟的新样式，这种服饰是汉族士大夫的常服，这种样式与孝文帝效仿南朝制度、推行汉化政策密切相关。塔第一层四角各有一方墩，第二层以上方墩逐层缩小，成为倚柱，以承受塔身的推力。第1窟、2窟、51窟等都有独立的多层楼阁式塔的石刻品。如第2窟柱心塔柱为三层，每层有周廊，内壁雕佛像三尊，四角有柱，柱上雕刻的大斗、阑额、一斗三升式斗拱及人字拱等构件皆十分清晰，顶部尚有华盖及垂帐。各洞洞壁上的浮雕有单层窣堵坡式塔刹的多宝塔，有多层楼阁楼式塔，塔刹相轮有三枝，刹顶系有佛幡。

敦煌莫高窟

莫高窟开凿始于前秦建元二年（366），以迄元代（14世纪）
南北绵延长达1600多米。现存历代营建石窟735个，南区492个洞窟乃礼佛活动的场所，拥有彩塑2000多身，壁画45000多平方米，木构窟檐5座；北区243个洞窟（另有5个洞窟已编号）乃僧侣修行、居住、瘞埋场所
甘肃敦煌莫高窟

甘肃敦煌249窟覆斗顶（北魏晚期至西魏早期）

敦煌地处河西走廊西端，自汉武帝经略西域以来，就是控制丝绸之路的重镇，是佛教文化艺术传播的重要中转站。莫高窟位于敦煌鸣沙山东麓，始建于十六国时期，据唐《重修莫高窟佛龛碑》记载，前秦建元二年（366），僧人乐僔路经此山，"忽见金光，状有千佛，遂架空凿险，造窟一龛"，此后，北魏、西魏、北周、隋、唐、五代、宋、西夏、元诸代相继开凿，鸣沙山断崖上有1至4层洞窟，高低错落，南北绵延长达1600多米，现存石窟735个，壁画45000多平

方米，彩塑2000多尊，唐宋木构窟檐建筑5座。石窟壁画中保留有大量的建筑内容。

敦煌石窟的窟型有禅窟、中心柱式窟、方形佛殿式窟和覆斗顶窟，呈现出不同历史时期佛寺和佛殿建筑的不同布局与形制。其中覆斗顶窟最具特色，因窟顶形如覆斗而得名。此类窟形平面呈方形，受汉墓形式的影响。窟内多在西壁开凿一个佛龛，也有少数洞窟是南、西、北三壁各开凿一个佛龛。殿堂窟的形式与覆斗顶窟大致相同，区别在于殿堂窟有中心佛坛，坛上塑有佛像，坛前有阶陛，坛后部有背屏与窟顶相接，也有个别洞窟无背屏。

敦煌249窟为典型的覆斗顶窟。该窟为北魏晚期至西魏初期开凿。平面呈方形，单室，建筑为斜截头式的覆斗顶殿堂式。西壁龛里的佛造像由南、北壁的菩萨护持，两菩萨侍立南北两壁西端。壁画分段布局：南、北壁上段绕窟一周画天宫伎乐；中段绘千佛，中间插绘说法图一铺；下段绘金刚力士。斜截头式的覆斗顶属于当时较为时尚的造窟设计。窟顶正中方形的绘制藻井，有类平顶的意味，藻井绘垂莲、火焰、忍冬、莲花纹。四方斜面装饰表达了关于天界的中国传统神话，混合了印度佛教题材。

249窟顶西披绘佛教天龙八部护法神之一的阿修罗，四眼四臂的阿修罗手持日月立于海中，画面中还有宫殿建筑和中国式亭阁建筑等。东披画二力士承托摩尼宝珠、左右飞天护持等。南披画乘凤辇的仙人，北披画乘龙车的仙人，表现中国传统神话的西王母和东王公。西王母乘凤辇，周围有飞仙、神兽等；东王公乘龙车，前有仙人引导，周围有羽人、飞天等。

249窟佛教壁画题材掺杂了道教的内容，造型、服饰、构图等方面也具有了中国化的特色。人物逐步改变了西域传来的面相丰满、肢体短胖的造型，更多地继承了河西魏晋墓壁画人物的造型，受到南朝绘画清瘦型人物形象的影响。佛像着褒衣博带，飞天穿大袖长袍，是魏孝文帝汉化改革后提倡汉装对佛教艺术的影响。

敦煌285窟亦为覆斗顶窟，开凿于西魏时期，平面呈方形，覆斗形顶，中央设有元代所建的低矮方台。主室北壁发愿文中存有大统四年（538）、五年（539）

甘肃敦煌西魏285窟覆斗顶

纪年，是敦煌石窟中较早有确切开凿年代的洞窟。主室西壁开三个圆券龛，中央大龛内塑一坐佛二胁侍菩萨，两侧小龛内各塑一尊禅僧像。南北壁各开四个禅窟，部分禅室内或门口还残留有元代所修小塔的部分塔身，为封禅窟并收纳高僧骨灰之用。从禅窟、塑像及壁画来看，这是一个以禅修为主的洞窟。

285窟覆斗形窟顶绘有平棋图案、三角形装饰及流苏，拟华盖造型，窟顶装饰延伸至窟壁上缘，并配合绘制帘幕，此类装饰于唐末五代时特别流行。窟顶四披绘有各式神话形象、鬼和神兽等，近似249窟，为佛教和中国本土宗教的混合艺术题材。窟顶东披画大力士手捧莲花，宝珠两侧是伏羲、女娲，人身蛇形，与汉代绘画中的形象一致。伏羲手持矩，身上有一圆轮，内有金乌，象征太阳。女娲持规，身上圆轮内有蟾蜍，象征月亮。周围画有风、雨、雷、电四神和天皇、地皇、人皇等神。四披还绘有三十六尊禅僧于山间、草庐中坐禅等。

285窟四壁壁画内容丰富，窟壁下层龛之间绘有佛教守护神夜叉，上层则绘有以叙事题材为主的壁画。西壁龛外壁面上部画印度教诸神摩醯首罗天、鸠摩罗天、毗那夜迦、那罗延天以及日天、月天等。北壁上段通壁绘有七铺说法图，下段亦开有4个小禅室，与南壁小禅室相对应。东壁绘三尊坐佛、大型佛说法图。南壁通绘伎乐飞天、五百强盗成佛故事等，下段开四个小禅室，禅室间壁面绘佛教故事。佛教传入中国，逐渐形成了具有中国特色的石窟寺艺术。285窟壁画以粉壁为底，用青、绿、红、黑等色，层叠晕染，色调清新明快，人物造型表现出中原地区流行的"秀骨清像"风格。

麦积山石窟

现存最早石窟建于北魏（约386）
现存221座洞窟、10632尊泥塑石雕、1300余平方米壁画
甘肃天水麦积山石窟

甘肃天水麦积山北魏第30窟外观

麦积山山形突兀而起，状似麦垛，因此得名，位于甘肃天水东的秦岭山脉之中。麦积山石窟窟龛均开凿在20—80米高的东、西崖壁之上，层层相叠，密如蜂巢。现存221座洞窟、10632尊泥塑石雕、1300余平方米壁画。麦积山石窟开凿于何时还没有定论，4窟阶梯入口处有南宋绍兴年间题刻："麦积山胜迹，始建于姚秦，成于元魏。"姚秦（384—417）是十六国时期的后秦，元魏即北魏。现存最早的石窟约开凿于北魏时期，到西魏、北周时期开凿洞窟达到了鼎盛，隋代、宋代也有雕造和重塑。

麦积山石窟凌空而起，各洞窟间的通达全部凭借架设在崖面上的栈道，洞窟多为佛殿式，无中心柱窟，地方特色明显。麦积山石窟群中有数座早期洞窟檐是依据当时建筑形制雕凿的，如4、5、28、30、43诸窟檐都有明确的梁柱、瓦檐、斗拱以及装饰纹样等雕刻，成为了解北朝时期建筑艺术的珍贵资料。麦积山30窟是一座典型的仿木结构崖阁式窟，三间洞窟外立面雕刻出四根八角形的立柱，高2.48米，柱上作栌斗，斗上承阑额和梁头，单檐庑殿顶，带鸱尾。这种将阑额置于柱顶栌斗之上的做法，沿用了秦汉以来纵向梁架受力结构。前廊面阔三间，长约11.2米，深约1.9米。廊后平列三座平面呈椭圆形的佛龛。崖阁式窟的出现，可能与宋代《秦州雄武军陇城县第六保瑞应寺再葬佛舍利记》残碑记载的"昔西魏大统元年，再修崖阁，重兴寺宇"相关。有学者指出，从30窟的建筑风格来看，高耸、突出的鸱尾装饰，与两汉建筑有所不同。开凿于西魏时期的43窟，也是仿木构建筑的崖阁式窟。开间、梁架结构同30窟，但鸱尾的形象趋于柔和。从上述两个崖阁式窟可以看出，从东汉至西魏这段时间，木构架建筑仍沿袭两汉，无多大发展；但建筑风格逐渐区别于两汉质朴的建筑风格，并朝着柔和精丽的方向发展。

石窟群中最宏伟壮丽的一座建筑是4窟上的七佛阁。4窟为北周窟，位于东崖大佛上方距地面约70米处，仿木殿堂式石雕崖阁，单檐庑殿顶，有鸱尾。前檐原有7根柱，已崩残。前廊面阔七间，长31.5米，深约4米，分前廊、后室两个部分，上雕长方形平棋。方形列柱高8.87米，上置栌斗，承檐额。廊后平列7座佛龛。该窟的结构布局忠实地反映了木建筑的样式，是研究北朝木构建筑的珍贵资料。

麦积山石窟为中国四大石窟之一，闻名中外。塑像和壁画民族意识强烈，世俗化倾向突出。塑像大的高达16米，小的仅有10多厘米。石窟依据地势，在陡峭的麦积崖壁开凿而成，洞窟之间均以飞悬的栈道相连。建筑造成一种十分奇绝的意境。

第五章 隋唐五代建筑

隋唐五代建筑概述

581年，隋统一中国，建大兴城（唐改称"长安"），城平面为横长矩形，开13座城门，城内干道纵横各三条，称"六街"。此城依据详密规划修建，规模庞大、分区明确、街道整齐超过前代都城，是当时世界的大都市，设计者为杰出的建筑和规划家宇文恺，605年他还主持了东都洛阳城市的营造。

唐代经济发达，政治安定，国力强大，城市商贸与海陆国际贸易兴盛。唐以长安为西京，洛阳为东京。唐在隋大兴城基础上继续修建长安城，大修宫殿，建有大明宫、兴庆宫、含元殿、麟德殿等，还制定了一系列城市管理制度。唐王朝所建最宏伟建筑是武则天在洛阳所建明堂，其平面呈方形，总高86米，共三层，上为圆盖，九龙捧之。上有铁凤，高一丈，饰以黄金，称为"万象神宫"，每年在这里举行祭天地和迎接使节等重大政治活动。唐代遗存下来的陵墓、木构殿堂、石窟、塔、桥、城市和宫殿的遗址，无论布局或造型都具有较高的艺术和技术水平，显示出中国传统建筑壮丽恢宏的气象。

隋唐时期佛教兴盛，寺院规模庞大，建筑豪华，堪比宫殿，集当时的建筑、雕塑、壁画、造园于一体。隋长安建大庄严寺木塔，高约97米，反映了当时木结构技术的巨大发展。现存有唐代木结构塔、砖石塔和寺院等建筑。建于782年的山西五台山南禅寺大殿是中国现存最早的木结构建筑，大殿面阔、进深各三间，平面近方形，单檐歇山灰色筒板瓦顶，檐柱12根，其中3根抹棱方柱（将方形柱子的四角切去）为始建时遗物。建于857年的五台山佛光寺大殿殿宇高大宏伟，布局疏朗，主从分明，整个寺院由三个院落组成，一院最低，三院最高，二院环境最美。寺内东大殿是唐代建筑，此殿面宽七间，进深四间，外观简朴，门窗、墙壁、斗拱、柱额等皆用朱色涂染，整个大殿劲健绮丽、气度不凡。此时中国木建筑已采用模数制（使建筑物、各分部及各配件之间的尺寸统一协调、标准化，使之具有通用性和互换性的一种方法）的设计方法，用料、尺寸规范化，结构构件合理，已达成熟的地步。唐代砖石塔以方形居多，也有多角形和圆形，形制分为楼阁型和密檐型。著名的西安大雁塔、玄奘塔是楼阁型塔，西安小雁塔是密檐型塔，其源于印度，为佛教寺庙世俗化、中国化的体现。隋唐水运发达，大运河贯通南北，建桥技术进步巨大，安济桥横跨在河北赵县（古称"赵州"）城南2.5千米的洨水上，建于隋大业年间（605—617），全部用石料砌筑，由工匠李春设计，是中国现存最古老的石桥。

唐代尤其是盛唐、中唐时显贵住宅豪侈，院落重重，宅旁园林颇有发展。贵族宅园有的占地达四分之一坊，建筑使用珍贵木料。这时室内家具陈设精美，人们从席地而坐转向垂足而坐，各种起居习俗并存，低型家具向高型家具转化。从唐、五代墓葬壁画和敦煌莫高窟壁画可以看到，除汉末传入中土的胡床、束腰圆凳、方凳外，椅子和桌子开始流行，各类床榻、屏风、桌椅、绣墩等高型家具也开始使用。敦煌莫高窟壁画显示椅子最早是僧人的坐具，世俗生活中出现椅子最早图像见于唐天宝十五年（756）高元珪墓壁画，图中人物已脱离了席地起居的旧俗，高型家具基本定型。

唐帝陵多利用自然地形起陵，采用所谓"依山为陵"的修建方式。唐太宗昭陵依山为陵，陵体山峰海拔为1188米，巍峨雄奇，效汉制，筑方城，建石殿，刻藩酋石像，树战马浮雕，陵园广阔用地达数十千米。唐玄宗贞顺皇后敬陵石椁是难得的具有建筑形制的葬具，形制为庑殿式，横向长方形，面阔三间、进深两间。椁盖为庑殿式顶盖，四面滴水，均出窄檐微上翘。盖顶正面中间阴刻一条直线，象征覆盖二层筒瓦，脊两吻微出头。四个垂脊较高，覆盖四层筒瓦，脊吻四层筒瓦叠涩回缩上翘。正、背屋面浮雕筒瓦与瓦沟。椁室平面呈长方形，用石材、方形立柱、壁板套接而成，柱头顶端雕刻成覆斗形束腰斗拱，顶面平整，用以承载盖顶。唐高宗次子章怀太子墓，唐中宗长子懿德太子墓和女儿永泰公主墓，都由墓道、过洞、天井、墓室构成。懿德太子墓为庑殿式石椁，外壁雕饰头戴凤冠的女官线刻图，墓壁满绘壁画。墓道两壁以楼阙城墙为背景绘太子出行仪仗。这些墓葬模仿地面建筑的形制，是了解唐代建筑的重要资料。

唐王朝的民族政策推动了边疆各族的发展，巩固了国家统一、加强了民族经济文化交流。位于西藏自治区拉萨市中心的大昭寺，是藏王松赞干布为纪念唐文成公主入藏而建，经历代修缮增建，形成庞大的建筑群。寺内建筑为木石结构。殿高4层，上覆金顶，辉煌壮观，既具有中土的建筑风格，也显出了尼泊尔和印度的建筑特色。位于云南大理城西北苍山脚下崇圣寺内的千寻塔，建于南诏劝丰佑年间（824—859）。塔呈方形，密檐式，是典型高基座塔。千寻塔造型与西安小雁塔相似，具有典型唐塔风格。塔的建造有中原工匠参与。千寻塔是唐代中原汉族与边疆各民族人民文化艺术交流的产物。

唐代中外贸易繁荣，在横贯东西的陆上"丝绸之路"以外，海上"丝绸之路"开始兴起，大量古印度、西域和中亚、东南亚、东北亚等地区文化传入，中外文化不断融合。中国建筑艺术表现出兼收并蓄的旺盛生命力，建筑上大量采用外域风格的纹饰作为装饰，密檐型塔的中国化和大量萨珊图案融入中国建筑装饰纹饰就是很好的实例。高僧玄奘从天竺取经归国，倾注全部心血译经，664年圆寂于玉华宫（今陕西铜川境内），后迁葬到长安以南的少陵原畔的兴教寺内，朝廷修建大唐护国兴教寺来纪念。唐代佛教文化也渡海东瀛，著名僧人鉴真先后六次东渡日本，弘传佛法，促进了文化传播与交流，在佛教建筑、雕塑等方面建树颇多，留下众多遗迹至今。隋唐建筑文化极大地影响了中国周边的许多国家，日本等国至今存留众多的"唐式建筑"。

龙门石窟

开凿于北魏孝文帝年间（471—499）
南北长达 1 千米，现存洞窟像龛 2345 个，造像 11 万余尊
河南洛阳龙门石窟

洛阳龙门石窟外景（北魏至清代）

　　龙门石窟位于河南洛阳城南 12 千米处的伊河两岸，洞窟开凿在东岸香山和西岸龙门山的岩层绝壁上。从北魏开始，经东魏与西魏、北齐与北周、隋、唐、五代、北宋、明清等，历代不断开凿修建，其中以北魏和唐代的开凿活动规模最大。龙门石窟现存洞窟像龛 2345 个，造像 11 万余尊，题记和碑碣 3000 多块，古碑刻遗存数量众多，其中"龙门二十品"被誉为中国古代碑刻的代表作。北魏时期修建的古阳洞、宾阳洞和唐代修建的潜溪寺是龙门石窟的代表性洞窟。龙门石窟大多利用天然溶洞扩展而成，窟形简单，平面多呈马蹄形，个别呈方形，窟顶为平顶，采用覆斗形天花和洞口柱廊等做法。

　　历代皇家贵族在龙门发愿造像开窟，唐代武则天时期龙门石窟建造最为兴盛，以奉先寺为代表。主尊卢舍那大佛何时雕刻，说法不一。根据像座上开元十

洛阳龙门石窟唐代卢舍那大佛

年（722）补刻的《大卢舍那像龛记》，有认为其为唐高宗初期（咸亨三年，672）所建，毕功于上元二年（675）十二月三十日，此后周边壁面上补凿大小窟龛。大卢舍那像龛壁面现存整齐排列的梁孔、檩孔等建筑遗迹，说明龛前曾加建大型木构建筑。学界普遍认为龛前建筑的时代当在唐代以后的宋金时期（也有说同时加建大型龛前建筑）。

龙门奉先寺像龛坐西向东，南北宽33.50米，东西深27.30米，西壁窟额净高22.58米。正壁一铺五尊佛像，主尊为结跏趺坐（坐法之一，即互交二足，将右脚盘放于左腿上，左脚盘放于右腿上的坐姿）的卢舍那大佛，左右有阿难、迦叶二弟子及文殊、普贤二胁侍菩萨；两侧壁对称，由内向外为供养人、神王、金刚。卢舍那大佛通高17.14米，是龙门石窟体量最为高大的一尊造像。宏大的建筑空间中雕刻了11尊形体高大的造像，堪称中国石窟群像雕造史上的艺术杰作。

依据佛教经典，"卢舍那"意为"佛光净满""光明遍照""佛瑞永明"等。

卢舍那是释迦如来的报身形象。大佛像持结跏趺坐姿于束腰须弥座上，顶饰螺髻，双耳垂肩，高鼻深目，面相丰满，身着薄衣贴体的通肩式袈裟，衣纹平滑柔丽，线条洗练流畅，整体形象简洁明快、纯朴无华，惜今双手残缺，法印不明。须弥座呈五边形叠涩出挑的束腰仰覆莲台面；紧靠佛身的上层台面周沿每一仰覆莲花瓣的当心，各刻一尊高约25厘米的坐佛。佛座南沿西端尚残存七尊佛像，造像题材源于佛经"莲中化佛"的故事。两侧天王、力士、弟子、胁侍菩萨，雕刻优美生动。奉先寺是唐高宗及武则天亲自经营的皇家开龛造像工程。传说卢舍那大佛根据武则天的形象塑造，面部丰满圆润，眉如弯月，目光慈祥，眼睛半睁半合，俯视着脚下的芸芸众生，嘴边微露笑意，显出内心的平和与安宁。

龙门石窟规模宏大，气势磅礴，窟内造像雕刻精湛，内容题材丰富，展示了大唐帝国强大的物质力量和精神力量，在中国古代建筑史上具有重要地位。

大兴善寺

始建于晋武帝泰始二年（266）
占地面积 8 万多平方米，南北长 330 米，东西宽 219 米，殿堂、僧舍 243 间
陕西西安雁塔区兴善寺西街大兴善寺

西安大兴善寺正门

　　大兴善寺始建于晋武帝泰始二年（266），原名"遵善寺"，是"佛教八宗"之一"密宗"的祖庭和隋唐时期的皇家寺院。隋文帝开皇年间（581—600）迁都，扩建西安城为大兴城，寺占城内靖善坊一坊之地，取城名"大兴"二字，取坊名"善"字，赐名"大兴善寺"。印度佛僧达摩笈多等先后住此翻译佛经，至唐代，兴善寺与慈恩寺、荐福寺同为翻译佛经的主要场所。大兴善寺中的隋唐建筑基本毁损，仅遗留唐刻青石龙头和历代整修寺院的碑碣。现存的殿堂建筑均为明清时修建。

　　大兴善寺整个寺院占地面积 8 万多平方米，坐北朝南，廓落方正，南北长

330米，东西宽219米，殿堂、僧舍243间，以佛教建筑为中心，形成南北平行的三条轴线，由前导空间、主体空间和附属空间组成，布局疏密有序。主要建筑沿正南正北方向呈一字形排列在中轴线上，以大雄宝殿为中心，依次是天王殿、大雄宝殿、观音殿、东西禅堂、后殿法堂等。寺院的西侧修有佛塔，纪念为大兴善寺佛教兴盛做出贡献的僧侣。

唐开元八年（720），来自印度的高僧金刚智及弟子不空翻译了《金刚顶经》，将密宗引入中国。唐武宗灭佛，中原密宗日渐式微。804年日本僧人空海入唐求法，在西安青龙寺拜惠果为师，惠果是不空的弟子，空海回国后在日本东大寺创立了日本佛教的东密，号"弘法大师"，大兴善寺被认为是日本佛教密宗的祖庭。以后密宗传至韩国，以及马来西亚、印度尼西亚等地，流布广泛，影响久远。

唐乾元元年（758），应不空之请，唐肃宗在大兴善寺设置灌顶道场。灌顶之法，在古印度国王即位仪式上，将四海之水用四宝瓶盛之，由国师灌于国王头顶，象征国王权力四海无边，国家兴盛。佛教密宗效法此举，在中土首开灌顶之风。

大兴善寺亦是隋朝第一所国立译经馆。著名的"开皇三大师"、从古印度远道而来的高僧耶连提黎耶舍、阇那崛多、达摩笈多，开创了隋代的佛经翻译之风。达摩笈多久住兴善寺，主译经论7部22卷。三位高僧对佛典翻译做出了很大的贡献。

大雁塔

始建于唐高宗永徽三年（652）
塔体平面呈正方形，通高约 64 米
陕西西安大慈恩寺内大雁塔

西安唐代大雁塔

　　大雁塔位于唐长安城（今陕西西安）晋昌坊的大慈恩寺内，又名"慈恩寺塔"。此塔始建于唐高宗永徽三年（652），玄奘法师为供奉从印度带回的佛像、舍利和梵文经典，在寺的西院建起一座五层砖塔。唐长安年间（701—704），女皇武则天和王公贵族施钱重新修建，改造为七层宝塔，更加庄严雄伟。大雁塔在唐代是著名的游览胜地，留有大量文人雅士的题记，仅明清时期的题名碑就有200余通。大雁塔是现存最早、规模最大的唐代砖仿木结构楼阁式塔。

塔整体造型呈方形角锥状，塔身为砖仿木结构的四方形楼阁式砖塔，由塔基、塔身、塔刹组成，塔基和塔身现通高约64米。塔基高4.2米，南北约48.7米，东西45.7米。塔体呈方锥形，平面呈正方形，底边长为25.5米，塔身高59.9米，塔刹高4.87米。塔体各层均以青砖模仿唐代建筑砌檐柱（木结构建筑檐下最外一列支撑屋檐的柱子，也叫"外柱"）、斗拱（在立柱顶、额枋和檐檩间或构架间，从枋上加的一层层探出呈弓形的承重结构叫"拱"，拱与拱之间垫的方形木块叫"斗"，合称"斗拱"。它是中国建筑特有的一种结构）、阑额（即额枋，是中国建筑中柱子上端联络与承重的水平构件）、檩枋〔桁（檩）下面是一条垫板，垫板下面就是枋，枋的作用是承托檩〕、檐椽〔从下金桁到正心桁（檐檩）之间的一段椽子，叫作"檐椽"。檐椽的尽端就叫作"檐头"〕、飞椽（即在原有圆形断面的檐椽外端，加钉一截方形断面的椽子，以增加屋檐挑出的深度）等仿木结构，磨砖对缝砌成，结构严整，坚固异常。塔身各层壁面都用砖砌扁柱和阑额，柱的上部施有大斗，在每层四面的正中各开辟一个砖拱券门洞。塔内的平面也呈方形，各层均有楼板，设置扶梯，可盘旋而上至塔顶。二层多起方柱隔为九开间，三、四层为七开间，五、六、七、八层为五开间。塔上陈列有佛舍利子、佛足石刻、唐僧取经足迹石刻等。

塔的底层四面皆有石门，门楣上均有精美的线刻佛像，西门楣为阿弥陀佛说法图，图中刻有富丽堂皇的殿堂。画面布局严谨，线条遒劲流畅，传为唐代画家阎立本的手笔；底层南门洞两侧镶嵌着唐代法家褚遂良书、唐太宗李世民撰《大唐三藏圣教序》和唐高宗李治所撰《述三藏圣教序记》两通石碑，人称"二圣三绝碑"。

大雁塔最初仿西域窣堵坡形制，砖面土心，每层皆存舍利，由玄奘法师亲自主持修建。经历代改建、修缮，逐渐由原西域窣堵坡形制演变成具有中原建筑特点的砖仿木结构，成为可登临的楼阁式塔，体现了古印度佛教建筑艺术传入中国逐渐中国化的过程。

大雁塔堪称中外建筑融合的典范和中土佛教建筑的杰作。

五台山南禅寺与佛光寺

南禅寺重建于唐建中三年（782），佛光寺重建于唐大中十一年（857）
南禅寺大殿为单檐歇山顶，面阔、进深各三间，通面阔11.75米，进深10米；佛光寺大殿为单檐庑殿顶，面阔七间，通长34米，进深八椽，17.66米
山西五台山南禅寺、佛光寺

山西五台山南禅寺正殿

　　南禅寺在五台山西南，始建年代不详，重建于唐建中三年（782），为唐代中期建筑。南禅寺是一座较小的山区禅宗寺庙，坐北向南。现存大殿为小型殿堂，建在月台之上，面阔进深各三间，通面阔11.75米，进深10米。大殿采用抬梁式构架，梁架结构为"四椽栿通檐用二柱"（四椽栿，指建筑的纵向主要承重构件。"栿"即"梁"，栿上面横向构件是"榑"，现称"檩条"。榑上面纵向搭的小木棍是"椽"，两条榑之间椽子称"一架椽"。如一根梁上承托了n架椽子，此梁称"n椽栿"），意思是通长的两根四椽栿作为主梁横架于前后檐柱之上，四

山西五台山佛光寺全景

椽栿之上又抬着两椽长的平梁，平梁上有叉手拱托着脊檩，平梁、脊檩之间无驼峰与侏儒柱，这种构造是典型的唐代构架方式，五代以后不复见。大殿采用单檐歇山顶，屋坡平缓，后呈长方形或近正方形平面的殿堂普遍采用的形式。殿内没有柱子，中心稍后设平面为倒凹字形高0.7米的佛坛，坛周可以通行，坛上有佛教造像17尊，都是唐代原塑，虽经元代部分重妆，仍不失原貌。

南禅寺大殿西缝平梁下，保存有唐人墨书题字"因旧名时大唐建中三年岁次壬戌月居戊申丙寅朔庚午日癸未时重修殿法显等谨志"，是寺宇殿堂重建年代的证据，较佛光寺东大殿早75年，是中国现存最早的木结构建筑，可以看到中唐时期木结构梁架已经用"材"（拱高）作为木构用料的标准，唐代建筑技术已达到很高水平。

佛光寺大殿在五台山西麓，重建于唐大中十一年（857），为唐晚期建筑。佛光寺是一座中型寺院，依山，坐东向西。大殿在寺的最后，即最东的高台地上，高出前部地面12—13米，大殿后是就山凿出的陡崖。除大殿是唐代和前院北侧的文殊殿是金代建筑外，寺内现存其他房屋都为清代重建。据文献记载，唐代曾在大殿的台地上建有一座3层弥勒大阁，会昌灭佛时毁去，现存大殿为灭佛后重建。敦煌石窟五代61窟五台山图中绘有佛光寺，大殿作二层楼阁，反映原建大阁的面貌。

大殿是一座中型殿堂，立在低平台基上，面阔七间，通长34米；进深四间，17.66米，平面为横向长方形，单檐庑殿顶。正立面中间五间装版门，两端各一间和两面山墙的后梢间装直棂窗。殿内有一圈"金柱"（外檐柱以内的一圈内柱）。这种平面方式宋代《营造法式》称为"金箱斗底槽"，金柱把全殿空间分为两部分：金柱所围的空间称"内槽"，内槽四周金柱与檐柱之间的空间称为"外槽"。墙所围的区域为佛坛。坛高0.74米，上有30多尊晚唐时期的佛教造像，后排金柱之间和南北二列金柱最后二柱之间设"扇面墙"，此坛面阔五间，造像也分为五组：中部三间，分置释迦、阿弥陀和弥勒坐像，左右均侍立弟子菩萨天王诸像；左右端两间分置乘象普贤和乘狮文殊。殿内两尊现实人物塑像为唐代原塑。殿内彩塑经近代重妆。沿大殿后墙和两山，有明清塑造的几百尊罗汉。屋顶为单檐庑殿，屋坡也很缓和，比例为1∶4.77。全殿的内外柱高度一致，利用斗拱梁架结构将全殿分为内槽、外槽两部分空间，组成一个稳定坚固的构造整体，是唐代"殿阁"型木构建筑的典型实例。

佛光寺大殿为我们了解唐代建筑内部空间提供了重要实例。内槽空间较高，加上扇面墙和佛坛，更突出了它的重要地位，上面以方格状的平棋和四周倾斜的峻脚椽组成覆斗形。这些梁架既是结构的必需构件，又是体现结构美和划分空间的重要手段。梁上以三朵简单的十字交叉斗拱承平棋枋，斗拱之间为空当，空灵而通透。外槽空间较低较窄，是内槽的衬托，也在空间形象上取得对比。但外槽的梁架和天花的处理手法又同内槽一致，有很强的整体感。这一实例表明，唐代建筑匠师已具有较高的空间处理技巧和审美能力。

大殿重视建筑与雕塑的契合，例如内槽的四片梁架把内槽空间划为五个较小的部分，每一部分都置有一组塑像。梁下用连续四跳偷心造华拱（偷心造，是木结构建筑跳头上不置横拱的斗拱构造形式之一，横拱的设置少于斗拱出踩，在制作时省去一列或数列横拱的做法），没有横拱，为塑像让出了空间。塑像的高度也经过精心设计，使其与所在空间相适应，同时也考虑了瞻礼者的合宜视线。

佛光寺大殿为中国现存排名第二早的木结构建筑，仅晚于五台山西南的南禅寺，但规模远胜南禅寺，后世修葺中改动极少，梁思成誉之为"中国第一国宝"，是佛教建筑的重要作品，在中国建筑史上具有重要的地位。

大昭寺

始建于唐贞观二十一年（647）
长100米，宽150米，建筑面积25100余平方米
西藏拉萨老城区中心大昭寺

西藏拉萨唐代大昭寺主景图（坐东向西）

　　藏传佛教寺院大昭寺位于拉萨老城区中心，又名"祖拉康""觉康"（藏语意为佛殿），9世纪时改称"大昭寺"，意为"存放经书的大殿"，是西藏地区重大佛事活动的中心。该寺始建于唐贞观二十一年（647），是藏王松赞干布为纪念文成公主入藏而建，后经历代修缮增建，形成庞大的建筑群。大昭寺为吐蕃时期建筑，是西藏现存最古老的仿唐式、汉藏结合的土木结构建筑，开创了藏式平川式寺庙布局的规式。

　　大昭寺建筑群坐东向西，长100米，宽150米，大门、前院和主殿在一条轴线上，有20多个殿堂，由经堂、佛殿、噶厦政府机构等组成，建筑面积25100余平方米，建筑外壁采用石墙承重，木构梁柱，寺门不对称，大殿四层，上覆金

顶，采用木构建筑的梁架、斗拱、藻井等组成。以佛教寺院的样式建造，周围设有小佛堂和僧侣用的单间。现存两个外庭院，四个新入口，一个新的主入口门廊和一个室外集会广场。大昭寺前面的小广场立有两块石碑：一碑是唐蕃会盟碑，为赤祖德赞吐蕃于唐长庆三年（823）所立；另一碑为清乾隆五十九年（1794）驻藏大臣所立。

　　大昭寺的主要建筑为经堂大殿。大殿高4层，鎏金铜瓦顶，辉煌壮观，建筑构件为汉式风格，也吸取了尼泊尔和印度建筑艺术特色，柱头和屋檐的装饰则为典型的藏式风格。建筑中央是一个方形内院，东西面各有部分凸出的中心殿堂，外周有圈天井，天井外东、南、北三面有建筑，这种平面布局形式在当地为后世所用。二层布局和底层相同。三层为一天井，是一层殿堂的屋顶和天窗。二、三层檐下有成排的103个带有西域特色的伏兽和人面狮身木雕，呈现出尼泊尔和印度的风格特点。一、二两层的梁柱、廊柱、出檐、门饰的样式做法及壁画等均与第三层不同，如柱断面有几种平面形式变化，柱顶托木仅一块，端头抹圆檐下挑出檐头外，均作卧狮形，椽径、椽距都比其他建筑大，门框均有雕饰，带有印度风格，为西藏其他佛寺罕见。四层正中为4座歇山式金顶，其他为屋顶平台，平屋顶外檐也绕有一圈金顶屋檐。大殿正中供奉文成公主从长安带来的释迦牟尼等身镀金铜像，两侧配殿供奉松赞干布、文成公主、尼泊尔尺尊公主等塑像，寺内有长近千米的藏式壁画《文成公主进藏图》和《大昭寺修建图》，还有两幅明代刺绣的护法神唐卡。大昭寺建筑融合了藏、唐，以及尼泊尔、印度等多种建筑风格，为藏式宗教建筑的典范，是中国建筑艺术难得的珍品。

千寻塔

南诏王劝丰佑时期（824—859）
通高 69.13 米
云南大理城西北崇圣寺内千寻塔

云南大理崇圣寺三塔之千寻塔与北塔

  崇圣寺三塔，即大理三塔，是历史文化名城云南大理的象征。三塔以居中的千寻塔最为古老，形制为大理地区典型的密檐式空心砖塔。从位置分布来看，南、北二小塔在主塔之西，两小塔相距97.5米，距大塔约70米，三塔呈三足鼎立之势，浑然一体，气势雄伟，立于原崇圣寺正前方。

主塔千寻塔全名为"法界通灵明道乘塔",据推测应建于南诏王劝丰佑时期(824—859),为方形密檐式空心砖塔(密檐式,指檐与檐之间的塔身距离很短,各层檐下不设门窗,或开一个小孔。它是一种由楼阁式塔演变而来的新式砖石结构的佛塔),通高69.13米,16层的两重方形塔基和塔身;南、北小塔是五代末大理国(937—1253)初期建造,均高43米,是一对八角形的砖塔,都是10层。

千寻塔与西安大小雁塔同是唐代的典型建筑,造型上也与西安小雁塔相似,为唐代典型塔式之一。塔以白灰涂面,塔心中空,塔内装有木骨架,塔身内壁垂直贯通上下,设有井字形木质楼梯,循梯可达顶层,从瞭望小孔中欣赏大理古城全貌。塔基为双层方形基座,下层距地面1米,东西长35.35米,南北宽33.50米,四周有石栏,栏的四角柱头雕有石狮。上层基座高1.85米,正方形,边长21米。塔门前矗立明代增建巨石照壁,正面镌刻"永镇山川"四个大字,此为沐英后裔明代黔国公孙世阶所书,笔力雄浑苍劲。塔身尺寸随塔身自下而上递减,2—15层每层檐下正中依南北、东西向交错设置券洞、券龛。原供铜像早已无存,现有石雕佛像大部系明代作品。塔顶有金属塔刹宝盖、宝顶和金鸡等。

三塔中的南北二小塔形制相同,为八角形密檐式空心砖塔,外观装饰成阁楼式,每角有柱,每层设平座,第四、六层有斗栱,顶端有鎏金塔刹宝顶,非常华丽。每层出檐,角往上翘,不用梁柱、斗拱等,以轮廓线取得艺术效果。塔通体抹石灰,如玉柱擎天。

崇圣寺三塔布局齐整,保存完善,外观造型相互协调。大塔居中,大塔地位突出的同时又衬托出小塔的玲珑雅致;小塔紧随大塔,衬托出大塔的高大、雄伟。三塔因独有的特色而不同于中原塔:三塔层数均为偶数,而中原塔多为奇数;中原塔由基座向上直线收缩,下大上小,呈梯形,而三塔上下较小,中部较大,外部轮廓呈曲线。三塔构成的塔群与苍山、洱海相互辉映,展现出古城大理白族文化的历史风韵。

兴教寺塔

唐高宗总章二年（669）
玄奘舍利塔通高 21 米
陕西西安长安区兴教寺内兴教寺塔

西安唐代兴教寺玄奘塔

　　兴教寺塔是玄奘舍利塔、窥基舍利塔、圆测舍利塔三塔的合称，位于西安城南约 20 千米处少陵原畔的兴教寺内。兴教寺又称"大唐护国兴教寺"，建于唐高宗总章二年（669），为供奉高僧玄奘法师的灵塔所建，唐肃宗题名"兴教"二字。后弟子窥基和圆测亦长眠于此，建灵塔陪侍左右。

兴教寺塔位于兴教寺西跨院内，西跨院又称"慈恩院"。在苍柏翠竹之中，三塔作品字形参差耸立。中间最高的一座是建于唐高宗总章二年（669）的玄奘舍利塔，西侧为建于唐高宗永淳元年（682）的玄奘弟子窥基舍利塔，东侧为建于宋徽宗政和五年（1115）的新罗王之孙圆测舍利塔，形式均与玄奘塔略同。

玄奘舍利塔由石灰石石块砌成，作单层造。塔体外方内圆，造型简洁，比例适度，坚固朴实。塔通高21米，塔身四方，共五层，楼阁式，底层的边长5.2米，向上每层逐级内收，收分较大，塔身坚固，是现存年代最早的楼阁式塔实例。塔身下为低矮的台基。塔身内为实心，不能登临。第一层塔身的南面辟有砖砌拱门，内有方室，供奉着玄奘塑像。二层以上塔壁作仿木结构，每层每面用四根八角形倚柱分成三间，柱上施阑额及普拍枋（一种辅助性构件，是连接柱头或柱脚的水平构件，可以加强构架的整体稳定性），柱头上有简单的一斗三升斗拱，上承叠涩出檐，檐角缀风铃，这是唐代叠涩塔檐的艺术特点。塔顶置巨大的方形塔刹，刹座为四瓣仰莲，上面承托覆钵、莲瓣、宝瓶和宝珠等，形制简练，造型稳重。

窥基是玄奘的大弟子，又称灵基，俗姓尉迟，字洪道，京兆长安（今陕西西安）人。因其著述常题名"基"或"大乘基"，唐代智昇著《开元释教录》始称"窥基"。窥基生长于以武功受封的贵族家庭中，祖父尉迟懿是隋朝宁国公，父亲尉迟敬宗是唐朝开国公，伯父尉迟恭是唐朝名将，受封鄂国公，名列凌烟阁二十四功臣。圆测是新罗（朝鲜）王的孙子。随遣唐使来到长安，他精通梵语，熟悉汉文，后拜玄奘为师，是唯识宗的继承人之一。武则天当政时期，圆测颇受优待，每遇中外名僧论道，必邀圆测首位开讲。唐垂拱年间（685—688），圆测受诏助译出经论十八部、三十四卷，武则天写序于各经之首。新罗王数次上表，请圆测回国弘扬佛法。武则天垂情惜才，婉言拒之，是以留居大唐。唐证圣元年（695），圆测再一次应诏助译佛经，译事未终次年即卒，临终圆测嘱咐弟子将自己陪葬在师父的舍利塔旁。火化后弟子将其遗骨带回长安，葬于终南山丰德寺东岭。北宋政和五年（1115），同州龙兴寺僧广越取丰德寺东岭圆测师遗骨一份，葬于兴教寺玄奘塔之东侧。圆测塔通高7.1米。底层龛室置圆测泥塑像，北壁嵌

"大周西明寺故大德圆测法师舍利塔铭并序"碣。二层有"测师塔"砖铭。

兴教寺塔作为玄奘法师及其弟子的墓塔,展现了佛教沿丝绸之路传至长安后的发展及其对东亚的影响。

镇国寺

始建于五代十国北汉时期（951—979）
占地面积 10892 平方米，建筑面积 5000 余平方米
山西平遥镇国寺

山西平遥五代镇国寺万佛殿

  镇国寺位于山西平遥郝洞村，始建于五代北汉时期（951—979），原名"京城寺"，明嘉靖年间改名"镇国寺"。寺坐北向南，地势平坦，绿荫隐翠，寺前有一片开阔地，属于典型的院落式布局，中轴对称贯穿南北。寺内建筑组成前后两进院落。寺西侧有禅院。整个建筑群前低后高，占地面积10892平方米，建筑面积5000余平方米。镇国寺是五代时期仅存至今的木建筑，斗拱尚保留唐代风格，屋顶和内部梁架结构已接近宋代做法。

  镇国寺前院居中者为万佛殿，始建于五代十国北汉天会七年（963），在中

国现存的古代木结构建筑中，仅晚于五台山南禅、佛光二寺院。殿宇造型独特，平面近正方形，面阔、进深各三间，屋顶为单檐歇山式，殿内无柱，为彻上露明造［屋顶梁架结构完全暴露，无天花（吊顶）的做法］，梁架为六椽栿两层，上设四椽栿及平梁（即二椽栿），形制古朴简洁。柱头斗拱七铺作，双抄双下昂偷心重拱造（双抄即出两个华拱。双下昂即设两个下昂，昂为斗拱向外出跳构件），斗拱总高达1.85米，出檐达2.94米，出檐深远，具有唐代建筑风格。斗拱总高超过了柱高的2/3，殿顶形如伞状，在历代寺庙建筑中颇为罕见。此例可反映出早期佛寺建筑是在显露结构、修饰结构的基础上取得美学效果的。万佛殿内，中央为佛坛，设须弥座，上塑释迦牟尼坐像，旁立迦叶、阿难二弟子，塑像塑造手法近唐和五代风格。

镇国寺所有结构都是由木头与木头榫卯相合而成。殿堂整体梁架结构严密，用材规格符合力学原理，工艺精湛，做工精细，千余年来岿然如故。

镇国寺后院，东为观音殿，西为地藏殿，中为三佛殿，除观音殿外，各殿内塑像俱存，三佛殿内还存有明代壁画。寺内杂树交荫，绿叶蓬松，龙爪槐形似伞状，枝干屈曲，交织如网，颇具古风，趣味盎然。

法门寺

始建于东汉桓帝和灵帝时期（147—189）
重修法门寺占地 3 万平方米
陕西宝鸡扶风法门寺

陕西宝鸡法门寺主图（坐北朝南）

　　法门寺位于陕西宝鸡扶风县城北 10 千米处的法门镇，始建于东汉桓帝和灵帝时期（147—189），起于北魏，鼎盛于隋唐，因敕命扩建，被誉为"皇家寺庙"，最初名"阿育王寺"，隋改称"成实道场"，唐初改名"法门寺"。该寺因舍利而置塔，因塔而建寺，因安置释迦牟尼佛指骨舍利而闻名。

　　寺坐北朝南，规模宏大，拥有天王院、吉祥院、地藏院、净土院、罗汉院、真身院、浴室院、修造院等 24 进院落的庞大建筑群，为长安城内外诸寺庙之冠。

　　寺塔修建之初名"阿育王塔"。唐贞观年间（627—649），阿育王塔改建成四层木塔，木塔被毁后改建为砖塔。塔通高 71.679 米，塔身的设计沿袭法门寺塔被烧毁前的平面八角形楼阁式形制，共 13 层，保留了汉塔的原有风格。各层盖铜瓦，转角处设铜斗拱，飞檐翘角下挂铜风铃。塔底四方有四个不同的题额，正南为"真身宝塔"，正北为"美阳重镇"，正西为"舍利飞霞"，正东为"浮屠耀日"。塔上遍布88个佛龛，面向八方，佛龛内供奉着佛像和菩萨铜像。现在的法门寺以真身宝塔为寺院中轴，塔前是山门、前殿，塔后是大雄宝殿，是中国早期佛教寺院的典型格局。

朝代更迭，社会变迁，历代虽多有修葺，但法门寺日渐衰落，现仅存钟鼓楼、铜佛殿、大雄宝殿等建筑，建筑宏伟，庄严肃穆。寺内还有其他许多珍贵文物，大殿前有北魏和唐代的千佛碑、普通塔碑铭、浴室灵异记碑、九子母殿碑等，都具有重要的历史价值。1987年因修建新塔清理残塔基，考古工作者发现了距地表约1米的唐代塔下地宫。唐代皇室多次迎送的佛指舍利和供奉的多种珍宝原封不动置于地宫。重修后的法门寺，占地3万平方米，地宫供奉佛指舍利，供信徒瞻礼和游人参观。

隋大兴城和唐长安城

始建于隋开皇元年（581）
占地面积84平方千米
陕西西安隋大兴城和唐长安城遗址

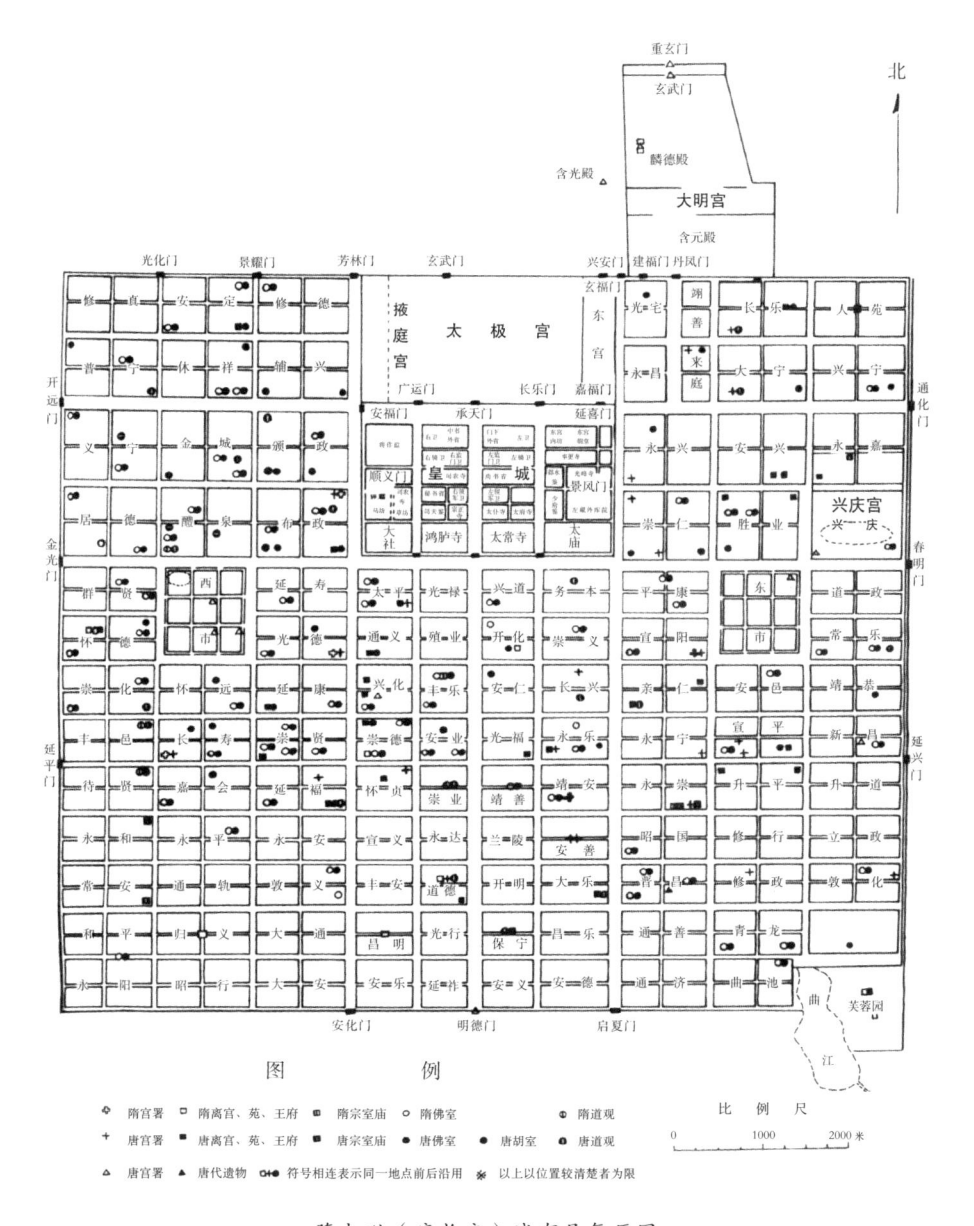

隋大兴（唐长安）城布局复原图

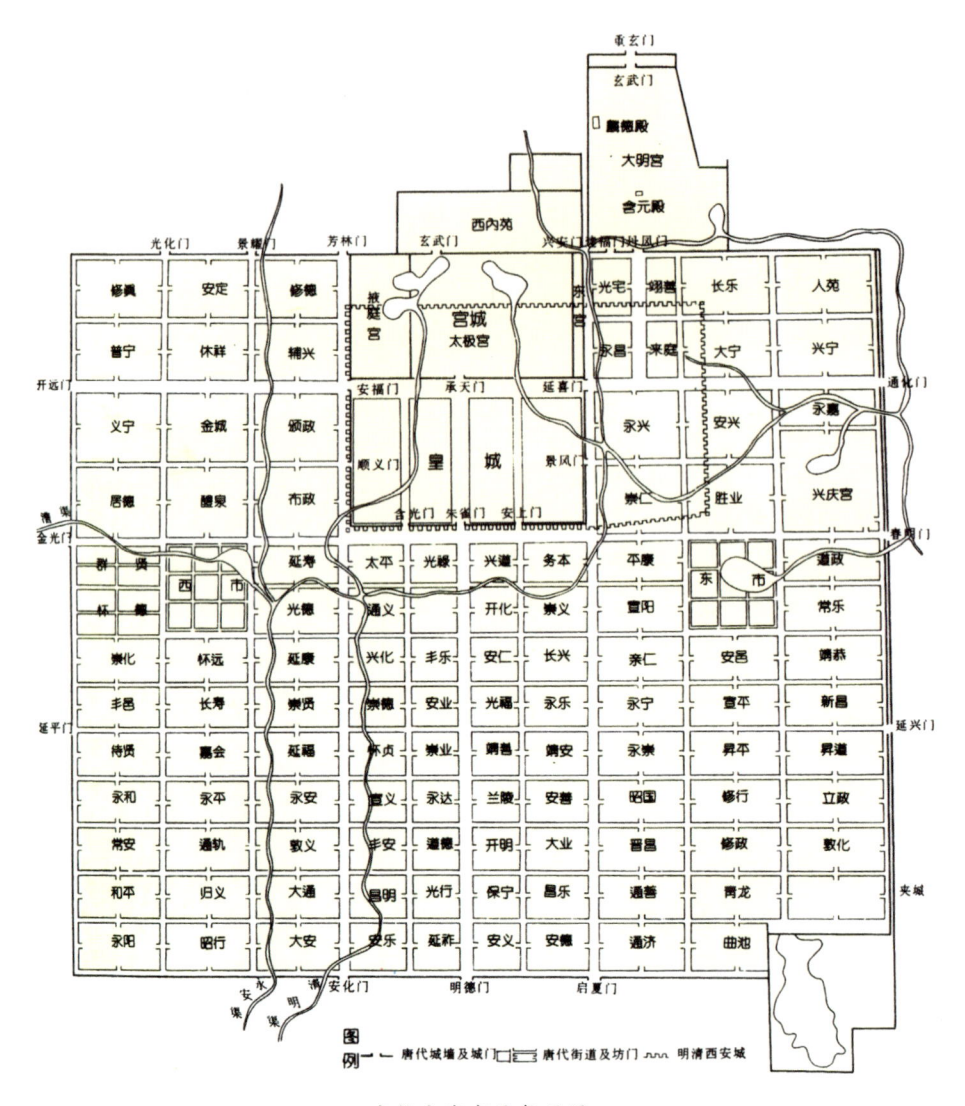

唐长安城布局复原图

据《隋书·高祖纪》卷一、《长安志·唐京城》卷七记载，隋文帝初封大兴公，即位后，城、宫俱以"大兴"名之。唐沿用隋大兴城的旧址，基本保留原有布局，故一般又称"隋唐长安城"。

汉长安城在十六国和北朝时期，各代因旧为用，隋文帝杨坚登基仍在旧城，当时长安城已相当破败，缺乏作为统一的帝国都城应有的气象。帝遂诏宇文恺在原城东南另营新都，先建宫城，次营皇城，隋开皇三年（583）迁入，名新都为"大兴城"。隋炀帝大业九年（613）始筑郭城。唐时以大兴为都，加以增建，名"长安城"。唐高宗永徽五年（654）整修郭城并建各门城楼。唐长安城除沿用了隋的建置外，主要的改造是在郭城北墙东段外增建了大明宫、城内东部建兴庆宫，以及在城东南角整修曲江风景区等。

唐长安城由宫城、皇城和外郭城三部分组成，面积达84平方千米，是汉长安城的2.4倍、明清北京城的1.4倍，是古代中国规模最大的城市。宫城在郭城北部正中，宫城北墙就是郭城北墙中段。皇城在宫城南紧接宫城，东西长同宫城，南北1843.6米，其西墙和南墙被压在明代初年建筑的今西安城墙之下。皇城和宫城总面积约9.41平方千米，比今西安城墙所围面积稍小。郭城城墙为夯土筑，高约5.3米，基宽约12米。皇城比郭城高，宫城又比皇城高，约10.3米，建筑形制反映了对皇权的重视。郭城东墙由北而南基本等距离地开通化、春明、延兴三门；西墙与它们正对开开远、金光、延平三门；南墙正中开明德门，以东距明德不远开启夏门，以西对称开安化门；北墙除宫城往北通入禁苑和东段通入大明宫的门以外，在宫城、皇城东墙外南北大街直北开兴安门，皇城以西与之对称开芳林门，芳林以西又有景耀、光化二门。

长安街道有着严格的对称关系。由明德门一直向北的大街是全城中轴大街，纵贯全城，至宫城正门承天门止，长达7.15千米，轴线进入宫城后再向北延伸，总长将近9千米。这条大街在明德门至皇城正门朱雀门之间的这一段宽达150米。中轴左右，启夏门直通兴安门，安化门直通芳林门，挟持宫城、皇城左右，大街宽度均超过百米。

横向大街开远门直通通化门，其中段正好横亘在承天门前，是宫城、皇城的横轴。这条大街在郭城范围内的宽度也超过百米，在皇城内的一段竟超过220米，成为宫前的横向广场。金光门直通春明门，街道横亘在朱雀门前，是整个郭城的横轴。南边的延平门则与延兴门相直。上述长安"六街"是全城的骨架，六街之间和沿郭城城墙内侧有较窄的纵横小街，全城形成南北十一街、东西十四街的规整方阵。方阵里左右整齐设置了108个居住里坊和东西二市。里坊四周有坊墙，四面或两面开门，坊内有街和更小的巷、曲，民居面向巷、曲开门，通过坊门出入，实际形成大城中的许多小城。"坊者，防也"，设坊是统治者防范居民的措施，除每年元宵前后数夜外，每夜均实行宵禁。据《唐律疏议》记载，若有人夜行，称为"犯夜"，"笞五十"。三品以上经特许的权贵才能在坊墙上开门面向大街。坊各有名，唐时居民但言居何坊，不言何街。唐里坊制的城市，大街上只见坊墙，与宋以后商业发达城市的热闹面貌迥然不同。唐代城市里坊群的图像，可在敦煌壁画中看到。

二市各占两坊之地，东西对称，北邻郭城横轴即金光门和春明门间的大街，市内各有井字街，店铺集中于此。长安北有渭水，城北渭南是范围广大的禁苑，渭北则是贫瘠的黄土高原，南临终南、秦岭，为山岭所阻隔，只有东西方向沿渭河南岸的关中平原，秦汉以来一直是重要的交通大道，故河洛江淮货物东来必过春明门，川滇甘陇和西域各国货物西来必过金光门，二市恰在大道南侧，交通方便。二市与皇城呈"品"字格局，恰在东西两大居民区居中的位置。据载东市有220行，西市行业更多，胡商也较多，在西市附近各坊建有供胡人礼拜祭祀的"胡祆祠"。

都城以宫殿和国家级衙署为重心，郡县城市则以地方衙署和王府为重心，规整的方格网街道、实行里坊制和在城中设置集中的"市"，是中国汉唐城市的特点，与西欧中世纪城市以教堂和教堂前的广场为中心，街道呈环状放射而自由曲折，市场遍布全城，居民可沿街居住或营业的情况大为不同。

长安二市的服务半径远在34千米以上，居民深感不便，随着经济的发展，唐中期以后商业的分布已有所扩大，在两市周围、大明宫前和各城门处都出现了工商行业，甚至位于大明宫、皇城和东市之间的贵族聚居区崇仁坊也已"一街辐辏，遂倾两市"。晚唐长安城还出现了夜市，直接影响到里坊的宵禁制度，这种趋势终于导致了里坊制在北宋的废除。

唐长安大明宫

始建于唐太宗贞观八年（634）
占地面积约3.2平方千米
陕西西安唐长安大明宫遗址

唐大明宫含元殿复原图

大明宫是大唐帝国都城宫殿的大朝正宫，是政治中心和国家象征，位于长安城（今陕西西安）北侧的龙首原，始建于唐太宗贞观八年（634），原名永安宫，是唐长安城三座主要宫殿"三大内"（大明宫、太极宫、兴庆宫）中规模最大的一座，称为"东内"。自唐高宗起，先后有17位皇帝在此处理朝政，历时200余年之久。

大明宫南宽北窄，占地面积约3.2平方千米，相当于太极宫的1.7倍。宫墙比太极宫墙低，但仍比郭城高。宫墙转角处加厚，估计上有角楼，加厚处即为角台。城门处有城台。城台、角台包砖，城墙为夯土。整个宫域可分为前朝和内庭两部分：前朝以朝会为主，包括含元殿（外朝）、宣政殿（中朝）、紫宸殿（内朝）；内庭以居住和宴游为主，有太液池，各种别殿、亭、观等30余所。

大明宫大部分已经考古发掘。正门丹凤门三道常举行肆赦等活动。因大明宫前无皇城，丹凤门即前临里坊，实际上相当于皇城正门，门内的含元殿位于真正的大朝位置。据含元殿遗址和懿德太子墓壁画宫殿形象对含元殿做出的考证复原，其宏伟壮丽，可为天下之冠，充分反映了大唐盛世的建筑艺术水平。含元殿地处龙首原南缘，当全城之上，"终南如指掌，坊市俯而可窥"（《两京新记》），对于得景与成景都特别有利；南距丹凤门600余米，又有充分的前视空间。殿身面阔十一间，达67.33米，进深四间，达29.2米，面积达19万平方米。殿单层，覆重檐庑殿顶，左右外接东西向廊道。廊道左右两端再向南折转并斜上，与建于高台上的翔鸾、栖凤二阁相连。阁平面呈长方形，长轴与殿的长轴平行。整个大殿如鸾凤翘首，两阁如雁翅腾飞，布局美观。整组建筑围成倒凹字，气魄宏大。二阁下部台基为矩形，高15米；上部台基折转两次成三出阙基。台基总高约30米，各面包砖。阙楼为单层，采用歇山顶，所附子阙看上去有两次迭落。

含元殿下至地面有三条平行阶道，长达70余米，谓之"龙尾道"，衬托出大殿及二阙之雄壮。登临此道，"仰瞻玉座，如在霄汉"，"如日之升，则曰大明"。同明清北京紫禁城午门相比，含元殿也不乏威壮庄严，却没有过于森严压抑，显得开阔明朗，是充满自信的大唐盛世时代精神的表现。大明宫南部有三道东西向横墙，第一道在含元殿南，距大殿140余米，第二道与含元殿平，以上两道都在离中轴线100余米处终止，第三道北距含元殿300米。以含元殿为中心，三道墙都开左右对称的二门，形成两条纵街，两街相距600余米，在此范围内布置了严整组合的大片殿堂。含元殿北已在龙首原高地上，中路过宣政门为宣政殿，是为常朝，殿左右有东上阁、西上阁。再北过紫宸门达紫宸殿，院庭较小，是为日朝。在中轴一路殿庭东西，隔南北向纵巷也各有一路殿庭，外围即前述两条纵街，总局面与太极宫大致相同。

大明宫很大程度沿袭了太极宫的建筑布局模式，包括前朝后寝、中轴对称、三大殿制度、多重宫墙防卫体系、庭院布局等。中国古代都城经历了"多宫制—双宫制—单一宫城制"的发展演变。宫城结构也发生了以大朝正殿为中心的中心布局结构到以主要宫殿建筑轴线为中心对称布局结构的变化，大明宫是中国古代宫城建筑这种变化的典范之作。大明宫在将古代高台建筑推向极致的同时，开创了宫城建设的新貌，是中国古代宫城建设中成功的范例。

紫宸门以北是以太液池为中心范围广大的园林区。太液池又称"蓬莱池"，池中有岛名"蓬莱山",沿池南岸有蓬莱、珠镜、郁仪等建筑,西南岸滨池建廊400间。麟德殿在蓬莱池西一座高地上,西邻大明宫西墙是另一组建筑群,遗址现已发掘,并且进行复原研究。总体形制相近的麟德殿实际由四座殿堂前后紧密串联而成,全部殿堂建在两级大台座上,下层台座东西宽77米,南北长130米,上层收进,共高5.7米,周砌面砖,沿两层周边都有石质勾栏(栏杆)。相当于中殿的位置,在台座左右各置一方形高台,台上各有单层方亭一座,称东亭、西亭,以弧形飞桥与中殿上层相通。相当于后殿的位置左右各有一横长矩形高台,台上各有一单层歇山顶小殿,为郁仪楼、结邻楼,也有弧形飞桥与后殿上层相通。通常这样的建筑群四周应该有廊庑围成庭院,但据史籍记载,麟德殿前常举行马球运动,似乎不大可能围有廊庑。

麟德殿是皇帝举行大型集会的地方,赐宴群臣和各国使节,史载最大的一次是大历三年(768)宴神策军将士3500人,宏大的殿堂和庭院正适宜作此用途。麟德殿邻近西垣,也便于大量人流出入,不致干扰大明宫主体区域。麟德殿规模巨大,殿堂高低错落,每座殿堂的体量符合一般尺度,并不笨重。东西的亭、楼体量甚小,造型也有变化,玲珑而丰富,衬托出主体的壮丽,为整体建筑增加了许多生气。麟德殿居于高地,凸起于众屋之上,从蓬莱池西望,其壮丽的侧影一览无遗,是太液池园林区的重要借景。

中国建筑经典

洛阳武则天明堂

建成于武后垂拱四年（688）
高 90 余米
河南洛阳武则天明堂遗址

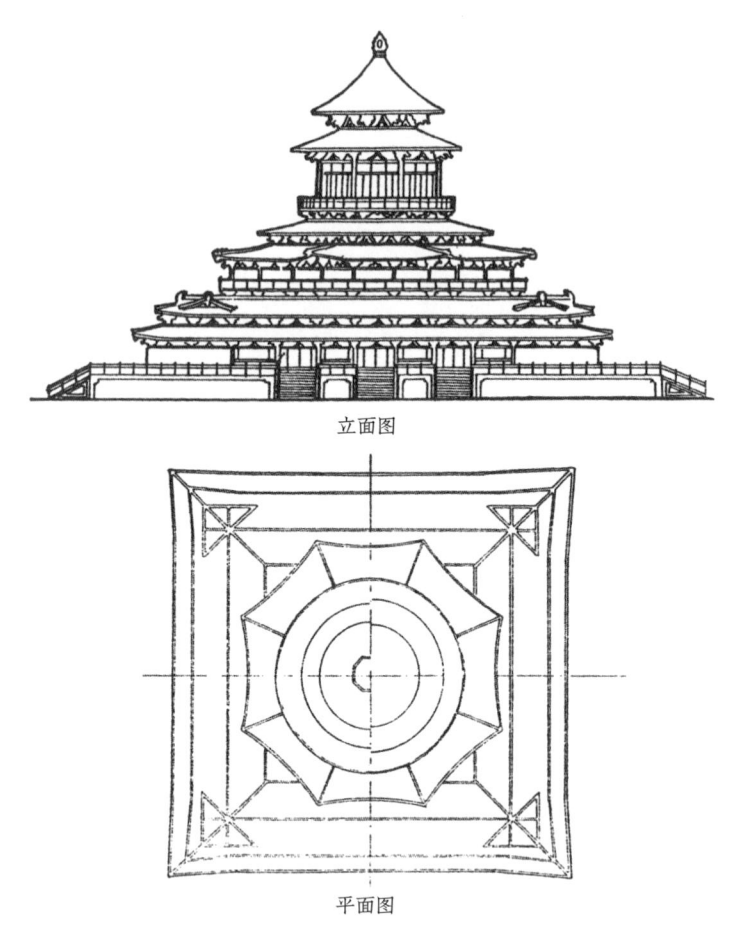

立面图

平面图

唐洛阳武则天明堂复原图

　　洛阳宫城初建于隋炀帝大业元年（605），唐初废毁，后修复。宫东西约1400米，南北约1270米，东部为东宫。南向设门三座，正门隋称"则天门"，东门曰"兴教门"，西门曰"光政门"。唐初则天门焚毁，旋修复并沿用旧名，唐中宗时为避武后尊号改为"应天门",唐玄宗开元二十五年(737)以后改称"五凤楼"。据遗址发掘,应天门内隋代有乾阳门,过乾阳门为乾阳殿,其后大业门内有大业殿。唐初洛阳宫焚毁,殃及各殿、门,高宗时在乾阳殿原址上建乾元殿,武则天时毁乾元殿,"于其地作明堂",其成为中国建筑史上富有创造性的大型建筑。

宫殿与祭祀功能混沌未分的建筑,夏称"世室",商称"重屋"。西周时有所谓"明堂",据说是世室、重屋的新名,位于何处,文献已无记载。汉代开始开展了旷日持久的关于明堂形制的讨论,众人各执一词,莫衷一是。

隋代两次议建明堂,宇文恺还制作了图形及模型,因争论不休,最后并未实行建造。唐太宗、高宗时仍群儒纷竞,各执异议。直到武则天称帝,"不听群言""我自作古",终于将明堂建成。武则天明堂又称"万象神宫",高二百九十四尺(88米),加上顶部金凤(1丈),方三百尺,共有三层。下层四面象征四时,"各随方色"(按东、南、西、北方分施青、赤、白、黑各色);中层变成十二面,象征十二时辰;上层又转成圆形,覆圆顶,有二十四柱,象征二十四节气。"以木为瓦,夹纻漆之,上施铁凤,高一丈,饰以黄金。中有巨木十围,上下通贯,柟、栌、橑、榱,借以为本。"明堂北又起"天堂",比明堂更高,共有五层,《旧唐书·武后本纪》记载:"内贮夹纻大像,至三级则俯视明堂矣!"这两座大型建筑只存在了八年就遭火毁,玄宗认为"体式乖宜,违经紊乱",下令拆毁。毁后又欲依旧制重造明堂,主持者以"毁拆劳人,乃奏请且拆上层",更名为"通天宫"。

武则天明堂规模宏大,是标新立异、时髦华丽之作,一反过去囿于周制的复古传统和呆板四方的单层建筑模式,又继承了传统明堂"象天法地"的设计原则。明堂上圆下方的建筑形制,开创了以后中国古代明堂建筑由方到圆的先河,体现出的天子与天相通,象征性表达四时、十二时辰、二十四节气以及四面八方、天人合一、天圆地方等宇宙时空观的思想,影响了后来的明清礼制建筑。

唐代武惠后妃敬陵石椁

墓主葬于唐开元二十五年（737）
高约 2.45 米，长约 3.99 米，宽约 2.58 米
陕西西安唐武惠妃敬陵出土

西安唐代武惠后妃敬陵出土石椁

2004年陕西西安出土的唐武惠妃敬陵石椁，为宫殿状石椁，由5块椁顶、10块廊柱、10块椁板、6块基座共31块内外雕刻精美的石材组成，高约2.45米，长约3.99米，宽约2.58米。唐玄宗宠爱武惠妃，废黜王皇后，武氏专宠，武氏还参与了宫中争夺太子位的斗争。唐开元二十五年（737）武惠妃去世，死后赠"贞顺皇后"，葬于敬陵。

石椁原位于墓室的西部，面东坐西，呈南北纵向。椁为青石质，由盖顶、椁室、基座（棺床）三部分组成，总重量约26吨。石椁形制似庑殿式建筑，横向长方形，为面阔三间、进深两间的仿宫殿造型。椁顶有庑殿式椁盖顶盖，四面滴水，均出窄檐微上翘。由五块截面略呈三角形的石材拼接而成。盖顶正脊截面略呈圆柱形，较低矮，正面中间阴刻一条直线，象征覆盖二层筒瓦，脊两吻微出头。四个垂脊较高，覆盖四层筒瓦，脊吻四层筒瓦叠涩回缩，微上翘。正、背屋

面浮雕出相间并列筒瓦、瓦沟数行。筒瓦前檐均带圆形瓦当，瓦当彩绘呈十字形。椁盖底面为平板抛光，无雕刻，布满彩绘，画祥云仙鹤。

椁室平面呈长方形，高1.715米，长3.89米，宽2.43米，由十根方形立柱和十块纵向长方形壁板套接而成。十根立柱截面均呈正方形，柱头顶端雕刻成覆斗形束腰斗拱，顶面平整，用以承载盖顶。各立柱下端中间凿刻出剖面呈倒梯形的榫头，与基座相对应的卯坑相套接，用以固定椁室。两侧面中间均凿刻纵向凹槽，用以插套辖控壁板。十块长方形壁板插套于各立柱中间，各立柱、壁板的内外壁壁面均雕刻精美的花纹图案。

基座由六块长方形石板拼接而成，前端两块石板横向放置，后边四块石板纵向拼对，组成的基座通长3.97米，宽2.545米。基座顶面、立面均打磨光滑。在立面上刻绘呈弧线长方形的壶门，并刻有二方连续的外向连弧纹，嵌饰神态各异的动物形象。

除盖顶外，石椁通身布满线刻图案，富丽堂皇，雍容华贵。石椁图案纹饰雕刻采用减地浅浮雕、减地阴线刻及彩绘装饰等技法。纹饰内容丰富，构图巧妙。构成椁室的壁板镶嵌于各立柱间，内外壁面均布满线刻图案，共20幅图画。各屏画面构图布局不尽相同，题材内容丰富各异。总体来说，外壁十屏纹饰以各种花草、走兽、飞禽为主；内壁十屏以人物画为主，陪衬有花草树木、山石飞禽。外壁纹饰错落有致，华丽堂皇；内壁纹饰主次分明，疏朗明快，雍容华贵。外壁图案上下分层，横向布局，分九层；内壁十幅图案布局简单，是在一纵向矩形宽带花边范围内刻画主题纹饰。

石棺和石椁是中国隋唐墓葬的重要葬具，多见于皇室贵族和品级较高的官吏墓葬中，较常见的是置于墓室的西侧。这种长斜坡、多天井的墓葬形制，象征着墓主人生前居住的深宫大院，墓室象征寝宫，而雕刻成庑殿形式的石椁则象征寝殿。目前国内发现的唐代石椁不多，如唐高祖李渊从弟李寿、唐中宗李显之女永泰公主、唐睿宗李旦长子李宪、唐睿宗李旦女婿薛儆墓石椁等。

武惠妃石椁是难得的唐代文物珍品。石椁体量巨大，是目前国内发现最大的仿宫殿造型的石椁葬具。其作为皇后的石椁，在目前所有出土石椁中等级最高。石椁造型精美，外形如仿真小宫殿，不但门窗俱足，就连椁顶的飞檐翘角和大门上的门钉、锁头，也塑造得惟妙惟肖。石椁花纹图案精细丰富，彩绘历经千年仍十分鲜艳。尤其是侧面镌刻的仕女、花卉等图案细致优美，仕女相貌、姿质、装束都反映出宫廷仕女的现实生活与流行时尚，真实描绘出盛唐时代的繁华生活。画面四边框以花边围栏，人物周围采用折枝花、团花、簇花及山石点缀，主题突出。石椁上雕刻的胡人牵瑞兽图案颇为少见，高鼻深目的人物形象和富有异域风情的装束，让人产生无限的联想。石椁图案线条简洁凝练、健劲有力，充分体现了盛唐时期图形灵动、华丽艳美的特色。

唐代懿德太子墓、永泰公主墓和章怀太子墓

懿德太子、永泰公主逝世于武周大足元年（701），章怀太子逝世于唐睿宗文明元年（684）
懿德太子墓全长100.8米，永泰公主墓全长87.5米，章怀太子墓全长71米
陕西乾县乾陵陪葬墓

陕西乾县唐代懿德太子墓墓道口

懿德太子是唐中宗的长子，墓位于陕西乾县乾陵东南隅的韩家堡北，为乾陵的陪葬墓。懿德太子李重润于武周大足元年（701）与妹永泰公主李仙蕙一起被武则天杖杀，唐神龙二年（706），中宗复位后陪葬乾陵。墓地表有双层封土，呈覆斗形，南北长56.7米，东西宽55米，高17.92米。整个陵园南北长256.6米，东西宽214.5米，陵园四角有夯土堆各一，南面有土阙一对。阙南有石狮一对，石人两对，一对只残留底座。石华表一对，已残，倒塌后埋入土中，周围设围墙，南面有土阙、石狮、石人、华表等。地下由斜坡墓道、过洞、天井、前后甬道和方形前后砖室组成，宽3.9米，水平长26.3米，全长100.8米。

懿德太子墓墓道用红褐色土夯筑，两侧墙上有壁画。墓道入口处东为着盔

甲、穿战袍的仪仗队行列，仪仗队后面是青龙和以山为背景的城墙、阙楼。城墙转角为方形，阙楼在城墙南面。城内绘有大批呈行进状的仪仗队。墓道西壁壁画与东壁壁画基本相同，相互对应。

过洞为券顶土洞，长、宽、高随墓内坡度不同而异。地面用土夯实，洞顶用长条砖砌筑，一层平卧，一层立砖，其中有一层土坯。过洞有壁画。第一过洞东、西壁分别画牵豹男仆四人，均头戴幞头，身穿黄袍，脚穿长靴，左手牵一豹，其中两人，腰带驯豹工具铁挝。过洞南壁两侧画宫殿。第二过洞东壁画男仆四人，其中两人为驯鹰者。第三过洞东、西壁各画内侍七人，头戴幞头，身穿圆领长袍，手持笏板，脚穿长靴。手持团扇的侍女两人，头结半翻，上穿红色短衫，下穿红色长裙，肩披绿巾。第六过洞东、西壁分别画提炭盆的宫女两人。

过洞之间有七个天井，墓内看到的有五个，另两个是暗天井。天井由自然地面直通墓底，长、宽、深不等，四角画红色柱子，柱头上还绘有斗拱。第六、第七两个天井开在前甬道内，然后砌砖封闭券顶抹灰，在墓内看不见这两个天井的痕迹。天井两壁有壁画。第一、第二天井东、西壁画大型戟架4个，每架上插戟12根，戟头下为虎头，虎头下面有红、绿、黄各色彩带。戟架前站立两队仪仗队，分别穿紫、红、绿、黄袍。腰间佩弓囊和剑。唐代的戟制度是身份、品位的象征，12戟架在陕西尚属首次发现。第三天井东、西壁分别画车一辆，车上坐一人，身穿红袍，车前站立四人，两人举团扇，车后两人相对而立。

葬具置于后室，石椁形制为庑殿式，外壁雕饰头戴凤冠的女官线刻图，墓壁满绘壁画，保留较好的约40幅。墓道两壁以楼阙城墙为背景，绘太子出行仪仗，过洞绘驯豹、架鹰及宫女、内侍等。甬道及墓室壁面绘持物宫女、伎乐等宫廷生活画面。墓顶绘天象。该墓曾经遭到盗掘，仍出土文物达1000余件，有太子哀册、俑、三彩器和鎏金铜马饰等。

永泰公主李仙蕙是唐中宗李显的第七个女儿，唐高宗李治和武则天的孙女，永泰公主墓也是乾陵的陪葬墓。墓前排列有石狮一对、石人二对，还有华表，墓为覆斗形，墓道全长87.5米，宽3.9米，墓室深16.7米，类似懿德太子墓。全墓由墓道、过洞、天井、甬道、便房、前后墓室组成，象征公主生前居住的多宅

陕西乾县唐代永泰公主墓前室

陕西乾县唐代章怀太子墓壁画"女侍图"

院落。墓道两侧画有巨大的青龙、白虎和身穿战袍、腰佩贴金宝剑的武士组成的仪仗队。天井两侧的便房内放着各种三彩俑群和陶瓷器皿等随葬品，出土陶俑、木俑、三彩俑及金、玉、铜器等珍贵文物多达1000余件。

　　章怀太子李贤是唐高宗李治和武则天的次子。章怀太子墓位于乾陵东南约3千米处，墓封土呈覆斗形，底部长、宽各43米，顶部长、宽各11米，高约18米，墓由墓道、过洞、天井、甬道、前室和后室组成，全长71米。墓的整体结构与永泰公主墓基本相同，只是规模较小。墓中壁画50多幅，保存基本完好。其中"打马球图""狩猎出行图""迎宾图""观鸟捕蝉图"等描绘生动，具有很高的艺术价值。

第五章 隋唐五代建筑

五代蜀王王建墓

墓主葬于蜀光天元年（918）
墓冢呈圆形，高15米，直径约80米；墓室总进深23.5米
四川成都五代蜀王王建墓

成都五代蜀王王建墓墓室

　　王建墓位于今四川成都西门外，史称"永陵"。蜀光天元年（918）王建去世，葬于永陵。王建墓发掘于20世纪40年代，墓中出土众多文物，反映了五代时期的建筑、雕塑等艺术。

　　永陵的外形为半球形土堆，高15米，直径约80米，用土垒筑而成，陵台四周下部砌以四层条石。墓室总进深达23.5米，墓室建筑用红砂岩石造，由14道

券构成，平面呈长方形，分前、中、后三室，均有木门作间隔，门上铺首、饰片、泡钉等尚存，诸铜器制作精细，表面鎏金。墓的结构独特，墓室两侧的壁柱上建半圆形券，券上再铺石板。墓内地面亦铺石板。四壁涂红色，室顶涂天青色。中室最为宽大，正中是棺床。棺床为须弥座式，上铺珉玉板，有三层木台阶，木台阶上置棺椁，棺座由12个武士（或称"十二神像"）抬着，座的束腰部浮雕24个乐舞人像，生动精美。据研究，伎乐乐器组合属燕乐，为汉化了的西域龟兹乐。十二神像均顶盔（或戴冠）贯甲，孔武肃穆。后室石床上放置墓主圆雕石像。雕像头戴折上巾，着袍，浓眉深目，隆准高颧，薄唇大耳，符合史籍所载王建相貌，显示五代写实雕像的面貌。

墓早年被盗，残存随葬品20余件。随葬器物有银剑鞘、小玉片、兔头龙身谥宝（玉印）、玉哀册、银扣册匣等，或存原貌，或可复原，是研究唐、五代文物制度的实物资料。其中银盒、银钵、金银胎漆碟、银平脱朱漆镜奁，装饰繁缛精美，体现了当时的高超工艺。

隋安济桥

隋大业年间（605—618）
全长64.4米，石券顶宽9米
河北赵县隋安济桥

河北赵县隋代安济桥

　　安济桥位于河北赵县南门外约3千米的洨河上，是古代中国南北交通干道上的桥梁。安济桥于隋大业年间（605—618）由匠师李春主持建造，因大桥用石头砌造而成，当地俗称"大石桥"。安济桥位于赵县境内，因赵县古称"赵州"，又名"赵州桥"。1300余年间，安济桥没有间断地为南来北往的行旅客商以及各种运输提供服务。中国古代造桥的工程技术和艺术取得了重大的成就。

　　安济桥桥身全长64.4米，石券顶宽9米，石券脚宽9.6米，并以长37.37米、高7.23米的大弧形石券横跨洨河上，两肩又各有两个小石券，净跨为2.85米和3.81米，这是世界上现存最古的敞肩桥。桥体由平行而紧密并列的28个石券所构成。桥面两侧有42块栏板和望柱，雕刻精美，线条流畅。敞肩桥因石券之间联系不够密切而缺乏整体性，容易向两侧分散倾倒，匠师李春根据汉以来传统方法，在券面上用横向的石板加了一层，并且在券和伏之间加了若干横向的铁条，把这些券拉连在一起，最后还将桥的宽度从两侧往中间逐渐减少，使两旁的各道券都微微向内倾斜。采取这些措施一定程度上克服了各券之间缺乏联系的缺点。安济桥桥券上的弓形券弧线呈60度，桥面坡度平缓，两肩上用两个小券做成敞肩，这些不同的弧线相互支撑，使桥的整体呈现出轻盈利索的形象。据文献记载，每当山洪暴发，河流水量陡增，水势凶猛，这种结构形式可"杀怒水之荡突"，还可减轻桥身自重，节约工料，解决了以前未能解决的问题。桥上原有雕刻精美的栏板，因岁月的侵蚀在河底的淤泥中淹没了几百年，直至20世纪50年代重修河道时才重见天日。

室内高型家具

北魏至隋唐五代（386—960）
甘肃敦煌莫高窟壁画

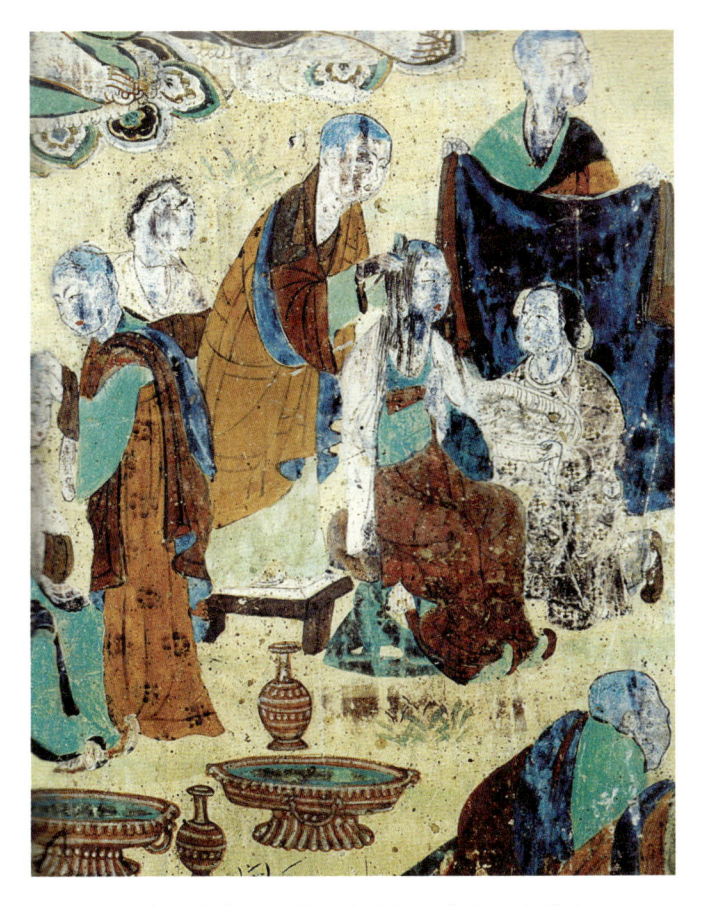

甘肃敦煌第 445 窟（盛唐）人物垂足坐壁画

家具是建筑空间的重要内容，人们在日常生活中不能缺少用来坐、卧或支承、贮存物品的家具。几千年来，家具类型随着建筑的兴起而不断发展。中国家具多由木材制成，具有常使用、易损耗等特点，保存下来的早期家具实物十分罕见。敦煌壁画及相关墓葬壁画为人们研究早期家具发展提供了重要的图像资料。

敦煌莫高窟的开凿持续了千余年。敦煌壁画在描绘佛本生、经传、经变等佛经故事的同时，也有反映人们日常生活的画面，提供了众多的古代家具图像资料，对研究中国古代家具具有重要价值。

魏晋南北朝至五代，两膝向前的跪坐形式逐渐减少，而两腿向前盘曲的箕踞坐式增多，敦煌23窟盛唐壁画法华经变观音普门品中，二人坐于床沿，一腿踞居床上，一腿垂于床沿外，床的左侧和后面有屏风围护。148窟盛唐药师经变图、328窟盛唐时期的坐佛、12窟晚唐时期的供养人像、138窟维摩诘经变图、196窟西壁劳度叉斗圣变图，图中的法师都取跏趺坐形式。晚唐时期还出现半跏趺坐式，如328窟和196窟的半跏菩萨。这时仍保持有跪坐的姿势，如45窟、66窟和217窟有描绘席地而坐的妇女和站立侍从的画面。五代时期，跏趺坐和踞居坐更为普遍，61窟和98窟的四幅维摩诘经变图中，讲经的法师都取踞居坐，所坐床榻也明显较前代宽大。从445窟、85窟中可以看出，中晚唐出现了高型家具和垂足坐习俗，说明高型家具出现后，人们的起居也在发生变化。

这是低型家具向高型家具、席地坐向垂足坐发展转化的重要时期，高低型家具、不同起居习俗同时并存。随着各类家具尺度逐渐增高，新型高型家具品种不断涌现，除汉末传入中土的胡床、束腰圆凳、方凳外，高型椅子和桌子也开始使用。五代时期，各类家具已大体接近现代家具的高度，适合人体垂足坐的高型家具已基本定型。从敦煌壁画中可以看到，床、榻、屏风、桌、椅、绣墩等各式高型家具已普遍使用，人物已完全脱离了席地起居的旧俗。

敦煌壁画图像生动展现了从北魏到五代家具的面貌，反映了当时家具的演变格局和设计特点。受到外来的冲击，经过吐故纳新、新陈代谢，中国古代的家具成功改造了外来家具，并使之顺应政治、经济和日常生活的需要，形成了唐、五代家具的新样式，也为宋代家具的发展、明式家具的昌盛奠定了基础。

第六章 宋（辽金）元建筑

宋(辽金)元建筑概述

10世纪60年代，北宋王朝结束了五代十国时期的分裂局面。与北宋王朝并存的少数民族政权，有东北的辽、西北的西夏、西南的吐蕃和大理等。宋、辽、西夏之间发生过多次战争。1125—1127年，金灭北宋，宋王朝从汴京（今河南开封）迁都临安（今浙江杭州），史称"南宋"。宋、辽、西夏、金时期，政治、经济和文化的重心逐渐转移南方，城市兴盛、经济繁荣、海上贸易频繁、科技进步，为建筑发展奠定了基础。

宋代建筑不以宏伟刚健见长，而以精巧细致取胜。从现存的宋代绘画、壁画和墓葬中可以看到都市建筑兴盛的状况。考古探测北宋都城汴京的大概轮廓，外城呈平行四边形，南、北墙为西北、东南走向，东、西墙略作西南、东北走向。子城大约在内城居中，称"大内"，又称"皇城"，是宫殿所在，相当于前代所称的"宫城"。文献记载大内四面正中各开一门，南面正门宣德门，左右各有一掖门。御道是最宽阔直干道，为全城纵轴。两街应是全城横轴。北宋都城汴京的大内布局沿袭唐州衙和五代宫殿故地，处于城市中央，改变了曹魏邺城以来700余年皇宫居于全城北部中央的传统，开启了辽金至清各代宫城的先例。里坊，或称"里""坊"，是中国古代城市的基层居住单位。里坊制度从汉到魏晋时代日益完备，至隋唐长安城达到鼎盛。城市结构里坊整齐划一，社会不同阶层聚居不同里坊，千百家似围棋局，市民生活实行严格的"夜禁"制度。宋代都城改变了历代采用的封闭式里坊制度，改为沿街设店方式，这是中国古代城市史上一个巨大的转变。汴京城人口逾百万，建筑鳞次栉比，多数为砖木结构，极为精致。雕梁画栋的建筑处处透闪着宋代建筑精细的特色。北宋张择端《清明上河图》以高大城楼为中心，两边屋宇有茶坊、酒肆、脚店、肉铺、庙宇、房屋、桥梁等，生动描绘了汴京都市的繁华景象。

南宋定都临安，临安地形复杂，都城夹在江、湖之间，为南北狭长不规则形，城垣随地形蜿蜒，反映了南方丘陵地区的城市特色。从皇城北面和宁门到武林门，是一条宽阔的御街，称为"天街"，由万余块石板铺成。御街两侧店铺林立，酒楼、歌馆、茶坊、金银铺、彩帛铺鳞次栉比。城内园林建造凭借优越的自然条件，与诗、词、绘画意境结合，寄情深远，造景幽邃，建筑精雅。南宋被蒙古灭亡，皇宫失火焚毁大半，一片苍凉，可以从《南宋地方志·咸淳临安志》所附的临安《皇城图》《京城图》《西湖图》和《梦粱录》等书籍图绘中，想见城市建筑"巍峨壮丽，光耀溢目"的情景。城市建筑与自然山水有机结合，打造了一座园林式的都城。

宋代城市平江（今江苏苏州），南有太湖，大运河绕城而过，四周水网密布，海船可直达城下，交通条件极好，商业十分发达。南宋绍定二年（1229）刻《平江图》碑反映了城市的面貌。城呈南北较长矩形，水流在城下绕为护城河，城内大小河道纵横密布，居宅商店在街道与河道之间，常常是前街后河，河上有桥，水陆街市相通。观风楼是繁华商业大街上的重要景观，报恩寺内大塔（今北寺塔）是此街北端对景。在此街两侧有十多座"坊门"，形如牌坊，上额坊名，立在街口，实际所指是门内的街巷，成为街道和建筑入口处。明清以后牌坊发达，均从此发展而来。寺、塔、楼、店、坊门，加上拱桥帆影、园花岸柳，把这条十里长街装点得活泼美丽、富有生气。

书院制度是中国古代有别于官学的重要教育制度，位于今河南商丘南湖的应天书院、今湖南长沙岳麓山的岳麓书院、今江西九江庐山的白鹿洞书院、今河南登封嵩山的嵩阳书院为宋代四大书院。北宋开宝九年（976）在前代僧人办学的基础上岳麓书院正式创立。岳麓书院古建筑群分为教学、藏书、祭祀、园林、纪念五大区域，是现存规模最大、保存最完好的古代书院建筑群。

宋代寺庙、道观建筑群出现了新的气象。河北正定隆兴寺是现存宋代佛寺建筑整体布局的重要实例。全寺建筑依中轴线作纵深布置，自外而内，殿宇重叠，院落互变，高低错落，主次分明。山西大同善化寺建筑布局合理，斗拱的样式多变，支撑重檐的重量。山西大同华严寺主要建筑均坐西向东，体现了辽代契丹尚东习俗。明中叶以后华严寺分上下两寺，上寺以大雄宝殿为中心，下寺以薄伽教藏殿为中心。下华严寺位于上寺的东南侧。在空间设计上，薄伽教藏殿运用减柱法，使殿内空间增大，殿内更显开阔。华严寺的整体建筑一方面承继唐风，另一方面具有契丹文化地方特色。山西太原晋祠，位于中轴线最末端的主体建筑圣母殿兴建于北宋时期，为宋代建筑的代表作，是中国建筑名著宋代《营造法式》"副阶周匝"（在建筑主体以外另加一圈回廊的做法）制的实例。殿前围廊的八根木雕盘龙柱是我国现存最早的盘龙柱。圣母殿前呈十字形的鱼沼飞梁，始建于北魏，距今已有1500多年的历史，整个梁架为宋代遗物，是我国现存古桥仅见的一座十字形桥梁。杭州灵隐寺是南宋时佛教禅宗寺院具有代表意义的建筑，布局与江南寺院格局大致相仿，全寺建筑中轴线上依次为天王殿、大雄宝殿、药师殿。灵隐寺的殿宇、亭阁、经幢、石塔、佛像等，对于研究我国佛教史、建筑艺术史和雕塑艺术史很有价值。著名的辽代建筑山西应县佛宫寺释迦塔，俗称"应县木塔"，1056年建造，是我国现存最高、最古老的一座木结构楼阁式塔。释迦塔为八角五层全木构塔，高67.3米，塔以第三层面阔为模数，每层高度都和它相等，利用斗拱的变化调整逐层立面比例。此外，辽阳白塔、银川承天寺塔、苏州玄妙观三清殿等分别为辽、西夏、宋的建筑代表作品，表现出地方性建筑和民族性建筑的特点，是研究宋（辽金）代南北建筑差异的重要实例。

宋、辽、金墓葬以模仿地面木构建筑为特点，墓葬内往往配备有齐全的高型家具，说明当时高型家具已相当普及。河南禹州白沙宋墓中赵大翁墓为典型的仿木建筑结构砖室墓，分为前、后两室，前室呈扁方形，墓顶为叠涩式顶，东西壁有壁画，墓门正面有仿木建筑门楼，墓内墙壁砌出柱和斗拱。墓室四壁绘有妇人启门、墓主夫妇对坐宴饮等表现主人内宅生活情景的壁画，这种仿木建筑砖雕壁画墓流行于北宋末年的中原和北方地区，白沙宋墓是这类墓葬中保存较好、结构最复杂的一处。辽宁法库县叶茂台辽墓出土棺床小帐，即棺床，属小木作工艺，仿大木作建筑而造。此棺床小帐出自契丹贵族墓，说明契丹统治阶级生活汉化倾向明显。宣化辽墓中的张世卿墓，由墓道、墓门、前室、甬道和后室五部分组成，内部做出仿木砖雕柱子，柱子上承普拍枋、阑额和斗拱，以及穹隆顶，展现辽代建筑风格。河北宣化辽墓中的张世卿、张文藻墓出土桌、椅、箱、盆架、镜架和柏木棺箱等器具，多为高型家具。

宋代建筑的重大贡献为制定出以"材"为标准的模数制（通过对建筑用材尺寸的统一协调，使之具有通用性和互换性），木构架建筑设计与施工规范化，所有材料都编制在当时官式建筑法规《营造法式》中，《营造法式》成为中国古代建筑集大成的重要文献。《营造法式》把唐代已形成的以枋为模数的大木构架设计方法、其他工种的规范化做法和功料定额作为官定制度确定下来，并附以图样，成为现存中国古代最早的建筑法规和正式的建筑图样，是研究宋代建筑技术的重要史料。从中可以看到，宋与唐相比增加了很多细腻的处理手法和装饰雕刻，室内装修和彩画的种类也比唐代大大增加。宋代是中国传统社会建筑的转型期，对后来的元、明、清建筑产生了深远的影响。

金中都在北京西南广安门一带，中都轴线向北延伸至宫城北门和外城北门，影响了元大都和明清北京都城的营建。1267年元在金中都东北平野上兴建了都城大都，平面呈纵长矩形，轴线统率整个城市布局，城内分别修建皇城与宫城。城内道路取方格网式布置，居住区为东西向横巷，称"胡同"。大都三面各开三城门，宫在南而商业中心钟鼓楼街在宫北，太庙、社稷坛在宫前方左右，显然是比附《考工记》王城制度修建而成。1279年，元灭南宋，以大都为都城。元大都是继隋唐大兴、东都二城后，一座按完善规划平地新建的都城，是按街巷制创建的都城。意大利旅行家马可·波罗于1275年到达元大都，《马可·波罗游记》对元大都的繁荣和元皇宫的雄伟富丽进行了具体描述，传到欧洲引起了强烈反响。

元代疆域广大，民族文化交流频繁，西藏、新疆、中亚建筑风格都传入中原，藏传佛教喇嘛教和伊斯兰教的建筑艺术影响各地建筑，中亚各族工匠带来很多外来因素。北京妙应寺（俗称"白塔寺"），原名"大圣寿万安寺"，塔院正中建有释迦舍利灵通宝塔，是中国现存年代最早、规模最大的藏式喇嘛覆钵塔，其形制源于古印度窣堵坡式，由尼泊尔匠师阿尼哥设计建造，是保存至今的元大都建筑，融合中尼两国建筑风格，对明清两代喇嘛塔有着深远影响。山西芮城永乐宫为元代道教庙观，永乐宫三清殿壁画《朝元图》描绘了群神朝拜道教大神元始天尊的盛况。许多元代融合外来风格的宗教建筑留存至今。浙江杭州的凤凰寺又名"真教寺"，为伊斯兰宗教节庆活动的场所，是结合中国与阿拉伯文化特色建筑风格的礼拜寺。广东广州的怀圣寺光塔则与福建泉州圣友寺、浙江杭州凤凰寺、江苏扬州仙鹤寺并称，为中国的四大著名清真寺。

北宋汴梁城

北宋（960—1127）
河南开封

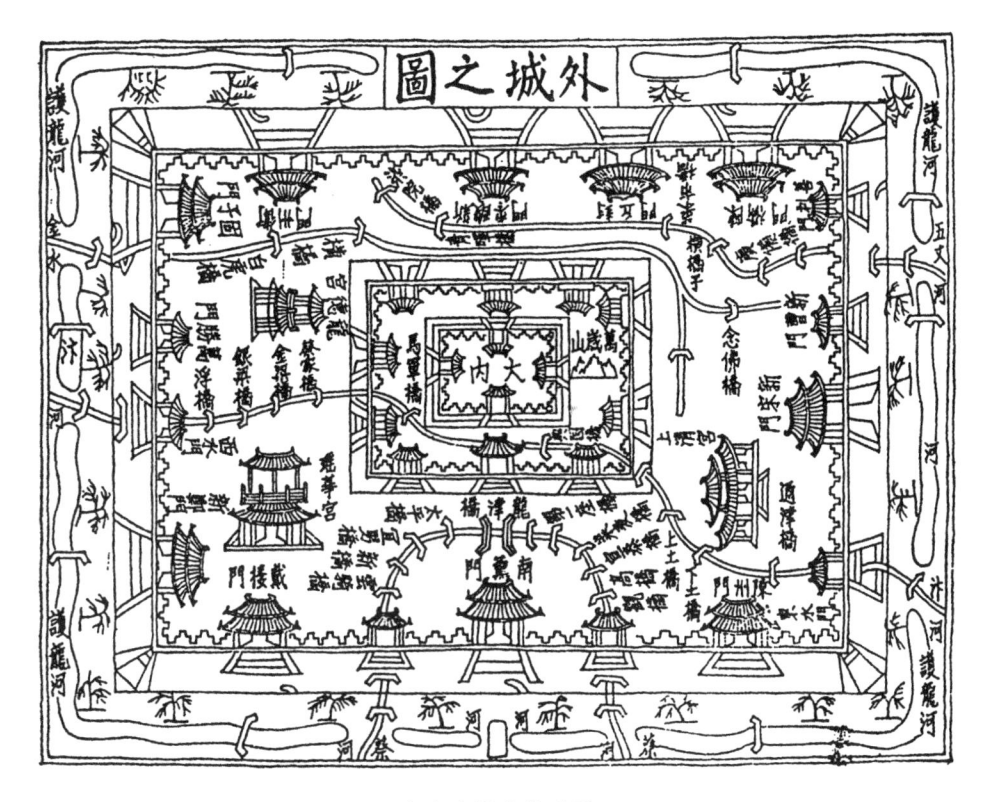

北宋汴梁城复原图

  北宋都城汴梁亦称"汴京""东京"，位于今河南开封，战国时称"大梁"，曾为魏国都城。隋代开凿大运河，汴河与运河相通，汴梁成为沟通黄河与运河的重要交通枢纽。唐时在此设汴州府并为宣武军节度使驻地。五代时除后唐外，后梁、后晋、后汉、后周四代政权都在此设都。后周世宗柴荣对汴梁的城市建设进行较大改造，"京师四面别筑罗城"，形成子城、内城（原州城）和外城三城相套的格局，城市面积扩大为旧有的五倍。北宋定都汴梁，历代皇帝不断改造、扩建城市。如今的汴梁遗址叠压在黄河历次决口的深厚淤泥和现代建筑之下，难以通过考古发掘来判断其准确形制，一些存留下来的历史文献、文物、艺术作品，如宋代画家张择端的绘画《清明上河图》，直接生动呈现了北宋时期汴梁城的形象。

　　文献记载，汴梁城总体上呈南北略长的长方形，从内到外由宫城、内城、外城三重城墙环绕，每重城墙都有护城河保护。蔡河出入外城南墙，汴河从西向东南斜穿全城，金水河和五丈河在全城北部，皆与三重城墙外面的护城河相通。宫城在原有节度使衙署的基础上扩建而成，大体上处于内城中央的位置，打破了隋唐宫城居于全城北部中央的传统，被其后各朝代援引，开启了宋（辽金）至清各代宫城建筑位置居于城中的先例。大内四面正中各开一门，南面正门宣德门南御道正对内城正门朱雀门和外城正门南薰门，是全城的纵轴大街，与现开封市主要大街中山路相重合。州桥北岸有一条东西大街，通向内城东墙的宋门和西墙的郑门，再向外延伸，通向外城的新宋门和新郑门。宣德门前有东西大街，分通内城的曹门和梁门，向外连通外城的新曹门和万胜门。这两条街应是全城横轴。大内东有一条向北的大街，通向内城北墙的封丘门和外城的新封门，也是城市干道。清代顾炎武《历代宅京记》云，汴梁各门"皆瓮城三层，屈曲开门，惟南薰、新郑、新宋、封丘正门，皆直门两重，以通御路"。可见汴梁都城的布局与隋唐都城仍有传承关系，如三城相套、纵横轴线、大内正门正对纵轴大街等。

　　汴梁都城与隋唐都城最大的不同在于外城的布局与居民生活之间的互相作用。外城因应工商业发展而扩展，街道不一定端直，出现多条斜街，形成了以沟通四面城门的井字形方格道路网与放射性街道并存的街道特色。经后周世宗到北宋徽宗近150年的营建，东京城发展为面积超过50平方千米、人口超过百万的大城市，"人物繁阜，市井尤盛""居人百万家"。手工业发展，商业空间拓展，市民阶层兴起，统治者颁布诏令废除夜禁，商业空间逐渐深入坊巷，遍布全城。隋唐通行的居住区与贸易区分离的"坊市制"发展为"街市制""草市制"，标志城市的属性由过去以军事防御、政治统治为主的"城"向以百姓生活、经济贸易为主的"市"转变。汴梁城成为拆除坊墙的开放型街巷制城市，商铺和居户都可面对大街开门，这是中国古代城市史上的一次巨大的变化。

　　河道码头附近和交通要道形成繁华的商业街，如宣德门东的潘楼街、东华

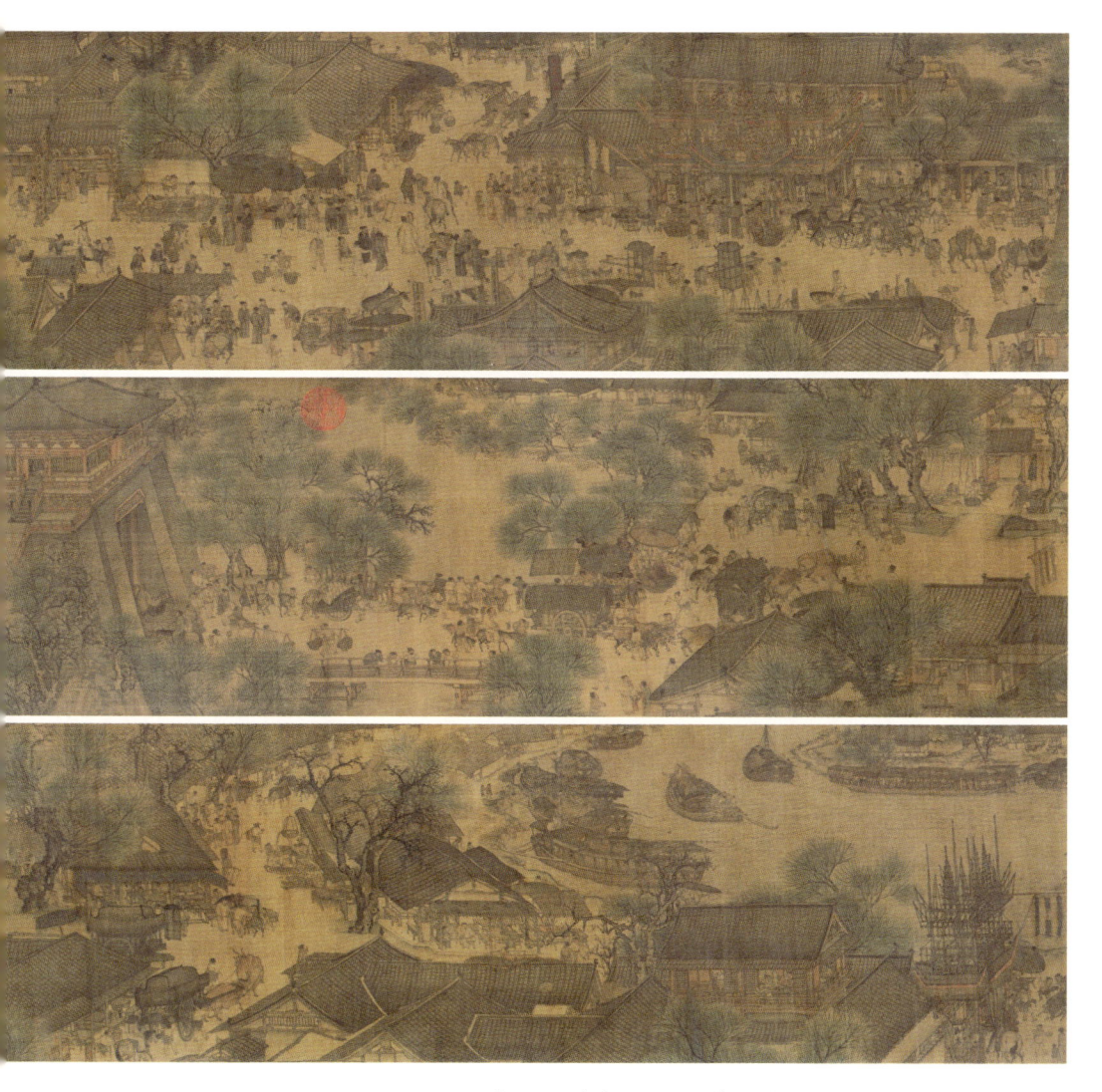

北宋张择端画《清明上河图》局部

门土市子、州桥和州桥东的相国寺附近、内城东南汴河水门角门子和外城东南汴河水门一带等，以东华门外市井最盛。宋人孟元老在《东京梦华录》中描述东京商业贸易之盛："南通一巷，谓之界身，并是金银彩帛交易之所，屋宇雄壮，门面广阔，望之森然，每一交易，动即千万，骇人闻见。"城市社会服务业比较完善，出现专供市民娱乐的游艺场所，创造了新的建筑类型"瓦子"。"瓦子"一

宋《金明池争标图》中住宅园林图

般分表演区"勾栏"和观赏区"棚子"两个区域，规模较大，甚至可以容纳上千人观看演出。因人口与建筑密度很大，城中建有若干望火楼防备火灾，各坊巷设置军巡捕屋，随时巡回和救火，这是宋以前城市所未有的。城中绿化继承隋唐长安、洛阳的传统，在街道侧栽植各种果树，御沟内植荷花。

保存于北京故宫博物院的宋代画家张择端的画作《清明上河图》，再现了北宋末年汴梁都城的繁荣景象。画卷长达5米多，高0.25米。据统计，画中有各色人物810多个，牲畜94头，房屋楼阁100多间，树170多棵，大小船舶20多艘。画卷将东京街市的买卖盛况、沿街房屋的建筑特征、河面上的虹桥、船夫们的紧张劳动等，勾画得细致入微，观之"恍然如入汴京，置身流水游龙间，但少尘土扑面耳"。研究者认为，该画描绘的是东京城东南沿汴河地区，西起城外郊区、东至东水门内商业街道一段。张择端是北宋末到南宋初年人，曾供职翰林图画院，据《清明上河图》卷后题跋可知，张择端"游于京师"，"后习绘事"，"本工其界画，尤嗜于舟车市桥郭径"。"界画"因作画时以界尺作线而得名，以描绘宫室楼台为主要题材，这种画法起自唐、五代之时，出自建筑工匠，某些界画可直接用作施工图。通过界画这种精确描述建筑细节的绘画，可以窥见北宋城市建筑的特点，城市中并非只有几处固定的市场，而是沿河道和街道布满了旅店、饭馆、商店、酒肆、药铺等各种商业建筑，店肆林立、酒旗招展、临街叫卖、客似云来。大型商业楼阁与小型门面店铺相间而设，商业区与住宅区混合设置在一起，《清明上河图》中有几家商铺后院就是住宅。城市人口剧增，商业用地宝贵，临街酒楼多为二三层的楼阁式建筑，临街房屋也有二至三层。商店的前部还建有如广告牌楼的"彩楼欢门"，从《清明上河图》中的商铺可见。城市街道狭窄，建筑肆意沿街发展，史籍中所载的"侵街"现象，在《清明上河图》中也有体现。

北宋汴梁城城市住宅园林兴盛。金明池位于汴梁都城西门顺天门外路北，与路南的琼林苑相对，宋太宗太平兴国元年（976）人工开凿。金明池作为皇家御园，既是皇帝游玩之处，也是供市民观赏禁军演练水战的场所。北宋汴梁城在区域划分、公共设施、商贸服务等方面都取得了新的成就。遗憾的是，这座兴盛的城市发展只维持了百余年，便因金兵的入侵而衰败。

南宋临安城

南宋（1127—1279）
方圆 4.5 千米
浙江杭州城南凤凰山南宋皇城遗址

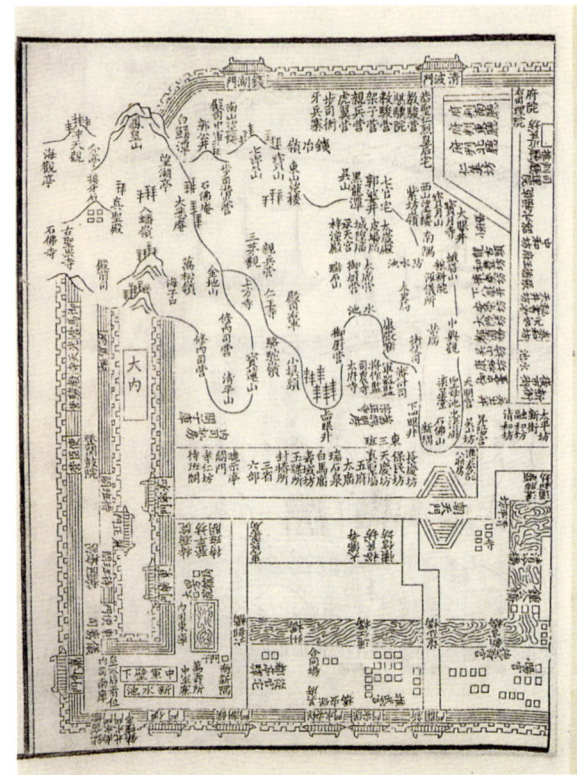

《咸淳临安志·京城图》

　　临安（今浙江杭州）建城于隋代，东南临钱塘江，西接西湖，城南有凤凰山和吴山，城内有多条河流经过，水运便利，经历代开发，民富物殷。北宋亡于金后，南宋高宗赵构以此为都城，在北宋州治旧址修建宫城禁苑。南宋皇城遗址东起凤山门，西至凤凰山西麓，南起笤帚湾，北至万松岭，方圆4.5千米。元至元十四年（1277）因为民宅失火延及，焚烧殆尽，明代已为废墟，现相关文物部门正在遗址进行考古发掘。通过文献和图像记载可以了解当时临安城的繁荣景象。

临安本属典型的南方水乡城市，地理环境复杂，使得其城市布局不像中原城市那样规整，各种房舍顺南北向的河道设置，形成狭长的城市带。城有12座城门和5座水门，可供小河道穿城而过。南宋以隋唐州衙所在的子城充作宫殿，亦同汴梁一样称"大内"，宫室规模及大内面积仅及北宋东京皇宫的四分之一。大内以南门丽正门为临安城正门，东为东华门，自北门和宁门向北有大街纵贯全城，分三道，称"天街"，商店集中，是临安最主要的商业街。城市的大部分都在北部，和宁门才是真正的临安城正门。因地形曲折，小街小巷屈曲弯转，不求端直，反映了南方江河丘陵地区的城市特色。外城又名"罗城"，在五代吴越城的基础上扩建。城墙高达三丈，厚约丈余，城外绕以十余丈宽的护城河。外城有13个城门，其中便门、东青、艮山等门皆建有瓮城。

南宋定都临安，获得了百余年的和平岁月，社会经济发展，到南宋末年，临安已发展成为具有100多万人口的繁华都市。后世可从《咸淳临安志·京城图》等书的描述中，想见当时临安城巍峨壮丽的盛况。如同汴梁，临安城亦无里坊之别。从皇城北面的和宁门到武林门的御街由15300块石板铺成，两侧店铺林立，酒楼、歌馆、茶坊、金银铺、彩帛铺鳞次栉比，买卖通宵达旦。一如《梦粱录》所说："杭城大街，买卖昼夜不绝，夜交三四鼓，游人始稀，五鼓钟鸣，卖早市者又开店矣。"此时城中已经出现了行业性的商业分区现象。城内有"瓦子二十三座"，瓦舍勾栏中，百戏杂技、说书讲史终日喧嚣不已，如同北宋东京景象的重现，有过之而无不及。沿西湖一带及城内，有不少皇家苑囿及私家园林，风景秀美，精巧雅致，安逸舒适。

南宋政府大力发展水上贸易，其周边的港口小镇也不断扩展，成为临安的卫星城，时人称之为"镇市"和"草市"。镇原是驻军地，逐渐形成有一些常住居民的固定贸易市场。临安属县有北郭市、江涨东市、湖州市、江涨西市、半道红市等15个镇市。都城周边的镇市与草市是支持大中型城市发展的重要因素。

中国建筑经典

南宋平江城

南宋（1127—1279）
矩形，城周约 15 千米
江苏苏州

南宋《平江图》石碑

　　平江（今江苏苏州）地处长江下游，南有太湖，大运河绕城而过，四周水网密布，海船可直达城边，陆上交通也很方便，南通北达，扼守交通要道。平江历史悠久。春秋时代吴王阖闾元年（前514），吴王阖闾命伍子胥在此建阖闾城，其后沿替不废。唐代平江繁华，人称其繁雄远胜杭州。北宋时，金兵入侵使城市遭到极大破坏，南宋又得到恢复。平江西北达汴梁，东南通临安，有利于商业的发展，很快成为居民10万户以上的大城市。现存刻于南宋绍定二年（1229）的《平江图》为宋代平江府府城，即今江苏苏州主城区的石刻地图，图纵2.74米，横1.42米，单线阴刻，该碑相当准确地反映了南宋平江的面貌。

平江城呈南北较长的矩形，城周约15千米，城墙略有转折，水流在城下绕为护城河。城墙砖砌，列建马面（凸出于城墙体外侧的墙台，主要用于城市防御，因其外观狭长如马面而得名）。据《平江图》碑所刻，南宋时平江有五座城门，东面二门，北面、西面各一门，南墙西端一门，称"盘门"。只有盘门有城楼，其余四门皆无。跟南宋临安相似，各城门旁都有水门，引水入城。平江水道在唐代已经形成，宋朝时城内河道发展为六纵十四横。其中主体河道三横四直，总长达82千米，可往来舟楫、运输货物，称为"水街"。街道与水道平行，纵横构成"井"字网格，住宅及商铺就在街道与河道之间，通常是前街后河，水陆交通网络完备。河中舟行似车，可供交通、商贸。城中广布水道在江南水乡是常见的，如杭州、常熟、绍兴等皆然，只是平江水道特别多且历史久远，严整而有规划。河上多有弓形石拱桥，大小桥梁约300座，桥梁不仅方便了居民的往来，也为城市增添了独特的美感。

平江子城在城内中心略偏东南，矩形，有城墙，规模颇大，是府治所在。仍以南门为正门，门为倒凹字形宫阙式，上有城楼，门南正对大街，街左右集中设置其他衙署，门前有横街，街两端各建一座牌坊，强调了子城的地位。大型建筑群正门前的这种布局，为后世金、元、明、清的衙署及王府建筑常用。

运河环绕城外西、南二面，接待来往官吏和外国使臣的馆驿位于城西南的盘门内。储藏米粮的仓库和米市在馆驿的东侧一带。再往东北则是繁华的商业区——乐桥，有各种商店、酒楼和旅舍。城的南北两端分别有南寨和北寨两所兵营。其余部分是住宅、寺观、商店、作坊等。城内外有著名的风景区虎丘、石湖、桃花坞等。平江城内的街道因水道的影响无法规整对称，转折弯曲，颇为雅致美观。面临大街有许多高大建筑，互相呼应，遥相引望。街两旁还有坊门等装饰。这些高大建筑比较均匀地分布于全城，使全城的立体轮廓富于变化又显出整体的有机构成。如观风楼就是城南西门繁华商业大街上的重要景观。报恩寺内的大塔（今北寺塔）是此街北端对景。在此街两侧或跨街有10多座坊门，形如牌坊，上有坊名，虽名曰"坊"，实际上是门内街巷的"名牌"与点缀。街上布满酒肆茶楼和售卖谷米鱼禽、绫罗绸缎等各种店铺，行人往来如织。寺、塔、楼、店、坊门，拱桥帆影，园花岸柳，把长街装点得十分活泼多趣而富于生气。

《平江图》是中国现存最大、最完整的古代碑刻城市平面图，为中国古代城市建筑和苏州城市研究等提供了重要参考资料。

西夏黑水城

西夏（1038—1227）
东西长470米，南北宽384米，总面积18.05万平方米
内蒙古额济纳达来呼布西夏黑水城遗址

内蒙古西夏黑水城遗址

黑水城，蒙古语称"哈拉浩特"，位于干涸的额济纳河下游北岸的荒漠上，距今内蒙古自治区阿拉善盟额济纳旗旗政府所在地——达来呼布镇东南方向25千米。党项语中"黑水"为"额济纳"，黑水河经此地形成内陆湖居延海，有726平方千米的宽广水域。在三面临水的绿洲之中，大量居民在这里耕耘牧猎、繁衍生息，此地渐渐成为北方草原游牧部落和南方中原农耕部落开展物品交易、互通有无的贸易集散地，很早就建成了小规模的城堡。它是河西走廊通往漠北的必经之路和交通枢纽，战略地位极为重要。西夏建国后，为防东面辽国和漠北蒙古的侵入，在此设置了黑水镇燕军司，先后调集了两个统军司来驻守黑水城及整个居延地区，并将大批人口迁到黑水城一带定居，他们在当地屯垦造田、生产粮

食，以满足军民的生活需要。至此，黑水城不再是一座单纯的军事城堡，逐渐变成经济、文化较为发达的城市。官署、民居、店铺、驿站、寺院，以及印制佛经、制作工具的各种作坊布满了城区。这种情况大约持续了200年之久。西夏乾定三年（1226），北方蒙古汗国成吉思汗率领大军征伐西夏，攻克了黑水城，城市的繁华景象凋零。

元灭西夏之后，设"亦集乃路总管府"管辖这一地区及西宁、山丹两州。黑水城处于交通要冲，元朝统治者不仅派遣了大量军队来黑水城驻防，还从各地迁来许多汉族和蒙古族人，经过数十年，屯田近万亩，手工业、商业也得到了恢复和发展。元至元二十三年（1286），元世祖忽必烈在原有的基础上对城市进行了扩建改造。扩建后的黑水城，东西长470米，南北宽384米，面积超过18万平方米，是原来城市面积的3倍，城墙高达10米，城内有登城马道7条，设有宽约6米的东、西城门2座，城门外加筑了瓮城。四面城墙的外侧还修筑了马面、角台等御敌建筑，以加强城市的防御能力。全城分为东、西两部分：西城为军政官署和寺庙等宗教活动场所，东城为吏民和军队居住区及仓库等。有直通城门的东、西大街和南北街巷组成的整齐街道。街道两侧布满了各种店铺，有饭馆、酒店、客栈、钱庄、杂货店、衣帛行、马具作坊等，并有马市、柴市及交换农牧产品的互市场所。黑水城俨然成了元朝西部地区的军事、政治、文化中心。

黑水城城内十分繁荣，城外也有百姓集中的居民区和繁华热闹的街市，西南角还建造有伊斯兰教拱北一座，穆斯林习惯将苏非派导师、门宦始祖、道祖、先贤等人的陵墓称为"拱北"。当时居住在黑水城一带的固定人口有七八千人之多，多民族聚居，有佛教、道教和伊斯兰教等不同的宗教建筑。其中以佛教建筑最多，占地面积最大。西北角的城墙上，至今还耸立着5座宝瓶式的佛塔。最高的一座达13米。佛塔用土坯垒成，虽经数百年的风沙侵袭，今天依然耸立云端，成为黑水城独具魅力的标志。

公元14世纪后期，昔日的绿洲被沙漠吞噬。昔日繁华的黑水城也变成了一座废城。如今，黑水城遗址是汉唐丝绸之路以北保存最完整的一座古城遗址，留下了黑水城的大致轮廓与大量的珍贵文物，包括2万多枚居延汉简、8000多件

（册）黑水城西夏文献、西夏的第一部西夏文中文双语字典——《番汉合时掌中珠》、西夏彩绘双头佛和元代纸币等。黑水城遗址还发现了元代伊斯兰教信徒的数百座墓葬，出土了元代阿拉伯伊斯兰教徒的木乃伊，是继西夏文化发现后的又一重大发现。黑水城是研究西夏文化、居延文化的代表性城池，也是早期伊斯兰文化在中国传播的重要发祥地。

岩山寺文殊殿壁画中的建筑

岩山寺创建于金正隆三年（1158），壁画完工于金大定七年（1167）
壁画现存面积约90平方米
山西繁峙岩山寺文殊殿

山西金代岩山寺文殊殿壁画之宫殿图

　　山西繁峙岩山寺创建于金代，原名"灵岩寺"，南殿即文殊殿，是寺内仅存的金代遗构。据殿内四壁的壁画题记和寺内碑碣考证，文殊殿由金代御前承应画匠王逵主持绘制，完工于金大定七年（1167）。壁画技艺精湛、内容丰富，描绘了当时流传的佛教故事、社会生活场景、建筑、舟车、乐舞等，具有很高的历史和艺术价值。壁画中绘制的大量建筑形象，大大丰富了人们对于宋金时期城市建筑与宫廷建筑的认识，是研究中国古建筑发展史不可多得的图像资料。

岩山寺壁画中的建筑画主要分布在文殊殿的东、西、北三壁，内容以宫廷建筑阙、殿为主，还绘有塔、庙、楼、阁等建筑。

岩山寺文殊殿东壁画面采用通景式构图，绘有中印度古王国、旧称"迦尸国"的波罗奈国皇城宫殿，外围用砖砌城墙，正面开三个城门道，城门道上有三开间五脊顶的城楼一座，左右斜廊相连，斜廊外端与垛楼相触，垛楼前方有廊，与城门前左右两边的子母阙相衔接。垛楼外侧有廊庑通向城门角楼，角楼基座正是城墙的折角处。

西壁绘有迦毗罗卫城净饭王的皇宫城阙，城门建在高大的城墙上，高耸的城门墩上开有三个方形门道，门道上建有重檐歇山式城楼一座，四周回廊，两侧都建有单檐歇山式屋顶的挟屋，向外直通重檐歇山式的垛楼，垛楼向前有回廊与阙楼相连。城楼的总体平面呈凹字形，与东壁的波罗奈国皇城宫殿的阙规制相同，建筑更为豪华。这种城门由外向内收缩的建筑形式，属于唐宋以来宫廷门庑的固有建制规模，也与史料记载的金中都建制相似。

文殊殿西壁壁画中，城墙自南门两侧向前延伸，西阙楼建在西侧城墙前沿的拐角处。西阙楼下有平座勾栏，上盖重檐歇山式屋顶，楼身透空，四周无壁，亦无隔扇装修，由16根木柱支撑阙楼。西阙楼檐下斗拱承重，屋顶脊饰华丽。西阙楼形制壮丽，结构规整，是一座相当完整的宋金时期的楼阁式建筑。

文殊殿西壁描绘了佛教故事：释迦牟尼成佛之前的宫廷生活和放弃太子地位后出家修行的经过。画面将整个故事安排在古印度迦毗罗卫城净饭王的皇宫内。从形制分析，这组宫殿建筑群壁画实际上是宋金时期宫殿建筑的缩影。画中宫城规模清晰，大体布局为中路前朝后寝，东、西路为后妃、太子寝殿及御花园。四面设有门庑，有环廊连绕。东、西、北三门有云气遮盖，门道、城楼、脊饰隐约可见。南面开三道方形城门，并各建门楼一座，两边还有挟屋相胁。东、西二门位于宫内前殿两侧，门下台阶较高，门庑台基中心凹下，与室外地面相平，称"阶断砌"。宫内主要殿宇分为前后两座，其间有廊连通。前殿面阔、进深各三间，为重檐歇山式屋顶，台基高凸，勾栏环绕，前后明间筑有台阶，阶前设有月台，月台外沿亦设勾栏环绕，正面封闭，两侧开辟踏道通行。殿身前檐空廊一间，两层檐下皆施斗拱出挑，下檐五铺作一抄一昂［铺作即斗拱，由水平放置的方形斗、升和矩形的拱以及斜置的昂组成。翘（华拱）或昂（斗拱向外出跳构件）每向内或向外挑出一层，称"一跳"。宋代斗拱出跳的铺作数为出跳数加3。斗拱向内外各出二跳，称"五铺作"。宋代也将出跳叫作"抄"，每出一跳叫作"一抄"。宋代对斗拱的表示方法常为"几铺作几抄几昂"］，上檐六铺作单抄重昂。殿顶举折较高，遒劲整饬，黄色琉璃瓦顶，脊饰吻兽皆备，翼角处小兽三枚，外端还装有套兽，全部饰以沥粉贴金，富丽精致。后殿为楼阁式，面阔、进深各五间，两层三檐，重檐歇山式，中置平座，上下都设有勾栏，是这座宫城的主体建筑，金、元宫中称之为"香阁"，其勾栏、望柱、云板和花牙，均与《营造法式》相合。殿之上下两层皆环廊一周，内安格子门，门外又垂以竹帘，侍女做卷帘状。后殿斗拱四种，抱厦及下檐为五铺作单抄单昂，平座为六铺作三抄，上层下檐为四铺作一抄，上层上檐为六铺作单抄重昂。殿顶举折陡峻，鸱吻高竖，悬鱼、博风贴于两际，巍峨壮观之势冠于全宫。

东壁北隅有一组云雾缭绕之中的殿堂楼阁，与画题内容"鬼子母本生"（鬼子母，即佛教中的一位母亲神，最初产生于犍陀罗地区，是公认的孕产妇女与孩童守护神）相印证，应为王舍城宫殿。主体建筑高2层，为重檐、十字九脊顶楼阁。在主体建筑前还有一个露出歇山式屋顶的宫门，宫门左右两侧设有挟楼，为单檐歇山式屋顶，略低于主楼。楼前左右两侧建歇山式配殿，左侧重檐，右侧单檐，并向后出龟头屋（即"抱厦"，是指在原建筑之前或之后接建出来的小房子）。各殿斗拱皆为五铺作，除平座上为双抄外，余皆一抄一昂。

岩山寺文殊殿东、西两壁壁画中的宫殿，十字脊重檐的阙楼，工字形平面，前殿重檐，后殿二层楼的主殿，都与宋汴梁的宣德楼相似，仅改变了子阙的方向，使之与正楼垂直。岩山寺文殊殿壁画正是现实中受宋汴梁宫殿建筑影响的反映。岩山寺文殊殿壁画还有塔、庙、楼、阁等建筑类型的描绘，皆为宋金风格，显示出北宋汴梁、金朝中都的都城街市建筑风貌。

夏永《滕王阁图》《岳阳楼图》中的楼阁

元代（14世纪中）
《滕王阁图》散页，绢本，纵25.5厘米，横26厘米，现藏于上海博物馆
《岳阳楼图》册页，绢本，纵24.4厘米，横26.2厘米，现藏于北京故宫博物院

元夏永画《滕王阁图》散页

元代画家夏永，钱塘（今浙江杭州）人，擅绘界画，存世作品有《滕王阁图》《岳阳楼图》等。界画是指运用界笔直尺画出线条，多用于绘制亭台、宫宇、楼阁等。画家夏永运用擅长的界画技法，为后世保留了元代的滕王阁、岳阳楼等建筑的形象。

中国文化重视人与自然的融洽相亲，临江、临湖地段，山势高处适合眺望，常建楼阁，以便"得景"。滕王阁、岳阳楼与黄鹤楼，并称为"江南三大名楼"，就是为"得景"所建，楼阁与自然和谐呼应，本身也成为被观赏的对象，此为"成景"。滕王阁在江西南昌赣江江畔，始建于唐代，宋、元、明、清历代屡废

屡兴，今天的滕王阁系第29次重建。岳阳楼在湖南岳阳洞庭湖东岸，楼前身为三国时期鲁肃在巴陵山上修筑的阅军楼，宋庆历五年（1045）重建，后又于明崇祯十一年（1638）毁于战火，翌年重修，清代多次进行修缮。今天的岳阳楼是在清光绪六年（1880）岳阳楼大规模整修的基础上重建的，早已不复旧观。

夏永《滕王阁图》藏于上海博物馆，布局采用了由南宋"马一角""夏半边"变化而来的构图方式，气势雄伟壮阔。阁台重重，层层叠进。主阁高耸，重檐歇山顶，出腰檐，立柱回廊，四围栏杆，许多游人倚栏眺望。下方出配阁，立高阶之上，单檐歇山，可由此登阁。左方亦有高台上的配阁，重檐歇山，悬于江流之上，亦有平座栏杆可供观景。阁右掩映于树木葱茏之间。此阁共有20余个内外转角，结构轻巧，造型华美。观光游人，形态各异。远眺群山起伏连绵，江流浩渺；近处高木掩映，怪石嶙峋。左上方碧空如洗，画上精楷细书《滕王阁序》。全图严整细腻，比例得当，运笔一丝不苟，准确精到，代表了元代界画的创作水平。

夏永《岳阳楼图》藏于北京故宫博物院。岳阳楼建于城墙之上，两层三檐，顶为九脊歇山，脊饰龙吻，钱脊上有5个蹲兽，屋顶下有6攒斗拱相托、一、二层脊饰与屋顶相似。二楼内设有门窗，周有回廊平座，每面有檐柱4根，廊柱8根。回廊下每边有8攒斗拱相托。一楼四周建有突轩，均为歇山顶，翘首、脊饰与主楼相同，内设回廊，每面有檐柱4根，廊柱6根，突轩下亦有6攒斗拱相托，主楼第一层细部结构因被北面突轩遮挡，无从知晓。北面突轩外有一小亭，小亭东面有五级台阶，明间立柱较粗，四周由细木条围护，里面装板，北面有一敞开的槛窗，顶为歇山式，全图结构布局严实，形貌蔚为壮观。画上小楷书题《岳阳楼记》共23行，末款"至正七年四月二十二日钱唐夏永明远画并书"。

隆兴寺

始建于隋文帝开皇六年（586）
占地面积 5 万平方米
河北石家庄正定隆兴寺

河北正定北宋隆兴寺摩尼殿

　　隆兴寺是现存宋代佛寺建筑布局的重要实例之一，寺址在河北正定，原是东晋十六国时期后燕慕容熙的龙腾苑，隋文帝开皇六年（586）在苑内改建寺院，时称"龙藏寺"，唐朝改为"龙兴寺"，清朝又改为"隆兴寺"，现今保留的布局与建筑样式为北宋时扩建而成。寺中沿中轴线布置了天王殿、大觉六师殿、摩尼殿、戒坛、大悲阁、弥陀殿等，另东、西配置了慈氏阁、转轮藏及两座御碑亭。隆兴寺是一座占地5万平方米的巨大寺院，整个建筑群高低错落、主次分明，属于典型的以高阁为中心的佛寺建筑，总体布局保留了宋代的规制，是我国现存较早、规模较大而保存完整的佛教寺院之一。

隆兴寺以佛香阁为中心，阁高33米，面阔七间，进深五间，为五重檐三层楼阁，始建于宋初开宝年间（968—976），现名"大悲阁"。内有宋开宝四年（971）所铸的四十二臂千手千眼观音立像，高20多米，是中国现存最高大的铜铸像，惜两侧40只铜手臂均被毁，已改为木制，仅前胸两臂为原铸。主要建筑分布于南北中轴线及两侧，形成纵深三进佛院。寺前迎门有一座高大的琉璃照壁，经三路三孔石桥向北，依次排列三进院落：第一进院落中有天王殿、大觉六师殿，左右有清代加建的钟鼓楼；第二进院落正中是摩尼殿，有左右配殿；穿过戒坛进入第三进院落，主殿是佛香阁，原本左右分设御书楼与集庆阁，与佛香阁以飞桥相连，现仅留遗址，今佛香阁前左右分设转轮藏阁与慈氏阁。寺院最北面是弥陀殿及其附属建筑，有康熙御碑亭、乾隆御碑亭等。寺院围墙外东北角，有一座龙泉井亭。寺院东侧的方丈院、雨花堂、香性斋，是隆兴寺的附属建筑，原为住持与僧徒居住的地方。

隆兴寺最具代表性的建筑是第二进院落中的摩尼殿。该殿始建于北宋仁宗皇祐四年（1052），是现存最早的呈现宋代木构建筑规制的实例，占地1400平方米，殿面阔、进深都是七间，殿身中央为重檐歇山顶，抱厦的歇山面朝前成为四面的入口，俗称"龟头屋"。整个屋顶由32条屋脊穿插而成，结构复杂，檐下斗拱宏大，分布疏朗，柱子粗大，有明显的卷刹（将构件的端部砍削成缓和的曲线或折线，使其外形显得丰满柔和）、侧角（为加强建筑的整体稳定性，建筑最外一圈柱子的下脚通常要向外侧移一定尺寸，使外檐柱子的上端略向内侧倾斜，这种做法叫作"侧角"）和生起（檐柱自中央向两端依次升高，使檐口呈一缓和优美的曲线，这种做法称为"生起"）。给人以水平柱子两头高中间低、垂直柱子上端渐向内收的观感，均与宋代的《营造法式》相符。这座殿堂的各补间铺作都添加了45度的斜拱，在已知宋代建筑中是首例。正方形殿身的南面出三间抱厦，其他三面各出一间抱厦，使整个建筑平面呈十字形，现存古建筑中非常罕见。我国古建筑专家梁思成发现摩尼殿后大加赞誉，称其为"世界古建筑孤例"，认为这种布局除去北京故宫紫禁城角楼外，只在宋画里见过。这是一幢难得的建筑实例。

隆兴寺另一座特别的建筑是第三进院落的转轮藏阁。此阁建于宋朝，与晋祠大殿十分相似，保留着突出的宋代建筑特点。殿中央放着一个可以推动的、直径7米的木制转轮藏，分为藏座、藏身、藏顶三部分，中间设一根10.8米的木轴上下贯穿。这是为了方便那些不识经文的信众与僧侣而设。据说推动转轮一周与诵读一遍经卷的功德相同。为了保证其正常转动，设计者对建筑顶部的结构进行了改动。转轮藏阁原为重楼建筑，设计者令其上层列柱保持不变，在原应腾空的中部不设内柱，而是使这部分柱子上部出斜撑，下部做成十字形开口插在下层柱头的斗拱中，使上下层木柱连为一体，下层室内前后金柱均向外侧移，以便留下足够的转轮空间。这种建筑方式，属于宋辽时期常见的"叉柱造"（或插柱造）。

与转轮藏阁相对设于佛香阁左右的慈氏阁，结构也有特殊之处，建制与尺度略等同于转轮藏阁，内部有高大的观音像贯穿二层。为了获得通畅的堂前空间，慈氏阁上部设置了镂空楼，底部则采取了减柱法。减柱法是指为了增加空间通透性，通过减柱、移柱的方式简化木结构的建筑方法，也是宋（辽、金）元时期常用的建筑方法。

独乐寺

重建于辽圣宗统和二年（984）
占地总面积1.6万平方米；观音阁面阔20.23米，高22.50米
天津蓟州辽代独乐寺

天津蓟州辽代独乐寺观音阁全景

　　独乐寺，又称"大佛寺"，位于天津蓟州，是中国仅存的三大辽代寺院之一。相传始建于唐，辽圣宗统和二年（984）重建，现尚有山门及观音阁两处的木构部分为辽代所建的原物。观音阁外部总高22.50米，面阔五间，宽20.23米，进深四间八椽，深14.26米。台基为石砌，低矮且前附月台，各层柱子从中心柱向外逐渐升高，并略向内倾斜，有明显的侧脚（把建筑物的一圈檐柱柱脚向外抛出、柱头向内收进的做法，其目的是借助于屋顶重量产生水平推力，增加木构架的内聚力，以防散架）和生起（建筑物立面上檐柱自中央由当心间向两端依次升高，使檐口呈一缓和优美的曲线的做法），使建筑中的柱子都具有向心力。为了

防止结构变形，观音阁内的支撑柱因所在楼层和位置的不同，在侧脚和生起幅度的设置上有着复杂的变化。平面形式采用了宋《营造法式》中所称的"金厢斗底槽"式，即平面由两圈柱网支撑，外圈前后各六柱，两山各两柱。屋顶外观为坡度和缓的歇山式，但其内部采用较高的殿堂等级架构而成：底层出斗拱和下檐，中层出斗拱和平座（即楼阁上的出檐廊），上层出斗拱和下檐，层层相扣。该建筑上下檐出挑不同（上檐出，即檐头挑出由飞椽前端至檐柱中的水平距离。下檐出，即挑檐檩的中线至台基边缘的水平距离，等于上檐出的3/4—4/5），下檐是四挑华拱挑出（华拱，即垂直于立面、向内外挑出的拱），上檐却使用双抄双下昂挑出（"双抄"指二个华拱，"双下昂"指二个下昂。出挑、挑出两个华拱两个昂）；出檐的长度相等，而檐口的高度不同，上檐出挑的高度略小于下檐出挑的高度。尤为巧妙的是下昂的后尾正好压在屋顶的梁架下，强化了外檐斗拱与屋顶结构的整体性，也形成了独特的外观美感。利用下昂和华拱出挑伸出长度相等而举起高度不等的特点，可以调整屋顶坡度，这是唐以来在单层与多层建筑上常用的方法。观音阁在造型上兼有唐代雄健和宋代柔和的特色，是辽代建筑的重要实例。

观音阁外观仅有两层，但因为建筑中部的腰檐和平座遮掩，中间为暗层，故实际结构层为三层。结构形式与应县木塔类似，内部空间构思独特，三层连通为透层空间，以容纳一座高达16米的十一面观音像。观音塑像离天花藻井仅一米多，空间局促，工匠独具匠心地将天花上部做成三角平阁小格子的八角形藻井，配以八根向外放射的椽架，使藻井既具一种向上升腾的动态感，又解决了佛像顶部空间压抑的矛盾。考虑人们仰视观音像的视觉特点，观音像身躯略向前倾，并将藻井位置略加调整，避免人们观赏佛像面部时而引起的透视变形问题。建筑物仅在上层正面采光，使昏暗的佛像仅在头部明亮，这种手法受到佛教石窟早期造像的影响。阁内结构围绕中间的巨型观音像，28根立柱作横六竖五排列，中间空出两根供塑像之用，全部立柱形成内外两周，用梁桁、斗拱、榫卯联结成一个整体，上下各层的柱子并不直接贯通，而是上层柱插在下层柱头斗拱上，此为"叉柱造"式样。为了加强构架的结构强度，暗层（二层）以上做成六边形空井，暗层（二层）外槽空间加斜撑，而底层井口又做成方形，这样不同形状的形体相贯，必然能增强构架的刚性，可防止空井构架的变形。建筑上下形成四圈稳固的结构层，每一结构层的框架加入斜撑、叉手等进行加固，整个楼阁具有很强的一体性，结构稳定牢固，巍然屹立，历经28次地震而屹立不倒，显示了辽代木结构建筑技术的卓越成就。

奉国寺

始建于辽开泰九年（1020）
占地面积约6万平方米
辽宁锦州义县辽代奉国寺

辽宁锦州辽代奉国寺入口

奉国寺是现存辽代三大寺院之一，原名"咸熙寺"，地处今辽宁义县，始建于辽开泰九年（1020）。咸熙寺为辽代的皇家寺院，占地面积约6万平方米。金代改为"奉国寺"，该寺内的主体建筑——大雄殿供奉七佛，故而又称"大佛寺"或"七佛寺"。大雄宝殿台基高3米，前带月台。五脊单檐庑殿式。面阔九间，宽48.2米，进深五间十椽，深25.13米，建筑总高21米，建筑面积约1829平方米。这种单层高大木结构建筑在我国古代建筑中并不多见。大雄殿的梁枋上还有飞天、荷花、海石榴、草凤等辽代彩绘，飞天面相丰润，衣饰缤纷，姿态优美。四面墙上有元、明历代描绘的十佛、八菩萨、十一面观音及十八罗汉壁画，虽历经沧桑，依然保持原有的风韵。

大雄殿建筑采用宋（辽金）元时期流行的"减柱法"，利用三层柱网来支撑屋顶梁架，其中最外层一圈柱子被砌入实墙之中，并省去了内部正对着入口的前檐柱，同时在东西山墙和后檐各留出一间作为内部通道，据估计，比依照模数应有的32根内柱足足少用了12根，极大地扩展了殿内空间。

　　相比辽前期的建筑，大雄殿在结构上有所简化与创新。大殿梁架为四柱三梁式，内柱略高于檐柱，甚至殿内前后两排内柱的高度也不相同，这种做法完全打破了唐以来形成的建筑模式，是结构上的创新。屋顶结构的变化更为复杂，斗拱的使用明显变化：大雄殿的斗拱多运用于外檐和梁架的交点处，不再像以前那样大量地用于屋檐的支撑结构，显示了两宋以后木架构简化的趋势。大雄殿底部不同位置的支撑柱高度的变化与侧脚、生起的设置相配合，加上屋顶层以斗拱运用于外檐和梁架的交点处，使得整个建筑木架构更为牢固。

　　奉国寺大雄殿内有规模宏大的泥塑彩色佛像群。宋（辽金）元时期奉国寺香火鼎盛，到明清时期仅存大雄殿，清代续建了六角钟亭、四角碑亭、无量殿、牌坊、小山门和西宫禅院等建筑。

善化寺

重修于金天会六年至皇统三年（1128—1143）
占地面积约2万平方米
山西大同辽金善化寺

山西大同辽金善化寺三圣殿

善化寺位于山西大同南隅，俗称"南寺"，因建寺于唐玄宗开元年间得名"开元寺"。五代后晋初年易名"大普恩寺"，辽保大二年（1122）毁于战火，金天会六年（1128）至皇统三年（1143）重修，奠定了寺院的规模。其后历朝历代数经修缮，造就了如今占地面积约2万平方米的盛景。整座寺院坐北向南，中轴线上自南向北依次排列着山门（天王殿）、三圣殿（过殿）、大雄宝殿等建筑，三座大殿逐步升高。主殿大雄宝殿前立木牌坊，东西两侧设文殊阁、普贤阁。地藏殿、观音殿等配殿，与主殿在同一横轴上。各殿以廊相接，形成一间间的长方形庭院。布局错落有致，主次分明，是迄今尚存的布局完整、规模宏伟的辽金寺院。

山门单檐五脊顶，面阔五间，宽27米，进深两间，深10米。当心间辟门。山门有前后檐柱各6根，纵向立中柱6根，共18根，内外柱同高，上有双抄五铺作斗拱。梁架分前后两段，在中柱交接。以一列中柱及柱上斗拱将殿身划分为前后两个空间，此为中国传统建筑的"分心斗底槽"式山门结构。

三圣殿建于金天会六年（1128），殿平面呈长方形，单檐五脊顶，面阔五间，进深四间，当心间面阔7.26米，为现存当心间最宽的辽金建筑，结构也糅合了宋建筑的特点并独具风格。该殿殿前月台低矮，面积达378平方米，檐下斗拱宏大华丽，为六铺作单抄双下昂。重拱计心造（按斗拱出跳数量设置横拱，几跳斗拱即有几列横拱的做法，称为"计心造"），其左右次间各出60度斜拱，形如开放的花朵。金代斜拱盛行，硕大华丽者莫过于此。斗拱采用45度和60度斜拱，是辽金建筑较之唐代建筑的创新。这种构件结构上简单有效，承重更多，很大程度上减少了建筑构件的数目，反映了某种成角度的建筑支撑构件与传统斗拱技术的融合和发展。单檐五脊庑殿顶，内梁架彻上露明造，抬头即能清楚地看见屋顶的梁架结构。殿内采用辽金建筑流行的减柱法与移柱法，以4根金柱支撑梁架屋顶，内柱增高，直抵四椽栿下皮，中间无六椽栿，而以搭牵、蜀柱和斗杖结架，其构造与《营造法式》规定的举折基本符合。

大雄宝殿是善化寺的主体建筑，是寺内最大的殿堂，辽代建构，金代重修。整个大殿筑于3米多高的砖砌高台之上，面阔七间，进深五间，单檐五脊庑殿顶，前檐当心间及左右梢间门，四壁无窗。檐下斗拱五铺作，双抄无昂。殿内设柱子四列，采用"减柱法"（减少部分内柱以增加建筑室内空间）减去第一与第三列中当心的三间内柱，屋顶梁架亦随之变更：前槽用四椽栿，后槽用乳栿（长两椽的梁），两挑尾端作榫卯插入内柱之中。大殿殿顶当心间有八角形藻井，斗拱两层，下层为七铺作，上层为八铺作，雕制精湛。斗拱以上施斜板，上绘佛像。藻井自下而上层层叠收，形成攒尖式结构，别具风格。殿内正中佛坛上供奉的五尊大佛像"五方佛"及两侧站立的二十四护法诸天塑像，皆为金代原作。大殿西、南二壁存有"释迦牟尼七处九会说法图"及"西方三圣图"等壁画，面积达190平方米，为清康熙年间在元代壁画基础上补绘而成。

普贤阁建于金贞元二年（1154），是我国现存为数不多的早期楼阁式建筑之一。阁三间见方，高两层，中设平座勾栏，为重檐九脊歇山顶楼阁式建筑。采用唐代楼阁的平座暗层做法，两明层之间有一暗层，阁内有木梯可供登攀，阁上斗楼简练，为五铺作，梁架为四椽栿，上置驼峰架平梁，斗拱古朴壮硕，斜拱多集中于补间，转角使用附角斗，斗型较少。结构简洁合理，比例匀称。其细部特征与辽清宁二年（1056）所建应县木塔多有相似之处。

华严寺

上华严寺创建于辽道宗清宁八年（1062），现存建筑系金熙宗天眷三年（1140）依旧址重建；下华严寺建于辽重熙七年（1038）
上华严寺占地面积 13333—20000 平方米
山西大同辽金上下华严寺

山西大同辽金上华严寺

　　华严寺始建于辽，位于辽代西京（今山西大同）西南隅，曾有辽皇室祖庙的性质。寺庙整体建筑继承了唐风遗韵，又因政权属性而具有契丹文化色彩，具有燕云地方风格。寺内主要建筑朝向与一般佛寺坐北向南不同，均坐西向东，体现了辽代契丹民族的尚东习俗。明初，华严寺分成两组建筑，各开山门，分别修建。以大雄宝殿为中心的一组称"上华严寺"，以薄伽教藏殿为中心的一组称"下华严寺"，两寺仅有一巷之隔。直至1963年，上下寺重又合为一寺，同为大同城内第一古刹。

上华严寺始建于辽道宗清宁八年（1062），辽末天祚帝保大二年（1122），金兵攻陷西京，寺遭严重破坏，现存建筑乃金熙宗天眷年间（1138—1140）按照旧址重建，占地面积二三十亩。大雄宝殿为上华严寺的主体建筑，矗立于4米高的砖砌月台之上，左有香炉亭，右有钟鼓楼。面阔九间，为53.75米，进深五间，为29米，面积为1559平方米，与辽宁奉国寺大殿并称为中国现存两座最大的佛殿，也是已发现古代单檐建筑中体型最大的一座。大殿外檐斗拱共有五段，淳朴浑厚，气势雄伟。建筑采用当心间（即建筑各开间中处于正中一间，也称"明间"）式样，左右梢间（明间左右两侧相邻的间叫"次间"，次间外侧间叫"梢间"，最外的称"尽间"），各开门窗。殿门下部为双扇版门，外饰壶门牙子。上部为方格棂子窗。门窗形式保存了辽金时期的风格。殿内采用"减柱法"，扩大了空间面积，梁架结构亦做了相应的改良与调整。

下华严寺位于上寺的东南侧，建于辽重熙七年（1038）。下寺布局较自由，建筑风格活泼，以薄伽教藏殿为中心，有天王殿、南北配殿、山门和左右碑亭，别为一院。正殿薄伽教藏殿内须弥坛上有31尊塑像，法相庄严，造型流丽，为辽代泥塑珍品。殿内四壁造有38间精巧的木制藏经柜，收藏有经书万余册，其中天宫楼阁最受瞩目，系依想象中的天宫式样所造的建筑模型，颇为精巧。

薄伽教藏殿是山西大同下华严寺的主体建筑，坐西向东，建在月台上，高3.2米；大殿面阔五间，为25.65米，进深四间，为18.41米。单檐歇山顶，斗拱五铺作出双抄重拱（斗拱在出檐方向向外出一跳华拱便称为单抄，出两跳便是双抄；重拱，即第二跳华拱施横拱两层），屋顶举折平缓，出檐深远，檐柱生起显著，保留了唐代某些建筑特征，是辽代殿堂建筑的重要遗构。空间设计上，薄伽教藏殿运用"减柱法"使殿内空间增大。佛坛上三尊主像顶部设斗八藻井（斗八，即传统建筑天花板上的一种装饰处理。多为方格形，凸出，有彩色图案），抬高佛像上部空间，凸显了佛像的高大威严。殿内内槽平棋（即室内吊顶，古代也叫作"承尘"）及藻井（即传统建筑中室内顶棚的独特装饰部分。一般做成向上隆起的井状，有方形、多边形或圆形凹面，周围饰以各种花藻井纹）亦是辽代原物，背板绘宝相花，以及华拱、慢拱等构件上所绘的簟纹与三角柿蒂纹等，以

山西大同辽金下华严寺薄伽教藏殿内天宫楼阁

朱绿两色与墨线间杂相饰,均与《营造法式》规定符合,为辽代彩画。

薄伽教藏殿因内保存佛教经书(佛藏)而得名,亦即华严寺的藏经殿。薄伽在梵语中意为"世尊",薄伽教藏亦即经典教藏。当时辽王朝完成了对《大藏经》的雕刻,专门建造薄伽教藏殿来储存《大藏经》。此殿内中央位置设置了巨大的佛坛,以彰显佛祖传经的业绩。佛坛占据了整个殿内面积的一半有余,其上塑造了31尊高约3米的辽代彩色泥塑像,尤以细腻传神的合掌露齿菩萨塑像与独具魅力的普贤菩萨像最为出色。

殿内四周依壁设置重檐楼阁式壁藏（藏经柜），共38间，高达5米，两扇橱门对开。其分作两层：下层为经橱，其上为腰檐平座，现存有明、清两代的佛经共18000余册；上层为佛龛，佛龛的梁枋、斗拱、屋顶、鸱吻、平座、勾栏（即宋元戏曲在城市中的主要表演场所，相当于现在的戏院）等皆按建筑物真实尺寸缩小比例制作，尤其是斗拱采用了补间和转角作为铺作，上下檐柱头都是由7种昂重拱造，其中柱头铺作1种，补间铺作6种，还包括10种转角铺作，均是国内罕见的辽代小木作，是研究辽代木构技术的重要实物资料。勾栏束腰华板雕有镂空几何图案37种。胎上下的边缘部位用直线、曲线混合镶饰，玲珑剔透，变化繁多。天宫楼阁居中将壁藏划分成南北两部分，南北壁中央三间及西壁转角第二间与东西壁尽头共六处屋顶一部生起，最高顶上是人字形，在升起的地方是九脊和半九脊顶的三级递减形状。屋顶上还有栩栩如生的脊兽雕刻，整个壁藏颇有气势，精美之至。

天宫楼阁高悬于距佛像6米高的后上方，离地距离10米有余，居于殿内当心间正壁并以大跨度的悬桥与左右壁藏连接，紧贴桥下又开一位置较高的明窗，以造就桥似飞虹腾天之景象。桥上建天宫楼阁共五间，中央三间为龟头屋，外随形绕单勾栏，勾栏做法与同时期独乐寺观音阁上层一致。殿身九脊顶，左右带挟屋（又称"殿挟屋"，是附于大建筑边的半截小建筑，但不同于抱厦，是与余屋造相对的形式，自元代后不再出现），整体轮廓呈高耸的阶梯式造型，以拱桥连接壁藏上层的两端。上翘的屋角、弯曲的檐端及鸱尾（古代屋顶正脊两端使用的兼具构造性与装饰性的建筑构件，外形似鸱鸟的尾巴而得名）、悬鱼（为建筑装饰，大多用木板雕刻而成，位于屋顶两端的博风板下，垂于正脊。因最初为鱼形，从屋顶悬垂，故得此名）、正脊（位于屋顶前后两坡相交处，是屋顶最高处的水平屋脊，其两端有吻兽或望兽，中间可以有宝瓶等装饰物，称"脊刹"）和垂脊（即庑殿顶的正脊两端至屋檐四角的屋脊）等处保存了辽式建筑的风貌。鸱尾做鱼尾状并饰鱼鳞纹，可佐证唐宋鸱吻之变迁。整体木构玲珑剔透，雕刻精绝，设计、用材、结构、比例及制作等，都称得上一座标准的辽代实物小木作。

整个大殿家具陈设与建筑环境融为一体,彼此补充,相得益彰。壁藏及天空楼阁因建造于殿内,未受风雨摧残,保存完好,是中国古代木构建筑和室内设计的经典范例。

晋祠

始建年代不详，北宋仁宗天圣年间（1023—1032）修建圣母殿
晋祠主殿圣母殿为重檐歇山顶，面阔七间，进深六间，殿高19米
山西太原晋祠

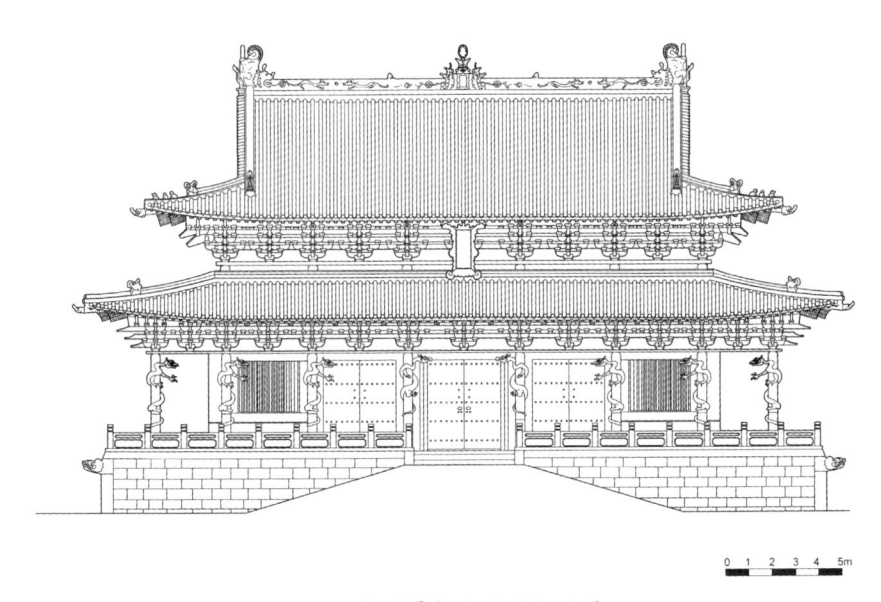

山西太原晋祠圣母殿立面图

晋祠位于山西太原西南25千米处的悬瓮山下，始建年代不详，北魏《水经注》已有记载，本为奉祀晋国始祖唐叔虞而建，称"唐叔虞祠"。宋太宗太平兴国四年（979）对晋祠进行了扩建，后经历代翻修扩建，祭奉唐叔虞之母邑姜并祀水神的圣母殿逐渐成为主殿，建筑群殿、堂、楼、阁、亭、台、桥、坊错落有致，唐叔虞祠堂迁至正殿北侧。圣母殿和鱼沼飞梁初建于北宋。献殿重建于金代，其他为后世所建。

圣母殿建筑群沿中轴线由前至后有水镜台（戏台，面向后）、会仙桥、金人台、对越坊、献殿、左右钟鼓二楼、鱼沼飞梁和圣母殿，建筑依山势坐西面东。圣母殿建于北宋仁宗天圣年间（1023—1032），面宽七间，进深六间，殿身采用殿堂型构架体系。重檐歇山顶，黄绿色琉璃瓦剪边，琉璃花脊兽装饰。檐下斗拱硕大，屋檐翼角飞扬，上下檐出檐适中，屋顶举折平缓，屋脊相对平直，两侧设大吻，正中立脊刹。整体造型舒展庄重。殿身宽五间、深三间，四周除前廊外，均加了深一间的回廊构成下檐，为《营造法式》所谓"副阶周匝"之建筑样式留存的最古老实例。前廊采用"减柱法"，仅以廊柱和檐柱承托顶架，殿内顶为彻上露明造，殿身前后共八椽，梁架采用二椽栿对六椽栿，前后共享三柱。副阶周匝各二椽。各梁之间施驼峰（梁上的垫木，用来衬托上面的梁头，其形状如同驼峰，故名之）、大斗（即位于一组斗拱之下的构件，又称"栌斗""坐拱"）以承托上一层屋梁。柱头阑额上加普拍枋，使断面呈 T 形，可增加抗压力。围廊有八根木雕盘龙檐柱，龙身细瘦，分数段组合而成，鳞爪有力，龙颈盘成之字形，龙头或向上，或向殿内，栩栩如生，为宋元祐二年（1087）遗物，是现存最早的盘龙柱。圣母殿的木结构不但可见雄奇的遗风，亦显示细腻的斗拱技术。圣母殿的斗拱复杂多样，昂嘴（昂为斗拱中斜置的构件，利用内部屋顶结构的重量平衡出挑部分屋顶的重量）上下参差不齐，却自有韵律感。雄大的昂在圣母殿开始转化，摆脱单纯力学的意义，而兼具审美的作用。

圣母殿内遗存宋代彩塑43尊，主像为仪态端庄、凤冠蟒袍的圣母像，端坐于木质神龛之内。其余侍从亦造型生动，情态各异，是研究宋代雕塑艺术和服饰的珍贵资料。圣母神龛与座椅、屏风等家具也具有明显的唐宋构架特征，皆以凤凰为主题，座椅背面有宋元祐二年墨迹题记。

圣母殿前，清池上双桥相交，此"鱼沼飞梁"与圣母殿同建于宋代，为传统建筑仅存的孤例。"鱼沼"是晋水的源头之一，"飞梁"指的是十字形的桥梁跨越水面，从四边通达至中央方形平台，前后平缓，左右较陡，一如大鹏展翅。其独特之处在于水中立起34根石柱，柱子之间以梁枋连接。栌斗上有简单的斗拱构造以承担桥面，做法一如屋宇。这种形制仅在敦煌石窟唐宋壁画及古代山水画中出现过，现存的中国古建筑中唯此一例实物。飞梁前面有重建于金大定八年（1168）的献殿，面阔三间，单檐歇山顶，造型轻巧，斗拱做法简洁，风格与圣母殿一致。

开封铁塔

建于宋太宗太平兴国七年至端拱二年（982—989），重建于宋仁宗皇祐元年（1049）
高 55.88 米，底层每面阔为 4.16 米
河南开封宋代铁塔

河南开封宋代祐国寺铁塔全景

　　开封铁塔耸立于今河南开封东北的祐国寺中，为国内现存最高的古代琉璃塔。塔原为八角十三层木塔，始建于宋太宗太平兴国七年（982），建成于端拱二年（989），时谓"福胜塔"。宋真宗大中祥符六年（1013），"有金光出相轮，

车驾临幸，舍利乃见，因赐名灵感塔"。宋庆历四年（1044）塔毁于雷火，宋仁宗皇祐元年（1049）重建，依木塔样式，改用褐色琉璃砖砌成。塔身远看近似铁色，故称"铁塔"，成为开封古城的标志性建筑。

  铁塔高55.88米，底层每面阔为4.16米，向上逐层递减。塔内部用青砖砌成甬道、台阶、佛龛；塔外壁采用28种仿木结构的模制异形琉璃雕砖砌成飞檐、斗拱。每块琉璃砖都是艺术品，上刻绘有飞天、仙姑、麒麟、菩萨、乐伎、僧人、狮子、波涛、祥云等花纹图案50余种，造型优美，神态生动，堪称宋代砖雕艺术杰出作品。为保证塔身坚固，每块琉璃砖规格各异，有榫有眼，相互套接安装，严密合缝地砌成塔身，精巧牢固。900多年来，虽经地震、水患、狂风暴雨和人为的破坏，铁塔仍能巍然屹立。塔层层建有明窗：一层向北，二层向南，三层向西，四层向东。明窗具有透光、通风、瞭望、减轻强风对塔身的冲击力等多种功能。相传塔基座曾辟有南北二门，南门上有一块"天下第一塔"门匾，基座下有八棱方池，北面有小桥通往北门。可见铁塔曾是坐落在水池内的水中塔，如今形制已有所改变。

应县木塔

始建于辽清宁二年（宋至和三年，1056）
塔高 67.31 米，底层直径 30.27 米
山西朔州应县西北佛宫寺内辽代木塔

山西应县辽代木塔全景

应县木塔为佛宫寺释迦塔的俗称，始建于辽清宁二年（1056），地处辽代西京属地应州，金明昌二年至六年（1191—1195）大修，总体上仍保持着辽代的建筑结构，是我国现存的唯一一座木结构楼阁式塔。

木塔坐落在佛宫寺的山门与大殿之间，站在山门遗址内恰好可将全塔收入视线内，而大殿又恰在塔的后檐下的视角范围内。这种以建筑体量的视觉范围来确定总体布局的方法，是这一时期的一种建筑法则，天津蓟州独乐寺即是如此。

木塔矗立于4米高的台基之上。塔高67.31米，底层直径30.27米，据计算，整座木塔共消耗红松木料约3000立方米，约2600吨重。

　　塔平面呈八角形。外观五层，实为九层。内里有四个暗层，暗层的外观以平座遮掩，并周设平座栏杆，以木质楼梯相通，每层开四扇木格栅门，便于凭栏远眺。最下层是重檐副阶（围绕主体而建的一周外廊），共有六层檐。底层平面副阶柱以内是外壁、回廊、内壁和八角塔心室，南北各开一门。随楼层往上，各层柱子叠接，每层外柱与其下平座层柱位于同一线上，但比下层外柱退入约半个柱径，各层柱子都向中心略有倾斜，构成了各层的塔身直径向内递减的轮廓，楼层支撑柱的高度也逐渐降低，形成下宽上窄、下高上低的稳定体形。塔身上的所有立柱都做侧脚和生起。各层均用内外两圈木柱支撑，构成双层套筒式木结构。每层外有24根柱子，内有8根，木柱之间使用斜撑、梁、枋和短柱，组成不同方向的复梁式木架。楼梯设在外圈套筒内，逐层旋转，荷载分布均匀。底层外墙不开窗，副阶增出重檐，增强了塔的坚固性。木塔至今已保存900余年，历经地震及战乱均屹立不倒。

　　塔顶八角攒尖（攒尖式屋顶没有正脊，而只有垂脊，一般双数的居多，如有六条脊、八条脊等，分别称为"六角攒尖顶""八角攒尖顶"等），上部立有铁刹（寺前的幡竿，亦称"刹竿"，意思为刹柱），每层檐下设风铃。全塔比例敦厚，外形高峻而不失凝重。各层塔檐基本平直，角翘平缓。平座和各檐下的斗拱形制繁多，依照所在位置与组合方式的不同，有着多种不同的用材尺度，共达60种，总体造型遵循3∶2的比例关系，设计精巧。

　　释迦塔内部幽暗，塔心室内有高达12米的佛像，大佛金身熠熠闪光，具有宗教的神秘感。为了增加佛前空间尺度以便瞻仰，在外墙南向正门两侧，墙壁伸向副阶，形成一个小小的门厅，手法十分简练。二层塑一主佛、两菩萨和两侍从，姿态生动，置于方形坛座之上。三层八角形坛座上塑有面向四方位的四方佛。四层塑有阿难、迦叶、文殊、普贤像。五层塑毗卢舍那佛居中，八大菩萨分坐八方。各佛像雕塑精细，各具情态。顶部设穹隆藻井，层内槽壁面彩绘六尊如来画像和顶部两侧的飞天，亦是壁画中少见的佳作。

应县木塔剖面图

应县木塔继承了汉唐以来富有民族特点的重楼"平座暗层"（木制楼阁明层间的暗层）形式，塔身用内外两环柱的柱网布局，柱网和构件组合采用内外槽制度，内槽供佛，外槽供人活动，从各层上下柱结构用"叉柱造"（上层檐柱柱脚十字或一字开口，叉落在下层平座铺作中心，柱底置于铺作栌斗斗面之上），体现出辽代木结构建筑的特征。木塔平面采用八角形，大量采用斗拱结构，增强了稳定性，展示出独特的美感。

玄妙观三清殿

始建于西晋，重建于南宋淳熙六年（1179）
台基面阔 49.6 米，进深 29.5 米，现高出周围地面约 1 米
江苏苏州玄妙观三清殿

苏州南宋玄妙观三清殿

　　苏州玄妙观始建于西晋，多次修葺，唐代称"开元宫"，北宋称"天庆观"，元代改今名。三清殿是玄妙观的正殿，重建于南宋淳熙六年（1179），体现了宋代官式建筑和地方性建筑特点的融合，也是研究宋代南北建筑差异的实物遗存。

　　玄妙观三清殿为重檐歇山顶建筑，台基面阔49.6米，进深29.5米，现高出周围地面约1米。前施月台，面阔27.2米，进深16.3米，中央立铁鼎。台基仅南面东、西梢间及尽间有石栏，与月台石栏贯通，华板雕刻极细，内容有人物、走兽、飞禽、水族、山水、云树、亭阁等，古朴生动。

　　三清殿是国内现存体量最大的宋代大殿。殿身面阔七间，进深四间，四周加一圈深一间的副阶，构成下檐。下檐柱上用四铺作斗，上承副阶梁架，副阶梁尾均插入殿身檐柱。殿前有宽五间的月台。大殿的木构部分属殿堂型构架，殿身七间副阶周匝身内金厢斗底槽构架。构架由上、中、下三层重叠而成。下层为柱网（即承重结构柱子在平面排列时形成的网格），沿周边立两圈柱子，外圈22柱，内圈14柱，在这14柱的柱身上插斗，显示出南方流行的穿斗式构架特点。柱顶架阑额，连成两个相套的同高矩形框，形成内外槽。内槽柱头和补间铺作向内一侧在第二跳华（古建筑宋式斗拱构件名称）以上用了向上斜举的上昂（古建筑宋式斗拱组合中的主要部件），前后内槽柱间顺串上三朵补间铺作［补间铺作，又称为"平身科斗拱"，是斗拱的三种类型之一，其余两种分别为柱头科（又称"柱头铺作"）与角科（又称"转角铺作"）］均两面出上昂，是现存最早用于大木作中的上昂实例，符合《营造法式》上的"飞昂"制度，顶部使用上昂斗拱，更是国内孤例。殿的内槽中央五间后金柱间，筑砖壁达内额下皮，壁前有砖砌须弥座，式样略如《营造法式》而繁密过之。大殿中央砖须弥座制作精致，座上三尊泥塑三清金身像，姿态凝重，衣褶卷曲，为宋代道教雕塑佳作。殿内壁间嵌有碑石多方，以南宋宝庆元年（1225）所刻"太上老君像"最为珍贵，像传为唐代画家吴道子所绘，上方有唐代书法家颜真卿所书唐玄宗李隆基的"赞"四言十六句，刻工为张允迪。苏州玄妙观建筑出檐深远，斗拱雄大，柱网排列整齐，外观壮丽，是现存江南地区具有代表性的宋代木构建筑。

中国建筑经典

灵隐寺

始建于东晋咸和元年（326）
占地面积约8.7万平方米；主体建筑大雄宝殿前有双塔，建于北宋建隆元年（960），高10多米
浙江杭州灵隐寺

杭州南宋灵隐寺大雄宝殿

　　浙江杭州西子湖畔的灵隐寺始建于东晋咸和元年（326），已有约1700年的历史。

　　五代吴越国时期，灵隐寺最为鼎盛，发展到了九楼、十八阁、七十二殿堂的宏大规模。其后历朝历代几经修缮。清康熙年间，灵隐寺经历了一次大规模的重修，这次大修以明朝为底本，据清《灵隐寺志》记载，灵隐寺"从内至外，无一殿一堂、一楼一阁、一房一舍，不脱体崭新者。虽曰重兴，实同开创，盖代功绩，古今未有也"。重修后的灵隐寺主要包括：八大殿，即天王殿、大雄宝殿、轮藏殿、伽蓝殿、药师殿、金光明殿、大悲殿、五百罗汉殿；十二堂，即祖堂、法堂、直指堂、大树堂、东禅堂、西禅堂、东戒堂、西戒堂、斋堂、客堂、择木

堂、南鉴堂；四阁，包括华严阁、联灯阁、梵香阁、青莲阁；三楼，即响水楼、看月楼、万竹楼；三轩，即面壁轩、青猊轩、慧日轩；此外还有房室公所等。康熙皇帝为其题名为"云林禅寺"，故一度又名"云林寺"。如今的灵隐寺在清末重建基础上修复，占地面积约8.7万平方米。

灵隐寺布局与江南寺院格局相仿，天王殿、大雄宝殿、药师殿、藏经阁、华严殿等主体建筑依次纵列在中轴线上。两翼也横排了许多建筑，如五百罗汉堂、道济殿（现称济公殿）、客堂（六和堂）、祖堂、大悲阁、龙宫海藏等。大雄宝殿及双塔等建筑为宋代所建。天王殿正中佛龛里坐袒胸露腹的弥勒佛像，其后壁佛龛站立神态庄严、手执降魔杵的韦驮菩萨，系由独块香樟木雕成，为南宋遗物。大雄宝殿高达33.6米，十分雄伟，为单层、重檐、三叠的建筑，殿内的贴金释迦牟尼木雕佛像为清末重塑，有宋代雕塑之风，连座高24.8米。正殿和后殿两边分别是二十诸天立像、十二圆觉坐像，后壁则有"慈航普度"等立体群塑，共有佛像150尊。药师殿、五百罗汉堂等建筑为近年重建。大雄宝殿前月台两侧各有仿木结构的双塔，据说建于北宋建隆元年（960）。灵隐寺双塔是研究北宋楼阁式塔的宝贵资料。两塔形制相同，用石灰石雕琢而成，八角形，高9层，约10米，立于须弥座台基上。每层的四个正面刻菩萨像，其余四面刻佛。转角立圆柱，柱间有阑额，柱额之上用单抄单下昂（宋代对斗拱的表示方法为"几铺作几抄几昂"。斗拱在出檐方向向外出一跳华拱称为"单抄"。斗拱向外出跳的向下倾斜构件称"下昂"）斗拱承托塔檐。二层以上设平座，用一斗三升斗拱承托。塔刹在仰莲座上原有相轮七重，今已残破。灵隐寺的殿宇、亭阁、经幢、石塔、佛像等建筑和雕塑艺术，对于研究我国佛教史、建筑艺术史和雕塑艺术史都很有价值。

中国建筑经典

辽中京大明塔

高 80.22 米，塔基底径 48.6 米，基座直径 36 米
内蒙古赤峰宁城辽中京遗址

内蒙古赤峰辽中京大明塔

　　大明塔即辽感圣寺佛舍利塔，是辽中京三塔中最大的一座，地处今内蒙古赤峰宁城辽中京遗址内。大明塔的始建年代史籍无载，从第二层塔檐上发现的"寿昌四年四月初八"、多则"寿昌"年号的墨书题记，以及中京的修建年代和其

他间接史料推断，大明塔始建年代上限研究者有不同看法，下限则不晚于辽寿昌四年（1098）。

大明塔为八角形十三层密檐式实心砖塔，总高80.22米，塔基底径48.6米，基座直径36米，第一层大檐下塔身高近11米，体积庞大，是保存较好、体积较大的一座古塔。

大明塔基座为高5米的土台。塔座为须弥座，须弥座每面以短柱间隔成三间，内雕"卐"字纹，上起仰莲和"枭混"曲线形平座（枭混，古建筑瓦件名称。由侧面作凹进的圆弧状的枭砖和侧面作凸起的圆弧状的混砖组成。因枭砖与混砖通常连在一起使用，故有此说），承托华丽的塔身。基座下部和仰莲上方后补面砖一层。辽代砖塔多密檐式，第一层塔身特别高，约占全塔的五分之一，内部多为实心结构。大明塔也体现了这个特点，第一层塔身外雕有很多精美的佛像：八面塔身中辟券龛，内雕坐佛，正南面为密宗主尊毗卢舍那佛，其余七面为药师七佛。正面龛外侧浮雕二胁侍菩萨、隅面外侧雕二力士，上雕垂幛纹璎珞式宝盖、须弥山和飞天像。佛、菩萨、飞天、宝盖都是粗砌成形后，经凿刻、水磨抛光、着色等多道工序而成，造像线条流畅，体态丰满，体现了辽代娴熟的雕刻技术和高超的艺术成就。塔身外角雕砌八根塔形倚柱，上方阴刻净饭王生处塔、菩提树下成佛塔、鹿野园中法轮塔等八大灵塔名号，下方刻观世音菩萨、慈氏菩萨、虚空藏菩萨、普贤菩萨、妙吉祥菩萨、金刚手菩萨等密宗八大菩萨名号。塔身砖雕之上为阑额，下饰垂幛与上层铺作相对，阑额上施双层仰莲，之上为木质普拍枋。二层以上的塔身骤变低矮，宽度也逐层递减，使得整个塔轮廓呈锥体状。在十三层密檐之上有一小型砖塔造型，上置铜顶，形成塔刹。在塔刹的正南方有一佛龛，里面放置着经卷等物，塔刹从尺寸和式样看非辽代原物。

大明塔与一般辽塔相比，具有其身的特点。辽代中期，以砖仿斗拱为代表的砖仿木技术已经成熟，大明塔有别于其他辽代砖塔，塔身没有任何以砖仿木的构件，使用的是真木质结构，如大明塔第一层檐下的斗拱。因为该塔身直径太大，砖叠涩技术无法实现其塔身直径相匹配的出檐远度，为了挑檐深远，就直接用弹性和韧性极强的真木结构。有学者考证，大明塔在使用真木斗拱出檐的同时，还使用了类似砖仿木的手法，也就是"真木仿木"，其意思就是"用真的木材，仿出木结构，做出斗拱形状，但并非结构件"，起结构作用的真木只有单抄华拱，而泥道拱就是"真木仿木"的做法（泥道拱，即古建筑大木作斗拱组件。由于古建筑的拱眼壁常用土坯封闭，其表面用灰泥抹平，故名"泥道拱"）。大明塔第一层檐用最简单的出挑斗拱——斗口跳（一种简单的出跳法式，栌斗之上一抄华拱出跳，橑檐枋下无令拱），使得出檐距离与粗大的塔身相符合。二层檐往上的每层叠涩端部也铺木椽，增加出檐距离，各层密檐呈现出深远之意境。通常辽塔转角处仿木结构用砖砌角柱，大明塔并未在转角处砌角柱，而是雕刻了经幢形态的灵塔，因为佛塔有八个转角，所以俗称"八大灵塔"，从而增强了佛塔的装饰性。

大明塔历经近千年时光，元代当地曾经发生大地震，对其有一些影响，但整体是稳定的。研究者考证："一个重要原因是塔体自下而上每隔2米左右有一层放射形网状木拉筋（为提高骨架的整体性而起拉结作用），每层拉筋由垂直壁面的32根柏木枋和平行壁面的16根柏木横梁咬合搭接成网状木排，相当于现代建筑抗震筋和圈梁的作用。"大明塔建筑宏伟，造型秀美，工艺精湛。塔砖为辽代流行的沟纹砖，砖质细密，叩音清脆，抗压强度与抗折强度高，面层砖一律磨砖对缝，工艺精湛，增强了塔的稳定性。

辽阳白塔

始建于辽代（907—1125）
高70.4米，基座周长80米，直径25.5米
辽宁辽阳白塔

辽宁辽阳辽代白塔

　　辽代是中国造塔历史上的重要时期，造塔数量众多，设计科学，结构合理，造型优美，建筑精湛，具有很高的文化价值和艺术价值。位于辽宁辽阳的白塔是一座舍利佛塔，因塔身、塔檐的砖瓦上涂抹白垩，俗称"白塔"。据出土的明永乐二十一年（1423）《重修辽阳城西广佑寺宝塔记》碑文记载："兹塔之重修，获睹塔顶宝瓮傍铜葫芦上，有镌前元皇庆二年重修记，盖塔自辽所建，金及元时皆重修。迨于皇朝，积四百余年矣。"辽阳白塔始建于辽代，亦有研究者认为建于金大定年间（1161—1189），是金世宗完颜雍为其母贞懿皇后李氏所建的垂庆寺塔的俗称，为葬身塔。塔高70.4米，为八角十三层实心垂幔式密檐砖塔，造型美观，雕工精细，为典型的辽代仿木砖塔。

白塔由下而上可分为基座、塔身、塔檐、塔顶四部分。基座周长80米，直径25.5米，由台基和须弥座组成，台基为八角形石筑高土台，台基总高6.2米，外用石条镶边砌成八角形两层台基，土台坡面覆盖石板护坡。第一层台基为毛石墙面，无地墁；第二层台基为青条石墙，条石地墁，并有较大坡度。两层台基外面青砖雕有斗拱三铺作及俯仰莲瓣、伎乐人、栏板花纹、须弥束腰。台基上部有须弥座，高8.78米，下部为叠涩上收的砖壁。墙面收分较大，外面青砖雕有跑狮和小佛龛、束腰，再上为砖雕三铺作斗拱，再上有砖砌莲瓣两层。上部为两层很矮的束腰须弥座，总高1.52米。下层须弥座上每面中间为一个半圆形券门，内有一小卧狮；券门两侧各镶砌模印"双狮戏球"的雕砖板九方。上层须弥座每面嵌有模制的一佛二菩萨造像五组，每组中间都是一块模制的佛龛大砖，龛内有一坐佛，两边各有一块模印菩萨像立砖。八面转角为模制力士立像。两层束腰之上是一道普拍枋，上有斗拱承接单檐，檐上有瓦楞（用瓦铺成的凸凹相间的行列），瓦有筒瓦和板瓦。

塔身为八面，每面有砖雕佛龛，初层塔身在塔座之上，高12.7米，仿木构建筑。立在两层大仰莲莲瓣上，平面八角，角部施圆柱，砖雕五铺作斗拱，承托檐部。每面壁中间砌出一道横格，分塔身为上下两个框。下部框高，中间眉拱龛，龛上垂幔式宝盖、璎珞四垂，有双龙戏珠、飞天、蕃莲、双凤等雕饰，龛内有一坐佛，八面有释迦牟尼的八大弟子佛，端坐高束腰须弥座上，背靠朱色火焰纹，神态庄然恬静。龛外左右二砖雕胁侍菩萨，脚踏莲花，双手捧钵。横格上部短矮，正中一垂绶大宝盖，左右上角二飞天，飘然起舞。菩萨、飞天、宝盖为预制件，嵌入塔身。白塔塔身的砖雕，以生动流利的线刻，表现出庄严肃穆的形象。正南斗拱的拱眼壁，横排嵌着木制匾额四方，上面有"流""光""碧""汉"四个大字，为明万历年间补增。

塔檐十三层，高21.9米，由下向上逐层内收。第一层檐下有斗拱。与塔座斗拱相同，第一层檐下排列木檐椽，各椽悬风铃，上铺瓦楞。上部屋面做法同第一层檐。第二层以上均系七层大青砖叠涩出檐，收度稍大，每两层檐之间置立壁，壁面上每面嵌铜镜各一面。铜镜背面饰纹各种鸟、兽、人物。第十三檐向上为塔顶，高3.62米。八面坡同由青灰筒瓦铺作，塔顶檐层起脊飞檐较高而凸出，脊端筑有鸱兽和套兽。为加固刹杆，由刹杆底部龙背交叉火焰环顶部与八角垂脊翘檐拉直八根铁链，链头处共嵌着八个鎏金宝瓶（俗称"铜葫芦"），由上下两个半圆扣合而成。塔顶坡至上刹尖为塔刹。塔刹由刹座、刹身、刹顶构成。刹座（也称"小塔"）由基座和仰莲组成。铜镜下有西南刹门，上面为两层砖砌八角形青灰仰莲及砖砌覆钵（宝瓶），刹座总高6.44米，莲瓣有排水孔。刹身有圆光（火焰环）、相轮、宝珠，穿于方铁刹杆之上。方铁刹杆竖立在刹座之上，高9.24米，起避雷作用，中穿铜质宝珠5个。圆光在宝珠之下，周长约2.3米。相轮在2—3个宝珠之间。刹杆帽为铜铸小塔形，随风转动，如风向仪。

　　塔刹各部装置有序，凝重的塔体变得挺拔肃穆。塔的栏板、倚柱、斗拱等均为砖雕仿木结构，制作精细而准确，塔身的浮雕、佛像，线条流畅，造型秀美，是现存辽金诸塔中的代表作品。

承天寺塔

始建于西夏天祐垂圣元年（1050）
高64.5米，塔体建在高2.6米、边长26米的方形台基上
宁夏银川承天寺塔

宁夏银川西夏承天寺塔

　　承天寺塔在原西夏国都城兴庆府，也就是如今的宁夏银川境内，是一座保存完整的西夏古塔。据明《弘治宁夏新志》记载："承天寺塔在承天寺内，伪夏（西夏）所建，一十三级，有残碑可考。"西夏建国皇帝李元昊死后，继位皇上幼年登基，为保其"圣寿无疆"，祈望李家天下和西夏江山延永坚固，于西夏毅宗谅祚天祐垂圣元年（1050），在都城兴庆府西修建承天寺和佛塔，役兵民数万，5年后告竣。西夏统治者仰慕中原文化，向宋求得"九经"等书，并把《大藏经》等经书贮于塔中，并赐"承天"匾额。承天寺塔在清乾隆三年（1738）毁于地震，清嘉庆二十五年（1820）原址重建。现存的承天寺塔保持了原塔的形制。

塔位于承天寺的中轴线上，八角十一层，楼阁式砖塔。塔高64.5米，塔体建在高2.6米、边长26米的方形台基之上。塔门面东，可通过4.8米的券道进入塔室。塔室呈方形，室内各层为木板楼层结构，以木梯盘旋而上。塔身一至二层各面设券门窗式壁龛（最早在宗教上是指摆放佛像的小空间，泛指在墙身上所留出的贮藏空间），之上隔层开南北券门式明窗或设东西向多门式明窗，十一层设四明四暗圆窗。塔身各层收分较大，塔外每层檐口菱角牙子状叠涩砖三层挑出，三层收进。塔顶有绿色琉璃砖贴和桃形塔刹。檐角垂挂风铃。整座塔为角锥形，呈现出古朴、简洁、明快的美感，没有辽宋塔复杂华丽的砖雕斗拱和佛像装饰，保留了西夏塔秀颀挺拔的艺术风格。

元明时期，承天寺塔曾遭兵火和地震破坏，明初仅"一塔独存"。后来朱元璋第十六个儿子明庆靖王朱栴重修了寺院，增建了殿宇，寺以"梵刹钟声"闻名塞上，是明代宁夏八景之一。

中国建筑经典

牛王庙戏台

始建于元至元二十年（1283）
台基高1米，台身面阔7.45米，进深7.55米
山西临汾魏村牛王庙戏台

山西临汾元代牛王庙戏台

山西号称"中国古代戏曲的摇篮"，汉至北宋年间，各地涌现滑稽戏、影戏、歌舞戏、百戏、技艺戏等多种多样的戏曲，元时戏曲日趋兴盛，戏台遍布各地，全国仅存的六座元代戏台都在山西晋南一带。

牛王庙戏台位于山西临汾魏村，亦称"魏村舞楼"。戏台前檐西角石柱有铭文"蒙大元国至元二十年岁次癸未季春竖"，可见其始建于元至元二十年（1283），后世多经修缮，目前保存下来的戏台主体仍为原有构造，唯上部屋面、台周檐墙曾经于明、清修葺或补筑，前檐台口两侧的八字墙向前加宽的台帮则系

256

现代增筑。戏台主体反映元代的建筑特征，是中国现存最早的木结构戏台。

戏台采用乐楼形式（乐楼原本与戏楼在形式上、规制上有较大区别，其最重要作用是礼乐之楼，是给神表演的），为木构亭式舞台，平面呈正方形，背面及两侧的后部筑墙，正面当台口，三面敞开，观众可以从正面、两侧观看，这种不分前后台的方式，是金元舞亭或乐楼的流行样式。戏台坐南向北，台基高1米，台身面阔7.45米，进深7.55米，建筑结构为井字形框架，顶部为单檐十字歇山灰瓦顶，台基有四根角柱。前部三面敞开，为表演区。四角立柱上设雀替大斗（雀替，安置于梁或阑额与柱交接处承托梁枋的木构件，可以缩短梁枋的净跨距离），上承大额枋（古代建筑中柱子上端联络与承重的水平构件。如额枋呈上下两层重叠状，在上称"大额枋"，在下称"小额枋"）。戏台大额枋结构的采用，使台口的空间得到了增大，后来的明清戏台无法与之比拟。额枋内侧留有圆环铁钉，演出时悬挂帷幔，构成前后台的分界。

屋顶为单檐歇山式，两侧后半部及后檐砌墙，前檐辟为台口，用方形小八角石柱二根，上有浮雕，柱侧刻有楷书纪年铭文。后檐用圆形木柱二根，两山另加辅柱一根，台周四边柱头之上各施大额枋一根组成框架。檐头斗拱五铺作重拱计心造（每一跳的华拱或昂头上放置横拱的一种斗拱），每边四垛分置于大额枋上。内部梁架则用斗二层巧妙地组成斗八藻井，颇为华丽。各层斗拱后尾转角处分别布设抹角梁（即在建筑面阔与进深呈45度角处放置的梁，似抹去屋角，故名之，起加强屋角建筑力度的作用），极大地增强了整体结构的稳定性。

岳麓书院

始建于宋太祖开宝九年（976）
占地面积约 2.5 万平方米
湖南长沙湘江西岸岳麓书院

长沙岳麓书院正学之门

　　岳麓书院位于湖南长沙湘江西岸的岳麓山东麓，占地面积约2.5万平方米，是中国古代著名的四大书院之一，也是目前保存最完好、规模最大的书院建筑群。

　　宋代书院制度是中国古代有别于官学的重要教育制度，岳麓书院与应天书院（位于今河南商丘睢阳）、白鹿洞书院（位于今江西九江庐山）和嵩阳书院（位于今河南登封嵩山南麓）并称为"宋代著名四大书院"，是中国古代传统书院建筑的典型代表。由宋迄今，弦歌相继，千年学府，人才荟萃，诚如头门楹联所云："惟楚有材，于斯为盛。"

　　岳麓书院始建于宋太祖开宝九年（976），由当时潭州知州在前代僧人办学的基础上正式创立。宋真宗大中祥符五年（1012），由长沙太守扩建。三年后，宋真宗赐书"岳麓书院"四字匾额，从此名闻天下。南宋时，著名理学家张栻在此主持教事，著名理学家朱熹两次前来讲学，"道林三百众，书院一千徒"，盛况空前。人们把代表湖南的潇水、湘水，比作孔子讲学的洙泗二水，岳麓书院有"潇湘洙泗"之美誉。张栻等人注重道德和实践相结合，反对空谈教育思想，对岳麓书院产生了深刻的影响，岳麓弟子很少流于空谈之弊，而多是一些有影响的"经世之才"。岳麓书院后历经宋、元、明、清各代，因战祸兵灾几度兴废，但教学仍一脉相承。清末光绪二十九年（1903），岳麓书院改为湖南高等学堂。1926年，在岳麓书院原址成立了湖南大学。

　　岳麓书院古建筑群分为教学、藏书、祭祀、园林、纪念五大建筑格局。现存建筑大部分为明清遗物。主体建筑有头门、二门、讲堂、半学斋、教学斋、百泉轩、御书楼、湘水校经堂、文庙等，并先后恢复重建了延宾馆、文昌阁、崇圣祠、明伦堂，以及包括供祀孔子、周濂溪、二程、朱熹、张栻、王船山、罗典等儒学重要人物的六大专祠建筑，清代书院中的园林和书院八景也全部得到恢复。岳麓书院在布局上采用中轴对称、纵深多进的院落形式。主体建筑如头门、大门、二门、讲堂、御书楼集中在中轴线上，讲堂布置于中轴线的中央。斋舍、祭祀专祠等排列于两旁。中轴对称、层层递进的院落，除了营造一种庄严、幽远的视觉效果和纵深感之外，还体现了儒家文化尊卑有序、等级有别、主次分明的社会伦理关系。

白沙宋墓

北宋（960—1127）
河南禹州白沙镇北宋赵大翁及家族墓地

河南白沙北宋赵大翁墓墓室结构透视图

　　1951年发掘的白沙宋墓位于河南禹州白沙镇，是北宋晚期流行中原和北方地区的仿木结构建筑雕砖壁画墓的典型代表。这组仿木建筑雕砖壁画墓在墓葬的规模形制、仿木建筑细部和彩画制作及雕砖壁画的题材和内容上都有极高的研究价值。白沙宋墓为三座家族墓葬，墓主是赵大翁及其家属，分别为三座夫妇的合葬墓。

　　1号墓为赵大翁夫妇合葬墓，砖室仿木建筑结构，分为前、后两室，室中连甬道（中廊）呈工字形，是流行的地面建筑样式。前室呈横长方形，后室六角形，中间甬道全长7.26米。从墓门到前后两个墓室都有复杂的砖砌仿木构，八

白沙北宋赵大翁墓墓室西壁画"夫妇对坐宴饮图"

角柱柱下有脚，柱顶阑额上砌出普拍枋和出两跳的斗拱，斗拱最复杂者为单抄单昂重拱五铺作。后室室顶还砌出藻井，其他如版门、直棂窗等都一一砌出。墓内有壁画，仿木建筑上也皆绘彩画，有研究者认为其与《营造法式》所记五彩遍装之制相同或相似，而用色则较五彩遍装为简，仅有赭、青、白三色。

从墓门开始，正面有仿木建筑门楼，上砌斗拱、檐椽和瓦脊。甬道两壁画身背钱串，手持筒囊、酒瓶及牵马的侍者。前室为横长方形，墓顶为叠涩盝顶，前室墓门内左右画持骨朵的护卫（骨朵是像长棍一样的古代兵器，用铁或硬木制成，顶端瓜形）。东、西两壁均有壁画，西壁为墓主人夫妇对坐宴饮图，东壁为11个女伎乐组成的散乐图，人物为浮雕。壁画反映了北宋时期高足桌椅的流行，陈列器物的变化也有表现。

后室为六角形，顶部用叠涩构成的六角形藻井，墓门、前室及后室均有砖雕斗拱。前室和后室有过道相通，过道两壁有彩画，且各砌一破子棂窗（是直棂窗一种，其特点在"破"字，窗棂是将方形断面的木料沿对角线斜破而成），即窗框将三角形断面的尖端朝外，平的一面朝内，以便于在窗内糊纸，用来遮挡风沙、冷气等。东壁下部有纪年题记"元符二年赵大翁"。后室的雕砖壁画表现的是墓主人内宅的生活场景，西北、东北两壁砌破子棂窗，西南壁画对镜着冠的妇女，东南壁画持物侍奉的仆人，北壁砌妇女启门图。无棺椁，是典型的二次葬，即继第一次埋葬后，再次在墓葬中埋葬，一般二次葬的对象为夫妻。用木头匣子装殓人骨，随葬品是一堆铁器和白瓷片，随葬有北宋元符二年（1099）朱书买地券。1号墓壁画的题材，前室应是起居、会客的堂，后室是卧室，反映了前堂后寝的传统住宅布局方式。

2、3号墓并列于1号墓以北，为平面呈六角形的单室墓，也是仿木建筑结构建筑雕砖壁画墓，棺床上置两具人骨，均为夫妇合葬墓。墓内壁画的题材与前者相同，但规模略小，墓内随葬品极少。2、3号墓的建造时代较赵大翁墓稍晚，约在北宋末年的徽宗时期。

辽墓棺床小帐

辽代（907—1125）
通高 2.285 米，面阔三间，东西 2.59 米；进深两间，南北 1.68 米
辽宁法库叶茂台镇辽墓出土

辽宁法库叶茂台辽墓出土"棺床小帐"

  从 1953 年以后，辽宁法库叶茂台镇曾发现了 20 余座辽代墓葬。1974 年发现的 7 号辽墓出土了一件"棺床小帐"。这是一件少见的小木作建筑实物，其作用是容纳石棺。

  棺床小帐属小木作工艺，仿大木作建筑而造，由帐座（即棺床）及上面的建筑帐头和帐身三部分组成，通高 2.285 米。实测帐头从斗底至压脊背高 0.745 米，为九脊顶，龙首鸱吻，无瓦垄檐椽，檐下只有单斗。帐身自脚到阑额背高 1.1 米，面阔三间，东西 2.59 米；进深两间，南北 1.68 米。外檐共用帐身柱 10 根，周围是板壁，前有破子棂窗。帐座面板以下高 0.44 米，整个小帐放在一张外有围栏的木造须弥座式帐座（棺床）上，台面为木铺地板，下垫砖基。棺床遍

施彩绘，勾栏华板绘牡丹、虎头和行狮图。帐前设两阶，各为三级踏道。棺床小帐内东西向放置有石棺，棺盖上覆一金缕绣袍，随葬有一奁盒包袱。此外在门内东侧地面板上随葬一把铁剪，西侧葬一盒餐具。在东、西两侧近南端各钉一铁钉，根据痕迹推测曾分别张挂山水画及花鸟画一幅。

从棺床小帐的构造看，小帐各构件的结合方式丰富多样，有卯榫结合、槽齿结合、栓（梢）结合、钉结合。屋顶的施工是先在外面分开钉好成四个整片，再到墓中组合架装于帐身的，这种装配式的施工方法表现了当时工匠的智慧和技巧。柱身、阑额、压槽枋等构件的内侧，均发现有书写的一至十的数字；垂脊和角脊、山板和博风板等也有相应的一些数字，是工匠书写的构件编号。

棺床小帐出自契丹贵族墓葬，研究者认为木作棺床小帐与唐代章怀太子墓、懿德太子墓、永泰公主墓出土的仿木石造小建筑形制结构十分相似，受到北宋丧葬制度中墓中设帐的影响，说明自辽代早期（或中期）以来，契丹统治阶级社会生活的汉化倾向就已经明显，开始从移动的帐篷建筑转向修建固定的房屋建筑。

这件叶茂台棺床小帐为仿大木作建筑建造，显示出当时大木作的原貌，而且较地面上同时代建筑后又屡经修葺者尤为真实可靠，为研究唐宋时期古建筑的历史提供了实物资料。

河北宣化辽墓

辽代（907—1125）
河北宣化西北八里村辽代张氏家族墓

河北宣化辽代张世卿墓墓室壁画

  自20世纪70年代以来，文物工作者先后在宣化发掘清理了十余座辽金时期的张氏家族墓，出土了大量珍贵文物和精美壁画。墓室建于地下4—5米处，均坐北朝南。形制多种多样，有双室墓、单室墓，平面呈方形、圆形、六角形、八角形等。由墓道、墓门、墓室组成，大部分墓葬都是仿木结构砖雕墓。可以1号墓张世卿墓为代表。张世卿是当地汉族士绅，其墓室突出高大，壁饰双龙，双凤门，壁画男女侍者。墓室为前、后方形墓室，由墓道、天井、墓门、前室、甬道和后室组成。墓门由仿木结构的拱券门、门墙砖砌、彩绘而成。前、后墓室内部做出仿木砖雕柱子，柱子上承普拍枋和阑额，再上为斗拱，到此开始收砌成穹隆顶，皆彩绘。

墓群出土了众多具有重要研究价值的文物，有铜器、铁器、瓷器、陶器、木器、漆器、石器、装饰品及食物等，其中辽三彩、黄釉瓷器、白瓷、哥窑影青执壶和盏杯等辽代陶瓷，均为精品。墓葬出土家具桌、椅、箱、盆架、镜架和柏木棺箱等木器，保存完好，是研究中国古代家具的重要实物资料。柏木棺箱内有骨灰，外均有墨书梵、汉两种经文，这种特殊葬式尚属首次发现。墓中出土粟、谷、高粱、核桃、栗子、葡萄等食物，用石灰封口的鸡腿瓶中装有酒，为研究古代粮食作物及酿酒技术提供了珍贵资料。

宣化辽墓群出土了彩色壁画共计98幅，总面积达360平方米，数量众多，内容丰富，保存完好。题材内容有天文图、茶道图、散乐图、出行图、启门图、挑灯图、备经图、备宴图、备装图、对弈图、婴戏图、花鸟图等。其中以张世卿墓壁画最为丰富，有出行、散乐、备茶（食）、备经等场面，描绘众多启箱侍女，持箱、持钵（双陆）、持巾、持扇、持盂、持拂尘男吏等侍者更加罕见。墓中的散乐图，具体展现了文献中记载的"散乐"表演；点茶图反映了从贮茶、碾茶、煮茶到饮茶的整个过程；墓顶的天文图，是考古发现的重要天文材料；等等。这些壁画以写实为主，反映了辽金时期中下层官吏生活的各个方面，以及社会经济、文化、宗教和民族大融合的情况。

内蒙古赤峰沙子山元墓

元代（1206—1368）
内蒙古赤峰沙子山元墓

内蒙古赤峰元墓壁画"夫妇对坐图"

  1982年发现的内蒙古赤峰沙子山元墓是一座小型砖室墓。墓葬外观类似于现代蒙古包，平面呈方形，穹庐形券顶。墓室墙壁及穹庐形券顶之上布满彩绘，内容有墓主人对坐图、行旅图、山居图、生活图、礼乐仪仗图等。彩绘使用黑线勾勒轮廓，平涂着染色彩，用笔刚健粗犷，线条准确，构图得体，色彩鲜艳。

  方形墓室模仿蒙古族毡帐的造型，起券时由四角各搭一横砖，然后内收，四角正视呈三角形平面。券顶高2米，正顶留有直径约80厘米的孔洞，顶部覆盖整块大石板。穹隆形券顶用白灰做底，绘满大束的牡丹、荷花，枝叶招展，互相交缠，花叶上点缀粉红、翠绿色。墓圆形孔洞处绘双钩莲瓣花环，下沿一周衬以黄色垂幔，绚丽斑斓。

"墓主人对坐图"绘于墓室正壁（北壁），宽243厘米，高94厘米，横幅。宽阔的帐幕之下，墓主人夫妇左右相对而坐，男主人长圆脸，宽脸庞，短髭长须，浓眉朱唇，头戴圆顶帽，帽缨垂肩，耳后宽扁带上有缀饰。身穿右衽窄袖蓝长袍，腰围玉带，脚穿高靴。左手扶膝，右臂搁在坐椅的卷云形扶手上。女主人盘髻插簪，耳垂翠环。身穿左衽紫色长袍，外罩深蓝色开襟短衫，腰间系带垂至膝下，脚穿靴。男女主人身后立侍者侍奉。左右两侧有扎起的紫色帷帐陈设，正中悬一长方形垂饰，上绘花卉。这种"墓主夫妇开芳宴"的题材流行于宋金时期，元代也多有发现，说明当时中原地区文化、生活习俗对蒙古民族产生了一定的影响。

墓门东、西两侧分别绘有一幅"礼乐仪仗图"。东侧画有三人，其中两人头部画面已脱落：一人身穿圆领窄袖红色长袍，双手执杖；一人身穿圆领窄袖绿长袍，正吹奏横笛；还有一人身穿紫色长袍，执槌击鼓。西侧也画三人，幅面大小与东侧大致相同。东、西壁面之右半部分分别绘有一幅"生活图"。东壁画一长方形四足细长的高桌，桌沿下镶曲线牙板，腿间前后连单枨，左右连双枨。桌上置浅腹碗、黑花执壶、黑花盖罐等，桌旁立仆人捧碗。西壁也画一高桌，其上放有黑花瓷壶、盖罐、玉壶春瓶等，桌旁也立仆人托盘。壁画简洁直观地表现了墓主人生前日常生活和室内陈设的状况。

棺床东壁头部与西壁脚部分别有"行旅图"和"山居图"。"行旅图"四框以黑线勾勒雷纹图案，右侧山岩点缀树木，中部靠下有一人头戴展角幞头，身着长袍，骑驴向画外而行，后有一童仆相随。"山居图"幅面大小及四框装饰与"行旅图"相同，"左侧山岩间有房舍隐现，山前有枝叶苍劲浓郁的大树、山下小溪中双禽嬉游；右侧苍松下，一人身着圆领长袍，双手扶膝，盘坐于岩石上"。研究者认为这两幅图像具有家具屏风中围屏的性质，在整个墓室之中墓主图像、棺床及山水床挡画共同凸显墓主之位。

卢沟桥

金大定末至明昌初（1189—1192）
长266.5米，宽7.5米
北京丰台永定河金代卢沟桥

北京丰台金代卢沟桥

卢沟桥全长266.5米，位于北京西南丰台的永定河上，永定河古称"卢沟"，故名"卢沟桥"，是北京地区现存最古老的一座十一孔联拱石桥，也是华北地区最大的联拱石桥。建于金大定末至明昌初（1189—1192），后经历代重修。

此桥施工技术、石桥造型和石雕技艺久负盛名，具有很高的建筑成就、历史地位和学术价值。研究者对卢沟桥结构进行实地勘查，取得了较准确的数据。桥面构造，从侧面看去，可分桥面伏石、仰天石、桥面石三层。在11个拱背和撞券之上铺砌了一层桥面伏石，伏石之上为挑出的仰天石，外边刻作极为简单的卷叶云头。桥面宽7.5米，连栏杆地栿（即处在栏杆最下层的构件，它是置于阶条石之上的横向石件）、仰天石在内共宽9.3米。桥面分作河身桥面与雁翅桥面两部分。河身桥面长213.15米，宽9.3米，桥面略呈弧形，两端较低，中间稍隆，据实测中心较两端高0.935米，坡势平缓。雁翅桥面斜长28.2米，作喇叭口形，入口处宽32米，坡度较大，上下相差2.13米。

桥面的大理石护栏，是由281根望柱和279块栏板交替组成的。南侧望柱140根，栏板139块；北侧望柱141根，栏板140块。望柱和栏板石迎面雕有精美的花卉图案，望柱顶端为石质须弥座和仰覆莲座的石圆盘，盘上雕刻姿态各异的大石狮，大石狮头上、足下或胸前、背后又雕有一些小石狮，当地流传"卢沟桥的狮子数不清"。据古籍记载，"桥柱刻狮凡六百二十有七"，经历代多次修缮，现仍有大小石狮495个，分别为金、元、明、清历朝作品。桥两端的抱鼓石，东端是两头大石狮，西端是两头大石象，身躯硕大，憨态可掬。在顶栏石狮、石象之外，各竖华表一个，高4.65米，下设八角须弥座，莲座圆盘之上雕有一头石狮，神态自若，十分生动，迎向桥外，似在迎送往来行人。

卢沟桥拱券和桥墩结构坚固，除两岸金刚墙外共有10个桥墩、11个拱券，拱券的跨径与桥墩的距离一致，亦是由两岸逐渐向桥心增大。最外一拱的跨径为11.5米，至中心拱跨径为13.42米。桥墩平面呈平底船形，北为上游，是进水面，砌筑分水尖，状若船头，长4.5—5.2米，约占桥墩四分之一。在每个分水尖的前端，各装有一根三角铸铁，边宽26厘米，锐角向外，以减轻洪流和冰块冲击，保证分水尖的稳定。在分水尖上面，又盖了六层分水石板，称"凤凰台"，下两层挑出，以上各层逐次收进，高1.83米，既加固了分水尖的稳定性，对桥墩的承载压力也起到了平衡作用。桥墩南面顺水，砌作流线型，形似船尾，以分散水流，减轻洪流对券洞的压力。卢沟桥的半圆拱券采用纵联式实腹砌筑法（实腹，即在拱桥拱券腹部不开洞的筑桥方法），使11个拱券联成一体。拱券龙门石上，至今依然保留有中间三个拱顶龙头，雕工十分精美。从桥的外部看，桥墩、拱券的各部分均使用了腰铁，用以加强石与石之间的联结。据史料记载，乾隆五十年至五十一年（1785—1786）修建桥面时所见的"石工鳞砌，锢以铁钉，坚固莫比"，可知桥的内部结构也是大量使用了腰铁和其他铁件增强砌石之间的拉联，桥脚以铁柱穿石，俾使千载永固。

桥墩、拱券、望柱、栏板、抱鼓石和华表等都用天然石英砂岩、大理石砌筑，桥面则用天然花岗岩巨大条石铺设而成。桥下河床铺设数米厚的鹅卵石和石英砂，为整个桥体的砌筑打下了坚实基础。大桥虽经历800多年风雨，仍具有很强的承重力，显示了古代工匠建桥工程技术的高超。

金中都与元大都

金中都扩建于天德三年（1151），元大都始建于元至元四年（1267）
北京金中都与元大都遗址

金中都城复原图

　　元代都城大都位于今北京，战国到唐一直是北方重镇，辽曾在此建立南京，金扩建为中都。金中期以后定都中都大兴府，为金天德三年（1151）在辽代南京城旧基上仿宋代都城汴梁扩建而成，外城方正，面积与汴梁相近，皇城在外城内中央稍偏西南，周九里许。宫城在皇城北部，宫城的东、西、南墙或为皇城城墙，各墙于正中开一门，南门左右又有掖门。外城每面各三门，相对的门有大街直通，组成规则网格。从南面正门丰宜门往北，过皇城正门宣阳门，直抵宫城正门应天门为全城轴线，也称"御道"。皇城内御道两边有整齐排列的衙署和太庙。金中都的轴线并不像汴梁在宫城正门前终止，而是更向北延伸至宫城北门和外城北门，更北还以辽建天宁寺塔为外景。宫城西门外有宫苑，外城外东北有沼泽、湖泊、小山，据说辽时已建有离宫，金时续力修建，即今北海和团城。离宫中有从汴梁艮岳运来的太湖石，是今北京各公园太湖石的重要来源。金中都主要由汉族匠师主持建造，布局仍多保存唐代特点，受宋代汴梁城的直接影响，构成华北平原上的规整式城市，影响了后来元大都以至明清宫城的修建。

蒙古灭金，中都遭受破坏。元世祖忽必烈即位以后，废弃了金中都，以其东北的琼华岛金代离宫为中心，另建新城，命汉族匠师刘秉忠主持规划，元至元四年（1267）开始建设，元至元九年（1272）基本完成，号"大都"。元大都是可以媲美隋唐长安及明清北京的都城，严格按照规划建设，布局严整，规模宏伟。大都城平面接近正方形，东西6700米，南北7600米，北面二门，东西南三面各三门，城外绕以护城河。正对各门有大街，在二门之间及沿城内一周也各有一条大街，除被宫殿区打断和城内湖泊阻隔外，大街皆纵横相通，基本上是九经九纬。城墙为夯土，有马面，四角有角楼。在中轴线前部建皇城、宫城，与长安不同。皇城在大都南部的中央，皇城南部偏东为宫城。城内道路取方格网式布置，居住区为东西向横巷，称"胡同"。大都共十一个城门，每门都建城楼，城外有瓮城，它们和角楼、城墙一起，组成了城市外围丰富的立体轮廓。城中心建中心台，"方幅一亩"，台稍偏西建鼓楼，其北又有钟楼，是城市主要的市场。市中心大街交会处建钟鼓楼，成为明清北方许多城市的格局。大都的街道以南北向的为主，大街宽24步（37米）、小街宽12步（18.5米）。之间布置东西向的胡同，宽五六米。胡同之间的距离都约为50步（77米），非常整齐。修建民宅，"以贵高及居职者为先"。城内分划为50坊，但只是一种地段行政单位，并无汉唐那样的坊墙。

宫殿是元大都城中的主要建筑。皇城位于大都南部的中央，主要有三组宫殿和太液池、御苑等。皇城正门承天门外，有石桥与九星门，再往南御街两侧建长廊，称"千步廊"，直抵都城的正门丽正门，与宋汴梁和金中都宫城前的布局

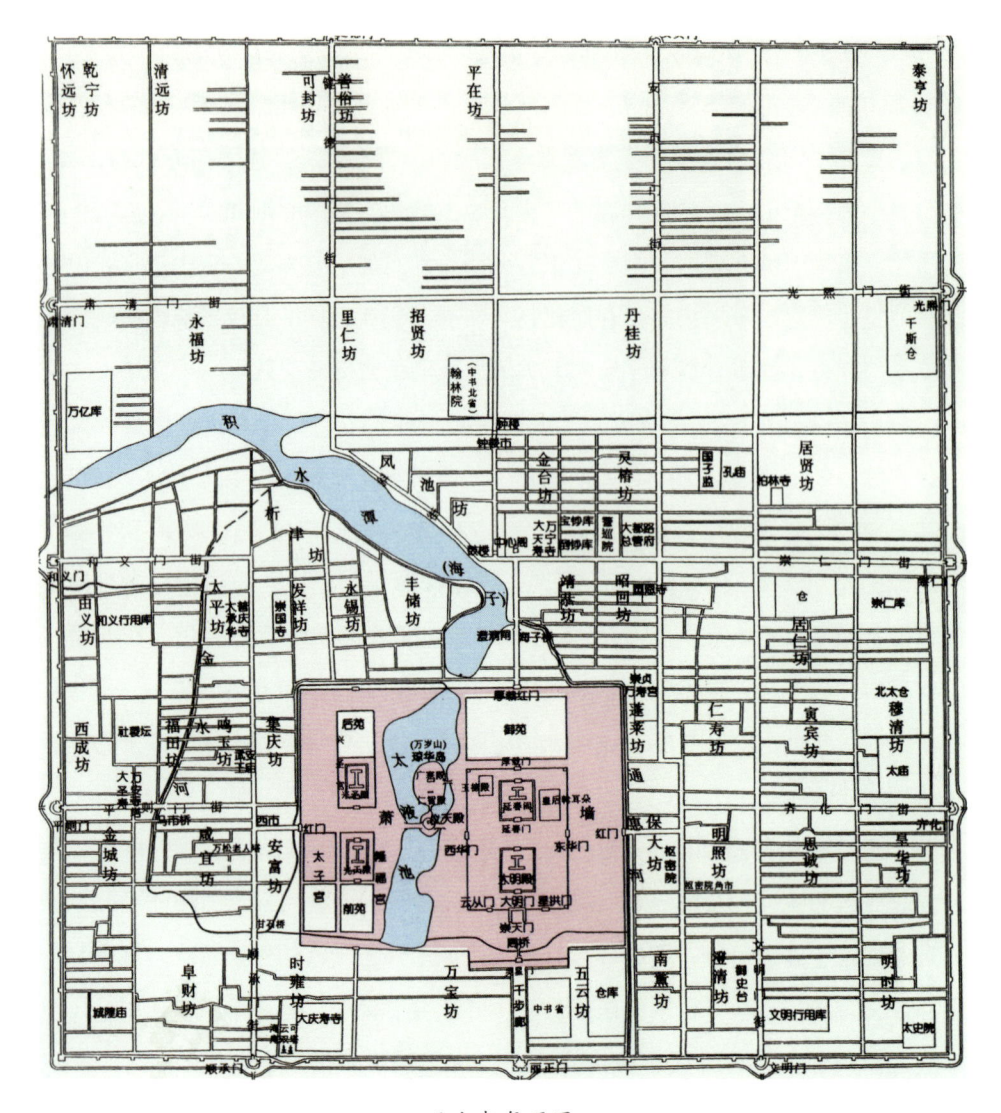

元大都复原图

相似。皇城的东西两侧建有太庙和社稷坛，明显比附《考工记》中的王城制度。宫城位于全城中轴线的南端，又称"大内"，有前后左右四座门，四角建有角楼。宫城之西是太液池，池西侧的南部是太后居住的西御园，北部是太子居住的兴盛宫，宫城以北是御苑。宫城内有以大明殿、延春阁为主的两组宫殿。前院大明殿是朝会大院，后院延春阁是皇帝日常居寝所在。这两组宫殿的主要建筑都建在全城的南北轴线上，其他殿堂则建在这条轴线的两侧，构成左右对称的布局。元大都主要宫殿多由前后两组宫殿所组成，每组各有独立的院落。而每一座殿又分前后两部分，中间用穿廊连为工字形殿，前为朝会部分，后为居住部分，殿后往往建有香阁，继承了宋、金建筑的布局形式。宫殿装饰极为华丽，方柱涂以红色并绘金龙，墙壁挂毡毯、丝质帷幕等，保留了游牧生活习惯，受到了喇嘛教建筑和伊斯兰教建筑的影响。宫城内还有若干盝顶殿及维吾尔殿、棕毛殿等。

元大都水系由水利专家郭守敬规划，利用原有地貌组织水面，既保证了城市用水，规划了交通，美化了景色，丰富了城市生活，又改善了气候，疏通了东面的运河通惠河，南方物资可以通过运河直达大都。此外，规划了一条新渠，由北部山中引水，并汇合西山的泉水，在北城汇成湖泊，然后入通惠河。这条新渠的选线可以截留大量水源，既解决了城市的用水，又开通了运河。大都的排水系统全部用砖砌筑，干道与支道分工明确，规划性很强。

与汉唐长安城、北宋汴梁城一样，元大都是当时世界上繁华的大都市。元至元十二年（1275），马可·波罗来到元大都，在《马可·波罗游记》中对元大都的繁荣和元皇宫的雄伟富丽作了详尽描述。外国旅行家对东方中国的描绘在欧洲引起了强烈的反响。

中国建筑经典

萨迦南寺

始建于南宋度宗咸淳四年（1268）
占地面积14700平方米
西藏日喀则萨迦南寺

西藏日喀则宋代萨迦南寺城门

　　萨迦寺是一座藏传佛教寺院，是萨迦派的主寺。萨，藏语意为土；迦，藏语意为灰白色；"萨迦"即为灰白色的土。相传该地仲曲河北岸奔波日山上的岩石风化后成为灰白色的土，萨迦因此得名。

　　萨迦寺以河为界分为南北两寺，仲曲河横贯其间。据记载，北宋熙宁六年（1073），吐蕃贵族昆氏家族的后裔贡却杰布（1034—1102）修建了萨迦寺，即萨迦北寺。后经历代法王增建，北寺逐渐形成大型宫殿式建筑群，据传有拉康（佛殿）、贡康（护法殿）、颇章（宫殿）、拉章（大活佛宅邸）等建筑108座。14世纪以后，随着宗教活动中心逐渐向南寺转移，北寺破坏无存。

萨迦南寺位于仲曲河南岸，建造于南宋度宗咸淳四年（1268），八思巴任萨迦法王时期。南寺结合了汉、印、藏建筑风格，布局似坛城。萨迦派俗称为"花教"。萨迦南寺墙面以红、白、蓝三色条纹为饰，分别象征文殊、观音和金刚手菩萨，为萨迦寺建筑特色。萨迦南寺是十分典型的元代城堡建筑，平面呈方形，总面积14700平方米。有内外两道城墙，为夯土墙体。内城墙高大坚实，四角有高耸的四座角楼，中部均设有敌楼和向外凸出的马面墙台以及防守的垛口，仅东面正中开有城门。外城围墙筑以低矮的"回"形土城，具有战时防御功能，且东面为城门入口。外城墙外设有石砌护城河壕沟，与内城墙构成立体防御体系，望之如同城堡。这种城堡型的寺庙为早期藏传佛教寺院的常用形式，具有独特的风貌。

城堡的主体建筑是大经堂拉康钦莫，藏语中称为"拉康钦莫"，意为大佛殿。殿位于两套城墙内的中心位置，主殿与周围分布的低矮僧舍建筑群形成鲜明对比，总面积为5775平方米，正殿由40根巨大的木柱支撑直通房顶，前排中间的4根柱子称为"四大名柱"：元朝皇帝柱，据传为忽必烈所赐；猛虎柱，相传由一猛虎负载而来；野牛柱，相传为一野牦牛用角顶载而来；黑血柱，相传是海神送来的流血之柱。正殿高约10米，大厅可容纳近万名僧人诵经，内供三世佛、萨迦班智达及八思巴塑像。佛像背后的西墙整面全是大藏经，经书一直叠垒到殿顶。

萨迦南寺另一重要殿堂为欧东仁增拉康，面积为340平方米，内有11座萨迦法王灵塔，殿内墙上绘有八思巴早年的画像和修建萨迦寺的壁画。殿后堂有描绘西藏历史上的重要事件，即萨班与阔端会晤的壁画。欧东仁增拉康的南侧有座"普康"，是该寺修密宗的僧人诵经的处所。

从萨迦南寺大殿出来，经廊道而至前院，再沿数十级长梯，即可到大殿顶层。平台的西、南两面有宽敞的长廊，廊墙上绘有珍贵壁画，南壁绘有萨迦祖师像，西壁绘有大型曼荼罗。曼荼罗是梵文 Mandala 的音译，意译"坛""坛城""坛场"等，是藏传佛教密教修持能量的中心。

唐卡和壁画是西藏寺院绘画艺术的奇葩。萨迦寺存有唐卡3000余幅，其中宋、元、明时期的珍贵唐卡有360余幅。萨迦寺壁画色彩鲜艳、形象生动，除了宗教内容外，还记录了八思巴来往于其他地区和西藏之间以及在北京接受敕封等场面。

萨迦南寺曾有过两次大修，1948年维修时对主殿内部结构进行了较大的改动，如在殿前增加了一些附属建筑物，大殿内的木板壁改成了泥墙，重绘和增添了不少壁画，把南寺围墙上开有垛口的女儿墙改成西藏形式的平合檐等。

萨迦寺是萨迦派的祖寺，在萨迦派信徒乃至整个藏族信徒中有着崇高的地位。它也是一座具有浓郁宗教文化氛围的藏传佛教寺院建筑，是藏式平川式寺庙建筑的代表，融藏汉建筑风格于一体，在国内外享有盛誉。

妙应寺白塔

始建于辽代寿昌二年（1096），重建于元至元八年（1271）
塔高 50.9 米，塔身直径为 18.40 米
北京妙应寺白塔

北京辽代妙应寺白塔

  北京妙应寺白塔通体白色，故俗称"白塔"，于辽代寿昌二年（1096）建塔。据说当时塔身藏有释迦佛舍利、戒珠、香泥小塔、无垢净光陀罗尼经等，后毁于兵火。元世祖忽必烈于至元八年（1271）敕令在辽塔遗址建造喇嘛塔，又令以塔为中心修建大圣寿万安寺。元至正二十八年（1368）寺遭雷电击焚，毁坏全

部殿堂，只有白塔幸存。明天顺元年（1457）信众赞助重修该寺，皇帝赐匾，改名"妙应寺"，因寺内有白塔，故又俗称"白塔寺"。清代，妙应寺为理藩院直接管辖的喇嘛寺，额设喇嘛39名。清中后期，妙应寺僧人出租配殿及空地给小商贩进行百货、小吃、花鸟鱼虫等交易，渐成为北京著名庙会之一。

白塔位于妙应寺中轴线上的最后的院落，形成"前殿后塔"的格局，北海白塔寺亦采用此种格局。塔院四周围以红墙，形成独立院落，中间的具六神通殿与白塔同位于一个凸字形台座上，前方为三开间单檐歇山的汉式殿堂，后方则是高大的喇嘛佛塔，两者风格迥异，比例悬殊，更突显塔身硕大雄伟之气势。

白塔形制源于古印度的窣堵坡式，由元代来自尼泊尔的匠师阿尼哥设计建造。白塔由塔基、塔身和塔刹三部分组成。台基高9米，塔高50.9米，底座面积1422平方米，台基分三层，最下层呈方形，台前有一通道，前设台阶，可直登塔基，上、中二层是亚字形的须弥座。台基上砌基座，将塔身、基座连接在一起。莲座外尚有五道金刚圈，以承托塔身。塔身为硕大的覆钵，最大处直径18.4米，形如宝瓶。塔身顶部塔颈有小须弥座，再往上竖立着下大上小、呈圆锥状的十三重相轮，称为"十三天"。相轮起着塔座到塔刹之间的过渡作用，它的数目代表塔的级别，十三天是等级最高的塔。相轮顶置直径9.7米的巨大华盖，华盖以厚木为底，上覆铜板、铜瓦，四周悬挂36片铜制透雕的流苏，每片都悬有风铃。十三天上有铜盘，竖八层铜制塔刹，是一座小喇嘛塔，高5米，重4吨，分为刹座、相轮、宝盖和刹顶几个部分，是比较原始形式的窣堵坡。

佛密宗教义认为喇嘛塔是由方、圆、三角、半月、团形五种基本形状组成，分别代表佛教世界构成的地、水、火、风、空五大要素，又代表了大日如来的五智，概括佛理的全部真谛。妙应寺白塔其稳定、浑厚的造型，白色的颜色，引发信徒虔诚敬仰，成为汉地喇嘛塔的代表作品。元大都妙应寺白塔融合了中尼两国的佛教建筑风格，对明清两代喇嘛塔的兴建有着深远的影响。

永乐宫

始建于元太宗后四年（1245），主体建筑完工于元中统三年（1262）
山西芮城永乐宫

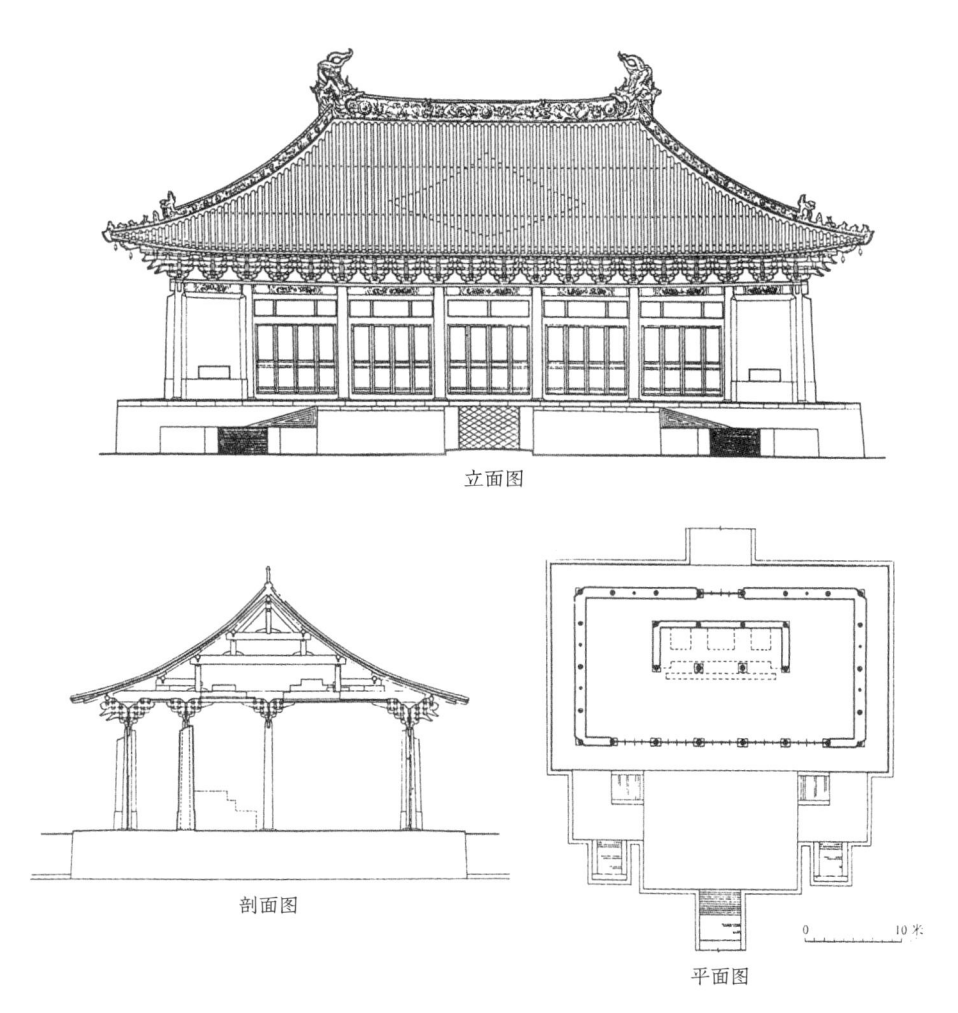

立面图

剖面图

平面图

0　　10米

山西元代永乐宫三清殿立、剖、平面图

　　永乐宫是元代道教宫观建筑群，故址山西永济永乐镇传说是道教人物纯阳真人吕洞宾的家乡，又名"大纯阳万寿宫"。20世纪50年代修建三门峡水库，永乐宫整体迁建原址以东20千米的山西芮城城北。

永乐宫始建于元太宗后四年（1245年，元太宗乃马真皇后临朝），是道教全真派的祖庭之一，宫内供奉三清、吕祖及其他多位全真派祖师。永乐宫内现存元代建筑四座，均位于中轴线上，由南至北分别为无极门、三清殿（又称"无极殿"）、纯阳殿和重阳殿，无极门、重阳殿为彻上露明造，三清、纯阳二殿中存有珍贵的元代小木作天花、藻井，小木作与大木作均大约完工于元中统三年（1262）。

永乐宫建筑为三进院落，中轴线两侧不设配殿等附属建筑物。建筑结构使用了宋代"营造法式"和辽、金时期的"减柱法"。庭院只有院墙围绕，没有一般院落常有的周庑和配殿。前后三殿规模以三清殿为最大，以后依次减小，各殿殿前庭院深度及月台甬道宽度也依次减小，殿前的纵深距离依殿的总面阔和高度而定。三殿内绘有壁画，是元代宗教绘画精品。

三清殿是供道教大神的神堂，为永乐宫的主殿，位居正中。面阔七间，深四间，八架椽，单檐五脊顶。殿内北中三间设神坛，其上供奉元始天尊、灵宝天尊、太上老君，合称为"三清"。前殿壁画绘道教诸神朝拜三清的场面。室内结构采用内外分槽，内槽缩小，占据中央偏北的三开间；柱网平面为减柱造，仅在内槽处使用八根金柱。前檐中央五间和后檐明间均为隔扇门，其余为墙。殿内共有藻井七眼，分别位于明间、东西两次间的外槽和内槽，以及明间后侧外槽。藻井平面呈正方形，直径1.2—3.2米不等，高2—3层。尤以明间外槽八角星状藻井最为精美，体量最大，由套八方式演化而来，共有上下三层，分别是方井、八角星井、圆井，各层中均使用斗拱，方井、八角星井层为七铺作卷头重拱造，圆井层为八铺作卷头重拱造。藻井中均使用了八边形的元素，这在设计和建造难度上都要大于方形和圆形，其结构比前代的斗八藻井繁复多变。藻井各层彩绘，富有装饰性，顶板上雕有蟠龙。永乐宫中的天花和藻井为元代官式小木作的典型做法，体现了鲜明的时代特色。

纯阳殿殿宽五间，进深三间，八架椽，上覆单梁九脊琉璃屋顶。殿北部一间四柱神坛，前檐明次间与后檐明间皆为隔扇门，余为墙面。神坛上原为吕洞宾塑像，现已损毁。中殿绘纯阳真人吕洞宾一生神迹故事。重阳殿供奉道教全真派

山西元代永乐宫三清殿八角星状藻井

创始人王重阳及其弟子，后殿壁画绘王重阳的生平事迹。

永乐宫建筑不过于突出，力求创造出观赏壁画的环境，以引导信众通过道家修炼到达"真实"的彼岸。建筑注意与壁画契合，壁画绘出了许多建筑的图像。三殿的前檐采光面较大，宫门内长长的两道、狭窄的夹垣和阴阴的树木将人引入幽邃的境界。室内壁画的宏大构图和飞扬线条，与室外空间的恬淡空寂形成了鲜明的对比，将人引进一个广大而遥远的仙界。

凤凰寺

重建于元至元十八年（1281）
占地面积约 2600 平方米，建筑面积 1370 平方米
浙江杭州凤凰寺

杭州元代凤凰寺大殿内景

　　位于浙江杭州的凤凰寺又名"真教寺"，与扬州仙鹤寺、广州怀圣寺、泉州清净寺齐名，为沿海地区伊斯兰教四大清真寺之一。凤凰寺创建于唐，到宋时被毁。元至元十八年（1281）伊斯兰教人物阿老丁开始重新修建，1451—1493年明朝期间再次扩建重新修建，最终形成凤凰寺的建筑群规模。寺内有水房等附属设施，是伊斯兰宗教节庆活动的主要场所，也是杭州伊斯兰教的礼拜中心。整体布局依照伊斯兰教义，结合中华文化与阿拉伯文化特色，具有传统建筑风格。

寺院面积约2600平方米，坐西向东，主要建筑布置在东西向的中轴线上，朝向伊斯兰圣地麦加。寺院用高大的砖墙围合，寺内主要建筑物为门厅、礼堂、大殿。门厅为砖结构，呈狭长形，上壁书"凤凰寺"红底金字，下为拱券门洞。

寺院后部正中的大殿为全寺的主体，现存大殿中三组并排的后窑殿，中间一组为宋时所建，其余两组为元代增建，后由明代依原重修。全部用砖砌成，四壁上端转角处砌菱角牙子叠涩收缩，上覆半球形拱顶，不用梁架，故称"无梁殿"。殿中通面阔28.15米，以拱券门分隔成三大间，每间有半球形穹隆顶，中间一个直径8米，左右分别为6.80米和7.20米，穹顶建有中国式攒尖顶，明间为八角重檐，次间为六角单檐，筒瓦垄，翼角起翘，殿顶形制具有明显的中国传统建筑和伊斯兰教建筑相互融合的特色。

当心间和次间的后墙设有"读经台"，呈须弥座形式，两侧为雕竹节望柱，束腰刻有花草，构图洗练，刀法遒劲，当为元代遗物。当心间两座，其上倚墙立有木质红漆的"经涵"，刻有阿拉伯文的《古兰经》、海石榴花纹及方胜合罗图案，可能为明景泰二年（1451）重修时设置。"经涵"下部墙内有一壶门形圣龛，阿拉伯文称之为"米海拉卜"，为祈祷礼拜的焦点，是一般清真寺所共具的特征。圣龛的左面，即当心间后墙左角，有一座宣谕台，教长在星期五聚祈时说教用。大殿穹顶内绘制彩画，外墙粉刷白色。

凤凰寺是国内早期伊斯兰教寺院之一，建筑结构形制、装饰艺术等，既遵循了伊斯兰教寺院建筑原则，又采用了中国传统建筑的一些做法，形成了中国式的伊斯兰教建筑风格。寺北墙内建有碑廊，存有阿拉伯文、波斯文碑石24块，还存有明永乐、弘治时的敕谕碑，以及清顺治、康熙年间重修寺碑记等文物。

怀圣寺光塔

重建于元至正十年（1350）
塔高 36.6 米
广东广州光塔路怀圣寺光塔

广州元代怀圣寺光塔

　　光塔亦称"番塔"，又称"呼礼塔"或"怀圣塔"，位于广东广州光塔路怀圣寺院西南隅。寺称"怀圣"，即怀念伊斯兰教先知穆罕默德圣人之意。寺院始建年代已不可考，相传由唐初来华的阿拉伯传教士阿布·宛葛素主持，当时侨居广州的阿拉伯穆斯林商人捐资兴建。

　　寺院坐北向南，占地面积为2966平方米，由寺门、望月楼、水房、长廊、碑亭、客室、礼拜殿、藏经阁和光塔组成。礼拜殿为寺的主体建筑，造型为中国宫殿式，为三间带周围廊、歇山重檐、绿琉璃、带斗拱的砖砌建筑，耸立在带雕石栏杆的大平台上。石栏杆栏板上雕刻各异，有葫芦、扇子、伞盖、花卉等图案。大殿内洁白明亮、铺木地板，三面有拉门。殿内可容千余人礼拜。大殿梁下题字为"唐贞观元年岁次丁亥鼎建，民国廿四年岁次乙亥三月廿一日辛未第三次重建"。大殿左侧碑亭内有元至正十年（1350）郭嘉《重建怀圣寺记》碑和清康熙、同治时重修寺碑记。据碑刻记载，怀圣寺自元末到民国年间经历过数次重修。

塔为宣礼之用，兼有导航塔的功用，夜间宣礼或导航都应举灯，故名"光塔"。塔高36.6米，用砖石砌成，建筑平面为圆形，中有塔心柱。外观若一圆柱，分上下两段，下段较高而粗，上段较低而细，均有收分，极顶挑出叠涩两圈，再以葫芦样宝珠收束，底部直径8.85米。两段相错的圆形平台周边设有围栏。塔底有前后二门，各有一磴道，两楼道相对盘旋而上，塔内有石阶梯道可供登临，沿螺旋形梯而上可登塔顶露天平台。平台正中又有一段圆形小塔，塔顶原有金鸡一具，可随风旋转以测风向，明洪武年间（1368—1398）和清康熙八年（1669）两次为飓风所坠，后改为今状的葫芦形宝顶。

阿拉伯最初的伊斯兰宣礼塔多以基督教堂方形平面的钟塔为蓝本。11世纪波斯的宣礼塔仍多为方形。9世纪中修建的伊拉克萨玛拉穆答瓦克尔寺塔，平面已是圆形，而附塔磴道露天，呈螺旋状。与之相似则有876年修建的埃及土伦大寺，塔下方上圆，也是露天的螺旋磴道。此种塔的原型，甚至可上溯至公元前2000年以前西亚的苏美尔观象台，其为方形多级台体，有单向或双向的折旋露天磴道。到12世纪，波斯和中亚才开始盛行圆柱形宣礼塔，环绕塔心柱的螺旋磴道不再露天，其外有向上收分的墙体围护，像一根大柱，如伊斯法罕的伊阿里礼拜寺塔，塔顶收成圆锥。体量更大更优美的宣礼塔是布哈拉城卡兰清真寺的塔，高46米，内有100余级螺旋磴道。广州怀圣寺的圆柱形塔体及螺旋磴道，与12世纪波斯和中亚的宣礼塔更为相近。

清净寺

始建于北宋大中祥符二年（1009），重建于元至大三年（1310）
礼拜殿占地面积约 600 平方米
福建泉州清净寺

福建泉州清净寺门殿

　　福建泉州清净寺始建于北宋大中祥符二年（1009），重建于元至大三年（1310），原称"圣友寺"，元起称"清净寺"。清净寺历经重修，现存门殿和礼拜殿（奉天殿）遗址，是一座我国现存最古老的伊斯兰建筑风格的石结构寺院。

　　礼拜殿坐西朝东，门殿在其东南，面对东西方向的街道。据门殿内石墙上的阿拉伯文碑铭，门殿由来自波斯的艾哈默德·本·穆罕默德·古德西于元至大三年（1310）所建，由前部两重券龛和后面一间方室组成，用辉绿岩和花岗石砌筑。门殿的重门券皆为尖拱券，前两重门券内备有半穹隆顶，后两重门券之间即方室，上覆穹隆顶。尖拱弧券均有四个圆心，拱冠的圆心在券外，是10世纪以后一种典型的波斯二次曲线四心圆形式建筑。半穹隆顶和穹隆顶的角隅均为早期做法，以抹角石形成方圆过渡（严格来说是方形与八角形的过渡）。当时波斯和中亚已广泛采用合理的抹角拱龛和称为"姆卡那斯"的菱角牙子叠涩、拱龛结合建筑方式来处理。全部门殿的上面都砌作平台，四周建雉堞（又称齿墙、垛墙、战墙，是有锯齿状垛墙的城墙），连雉堞前墙高20米。平台兼作宣礼台和望月台。平台上原有亭、塔，已毁。从整体到局部，门殿基本上可看作是中世纪中亚建筑的样式。

礼拜殿（奉天殿）在寺内西部，占地面积约600平方米，平面矩形，面阔五间、进深四间，西墙正中凹入为圣龛的位置，南墙开八个长方形窗，北墙开一门，东墙为礼拜殿正门。门楣部分雕刻有阿拉伯文《古兰经》。屋顶早已无存，仅留花岗石砌成的大殿四壁和巨大的尖顶窗户。大殿原来罩巨大的圆顶，在明万历三十五年（1607）一次大地震中坍塌，迄今未能恢复，殿内的设施和圆顶遗物仍埋于大殿地下，致使现有地面增高了一米多。墙中有一凹入部分是当年礼拜大殿的讲经台位置，墙壁有典雅方朴的阿拉伯文石刻《古兰经》经句，这是10世纪以前阿拉伯伊斯兰礼拜大殿的流行建筑式样，如今即使在中东阿拉伯地区都颇为少见。

伊斯兰礼拜寺的总体布局比较自由，除大殿朝拜方向须向着圣城麦加，其他方位、轴线、对称等没有要求，主要保持西方伊斯兰建筑传统风格。其局部装饰体现中国元素的花纹图案。

第七章 明清建筑

明清建筑概述

元末社会动乱，群雄蜂起，明洪武元年（1368）朱元璋在应天（今江苏南京）称帝，北伐西征，荡平群雄，攻占大都（今北京），元王朝覆亡，明王朝建立。明太祖朱元璋定都南京后命工匠修建宫室。从明代宫廷画《南都繁会图》中可见当时秦淮河两岸的盛况，佛寺、官衙、戏台、民居、牌坊、水榭、城门，层层叠叠，风貌无限。明代城市商业繁荣，中外交往和贸易加强，大量优质硬木输入中国。宫室建筑式样成为官式建筑基础，以此订立了许多制度，对王府、官署、民宅等建筑的布局、间数、屋顶形式、色彩等都进行了详细规定。

明永乐元年（1403）明成祖朱棣迁都北京。明代北京城在元大都的基础上建成，街道、胡同多沿用元大都之旧，皇城、宫城等宫殿则为新建。北京皇城、宫城在城内中轴线上稍偏南部，轴线穿过皇城、宫城的正门、主殿，出皇城墙北以钟鼓楼结束，高大建筑物都集中在这条中轴线上。衙署在皇城前，太庙、社稷坛在宫城前左右分列，其余布置住宅、寺庙、仓库。城市规划完整。紫禁城建筑群始建于明永乐四年（1406），建成于明永乐十八年（1420），紫禁城宫殿、太庙、天坛等建筑群依中轴线对称布置，以连续的院落逐步展开空间序列，体现出严格的等级制度。空间纵横交错、收放有序，体现了中国古建筑组群规划布局的最高水平。总平面设计也使用了扩大模数（建筑模数是指选定的尺寸单位，作为尺度协调中的增值单位），表现出运用模数进行设计的新发展。明代宫殿、坛庙多用楠木建造，以斗口为单体建筑设计模数，外形严谨，红墙黄瓦白台基风格统一，设计和施工质量都有进步。整个紫禁城建筑群雄伟壮观，是世界上现存最完整、规模最宏大、历史最悠久的木结构宫殿建筑群。

　　清入关定都北京，各项制度大体承袭明朝，清代官式建筑是明代官式建筑的继承和发展。清雍正十二年（1734）颁布了《工部工程做法则例》，全书共74卷，是官方颁布的关于建筑标准的书籍，记载20多座典型、常用官式建筑详细尺寸形式，表达明清两朝官式建筑的设计规律和特点。为了便于计算和批量生产，它以斗口（横宽）或柱径（三斗口）为模数［清代建筑通常采用"斗口"和"檐柱径"两种为基本模数。斗口，即平身科斗拱坐斗在面宽方向的刻口（卯口），以此刻口尺寸为1，其余各构件的尺寸都是它的倍数。斗拱每拽架（每跳）为三斗口，每踩高为二斗口，全为整数。其实这也是以"斗拱"为建筑尺度衡量标准。而小式无斗拱建筑是以檐柱径为基本模数的］，简化梁柱结合方式，斗拱退化为垫托装饰部分。清式建筑外观较宋式谨严，构架类型较少，标准化程度高，利于大量建造，在艺术和技术上都达到一定水平。雍正、乾隆两朝修建了大量宫苑，因为标准化程度高，所以工期很短。清代《工部工程做法则例》和宋代《营造法式》是中国古代由官方颁布的关于建筑标准的仅有的两部古籍，在中国古代建筑史上占有重要地位。"样式雷"是清代建筑世家，从清康熙开始直至清末两百年间，雷氏共八代人主持了皇家建筑设计，包括北京故宫、天坛、颐和园、圆明园和承德避暑山庄及清东陵、西陵等建筑。北京故宫至今仍保存着中国古代建筑设计的"样式雷"图档和"烫样"（立体模型），十分珍贵。

　　明清皇陵在继承唐以来皇陵建筑基础上有了更多的发展。明孝陵依宫殿形式修筑，按照安葬、祭祀和服务管理三种不同功能要求，分成前、中、后三进院落，集宋代上、下宫建筑于一体，成为既供安葬又供祭祀使用的综合建筑群。从明永乐七年（1409）在北京昌平兴建长陵开始，共建帝陵13座，称"明十三陵"。定陵地宫已经发掘，保存完整。十三陵的建造创造了以方城明楼为核心（方城明楼是明清帝陵坟丘前的城楼式建筑，下为方形城台，上为明楼，楼中立庙谥碑），并与祾恩殿相结合形成三进院落的宫殿式陵墓建筑形式，是规模最大、保存最完整的帝王陵区。清顺治十八年（1661）在河北唐山遵化修建清东陵。清单独建后陵，规模略小。明清陵墓建筑融合了历代陵墓建筑的成就，是中国陵墓建筑的鼎盛阶段。

明清两代另一个突出建筑成就是造园。明代经济发达，苏州、杭州、福州、宁波、广州等地都是较大商业繁华城市，有的还是对外贸易的重要港口。明中后期造园之风大盛，除皇家园苑以外，扬州、苏州、杭州等江南城市园林艺术取得杰出成就，有像计成这样的园林专家，他的造园理论和技术著作《园冶》对后世产生重要的影响。清代造园进入新的高潮。北京西郊的"三山五园"和承德避暑山庄都是规模远超过明代的皇家苑囿。"三山五园"是北京西郊一带皇家行宫苑囿的总称，从康熙朝至乾隆朝陆续修建。在香山、万寿山、玉泉山三座山上分别建有静宜园、清漪园（颐和园）、静明园，以及附近的畅春园和圆明园。圆明园兼具御苑和宫廷双重功能，是清帝王处理政务、避暑游赏的场所，汲取了中国3000年造园艺术之精华，中西方不同园林建筑风格融为一体，宏伟瑰丽。承德避暑山庄是清代皇帝夏天避暑和处理政务的场所，以朴素淡雅的山村野趣为格调，成为中国现存占地面积最大的古代帝王宫苑。与皇家园林相比，南方私家园林则另具特色，尤以苏州拙政园最为突出。拙政园始建于明初，至清乾隆初年已分中部"复园"、西部"书园"及东部"归田园居"三个独立的部分。拙政园在苏州古典园林中面积最大，是多景区、多空间复合的大型宅院，有"中国私家园林之最"之称。拙政园以水见长，与北京颐和园、承德避暑山庄、苏州留园一起被誉为"中国四大名园"。广州番禺余荫山房是一座典型的岭南园林，小巧精致，与顺德的清晖园、佛山的梁园和东莞的可园并称为"广东四大名园"。南北私家园林蔚为大观，共同反映了古代造园艺术的最高水平。清代各地会馆建筑也具特色，如北京湖广会馆，始建于明朝万历年间，嘉庆十二年（1807）重修成为湖广会馆，以会馆戏楼、茶楼、酒楼、博物馆"三楼一馆"的经营模式提供多种服务为特色。

明清时期各地宗教建筑众多。明初北京智化寺，主要建筑自山门内依次为钟鼓楼、智化门、智化殿及东西配殿、如来殿、大悲堂等，为明代官式大寺。明初南京大报恩寺，按照宫廷标准营建，施工极其考究，是中国南方第一座大佛寺，与灵谷寺、天界寺并称为"金陵三大寺"。大报恩寺琉璃塔高达78.2米，被当时西方人视为中国最具特色的代表性建筑。上海城隍庙在庙宇基础上不断扩大，是上海地区重要的道教宫观。在承德避暑山庄附近兴建有十余座仿各民族建筑的寺庙，俗称"外八庙"。西藏布达拉宫，依山垒砌，群楼重叠，殿宇嵯峨，是藏式建筑的杰出代表。

明代不仅修建了南京、北京两座都城，还修整、重建了大量地方城市，订立了各类型建筑等级标准，堪称中国古代建筑继汉唐以后的发展高峰。清初建筑在明的基础上有所发展，中叶以后官式建筑由成熟逐渐程式化，风格也由讲究总体效果转变为对局部装饰的重视。除官式建筑外，各地有大量民居遗存，现存山西的大宅院，陕北和河南的窑洞，北京的四合院，徽州和江浙的民居，福建、广东的土楼和围屋，江西、四川、云南、贵州的少数民族地区民居等，地方建筑特色鲜明，清楚表现出南北地方风格的差异。明末清初福建的土楼永定承启楼为环数最多、规模最大的客家圆形土楼。民居建筑融合吸收了不同民族建筑特色，为高度程式化的清式建筑增加了清新活泼的生机。

明清时代建筑推动了家具发展。家具小木制工艺更加完备。明代家具选用黄花梨、紫檀等优质硬木料，文人参与设计，家具风格和制作成为身份和品位的象征，形成了中国古代家具史上有名的"明式家具"。苏州工匠制作的家具称为"苏作"，品位高雅，备受推崇。清式家具一改明式家具简洁明快的风格，用材厚重，雕琢繁缛，集雕、嵌、描绘等装饰于一体，尤其以广东工匠制作的家具（称为"广作"）最为突出。广东沿海地区较早受到外来影响，家具的造型装饰往往受到了西方艺术的影响。

中国建筑经典

明南京城

元至正二十六年至明洪武二十六年（1366—1393）
占地面积 230 多平方千米
江苏南京明都城

明《南都繁会图》局部

　　南京为"六朝古都"，三国吴、东晋和南朝的宋、齐、梁、陈相继在此建都。明王朝建立，以南京为都城。明成祖朱棣迁都北京，将南京改为留都，应天府（南京）与顺天府（北京）合称"二京府"。迁都后南京仍然保留了都城的地位，与北京一样，设置吏部、户部、礼部、兵部、刑部、工部"六部"，以及都察院、通政司、五军都督府、翰林院、国子监等中央高级行政机构，亦为重要的政治中心。

　　明代南京城从内到外由宫城、皇城、京城、外郭四重城墙构成。宫城，南北长达2.5千米，东西宽达2千米，平面呈长方形，坐北朝南，分前朝三大殿和

第七章 明清建筑

明《南都繁会图》局部

后廷六宫两部分。宫城城垣上开筑城门，有午门、左掖门、右掖门、东华门、西华门和玄武门。皇城是护卫宫城的最近一道城垣，城垣上开筑城门有洪武门、长安左门、长安右门、东安门、西安门、北安门。皇城南面正门为洪武门，门内是一条纵贯南北的宽广御道。御道东面分布着吏部、户部、礼部、兵部和工部等中央高级行政机构，西面则是最高的军事机构——五军都督府的所在地。皇城外围还筑有一道都城的城墙以加强防卫。城墙之外修筑了一座长达50余千米的外郭城，把钟山、玄武湖、幕府山等大片郊区都围入郭内，并辟有外郭门十六座，从而形成拱卫明皇宫的四道防御线。数百年的沧桑巨变，宫城、皇城、外郭三圈城墙已毁坏殆尽，高大的南京城墙，除城门等木构建筑不复存在外，依然屹立。

16世纪中叶曾先后三次到过南京的意大利传教士利玛窦称："这座城市超过世上所有其他的城市。"从明代绘画《南都繁会图》中可以窥见当时南京城的面貌。《南都繁会图》描绘的是明代晚期陪都南京城市商业兴盛的场景。图卷长

297

350厘米，宽44厘米，从右至左，由郊区农村田舍始，以城市的南市街和北市街为中心，在明故宫前结束。画卷街市纵横，店铺林立，车马行人摩肩接踵，标牌广告林林总总。共绘有100多家商店及招幌匾牌，如茶庄、金银店、药店、浴室，乃至鸡鸭行、猪行、羊行、粮油谷行等；千余职业身份不同的人物，如侍卫、戏子、纤夫、邮差、渔夫、商人等。秦淮河两岸有佛寺、官衙、戏台、民居、牌坊、水榭、城门等建筑，河中运粮船、渔船、龙舟、客船往来穿梭，还有从内秦淮河拐出的唱戏游览的小船，反映了南京城市商业的繁华。南京城不仅是全国的商业中心，还集中销售大量国外商品。《南都繁会图》堪称明代的《清明上河图》，对于研究当时南京的经济、文化、艺术、民俗、建筑等都具有重要的价值。

北京紫禁城

始建于明成祖永乐四年（1406），建成于永乐十八年（1420）
长方形城池，南北长961米，东西宽753米，占地72万余平方米
北京故宫博物院

北京紫禁城建筑群鸟瞰

  北京紫禁城始建于明成祖永乐四年（1406），建成于永乐十八年（1420），经明、清两代不断的修建和扩建，现存建筑大部分为清代所建，总体布局仍保持着原来的面貌。紫禁城建筑群雄伟壮观，气势恢宏，总体布局主次分明，重点突出，表现出皇帝至高无上的等级制度，是世界上现存最完整、规模最宏大、历史最悠久的木结构宫殿建筑群。

  北京城建设体现了"中"这一准则。以皇宫为城市中心，初建成的北京城有宫城、皇城、京城三重，明嘉靖年间（1522—1566）修建了外城，城池重重

中国建筑经典

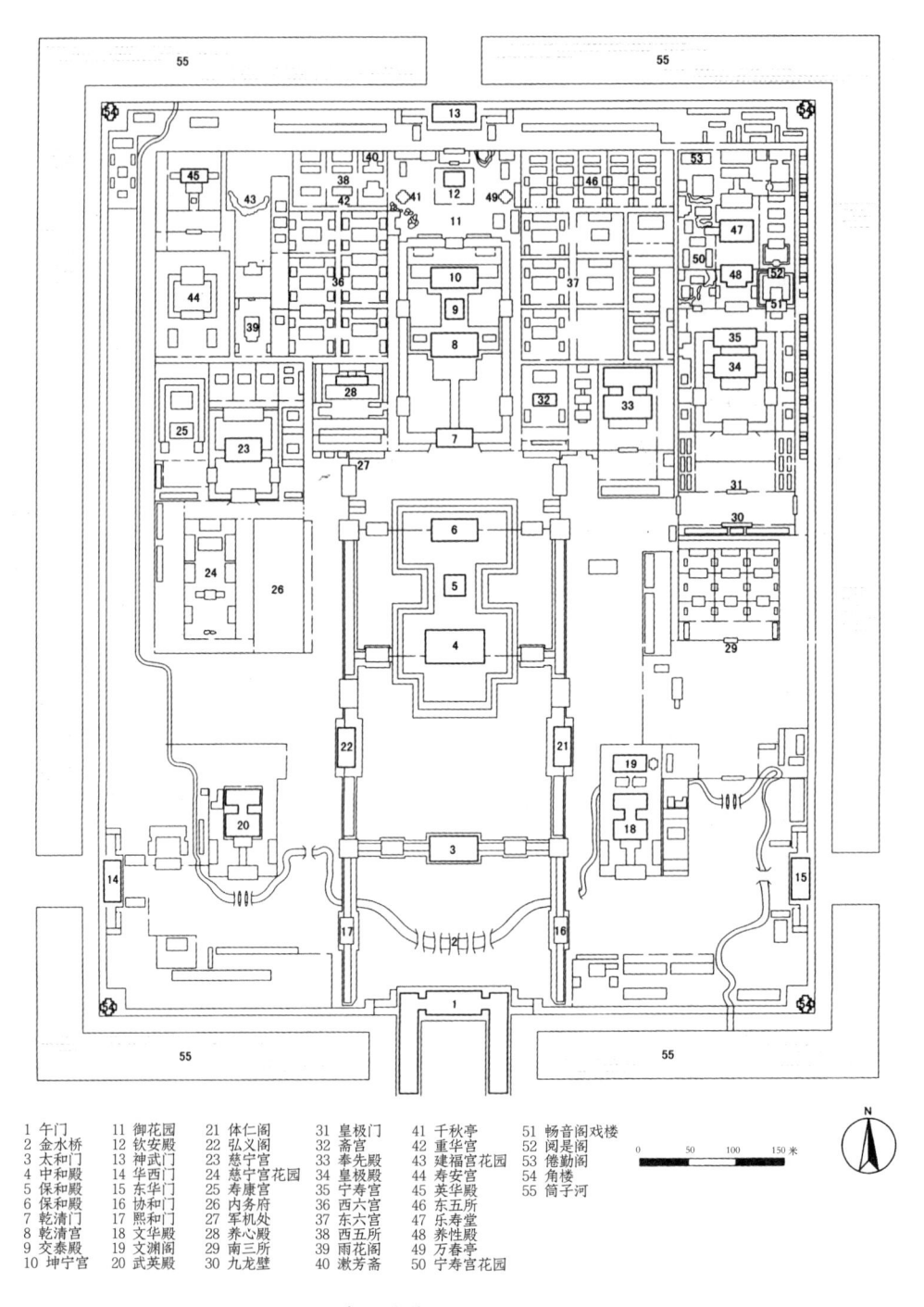

1 午门	11 御花园	21 体仁阁	31 皇极门	41 千秋亭	51 畅音阁戏楼
2 金水桥	12 钦安殿	22 弘义阁	32 斋宫	42 重华宫	52 阅是阁
3 太和门	13 神武门	23 慈宁宫	33 奉先殿	43 建福宫花园	53 倦勤阁
4 中和殿	14 华西门	24 慈宁宫花园	34 寿安宫	44 寿安宫	54 角楼
5 保和殿	15 东华门	25 寿康宫	35 宁寿宫	45 英华殿	55 筒子河
6 保和殿	16 协和门	26 内务府	36 西六宫	46 东五所	
7 乾清门	17 熙和门	27 军机处	37 东六宫	47 乐寿堂	
8 乾清宫	18 文华殿	28 养心殿	38 西五所	48 养性殿	
9 交泰殿	19 文渊阁	29 南三所	39 雨花阁	49 万春亭	
10 坤宁宫	20 武英殿	30 九龙壁	40 漱芳斋	50 宁寿宫花园	

清代紫禁城宫殿平面图

环绕，层层拱卫皇宫。按照古代对天象的认识，紫微星（北极星）高居中天，永恒不移，众星环绕，"紫禁城"遂成为明清皇宫宫城的名称。大城、皇城、宫城以中轴线贯穿南北，全城建筑依中轴线对称布置，以连续的院落逐步展开空间序列，主次分明，体现出严格的等级制度。

紫禁城平面呈矩形，南北长961米，东西宽753米，占地72万余平方米，总建筑面积达17万平方米。城墙高10米，四面设城门，四隅设角楼，外有52米宽的护城河围绕，城墙的四角还分别建有角楼。紫禁城内建筑布局遵循"前朝后寝"的原则，分为外朝和内廷两个主要部分，其主要宫殿建筑由南往北依次排列在紫禁城的中轴线，也就是北京城的中轴线上，并且以这些宫殿为中心形成大小不同的院落和场所。

外朝是举行大典和处理朝政的地方，以太和、中保、保和三大殿为中心，东设文华殿，西设武英殿，呈左辅右弼之势；内廷以乾清宫、交泰殿、坤宁宫后三宫为中心。太和殿、中和殿、保和殿三大殿平面布局灵活，结构和用材巧妙，前后呼应，一起构成了富有变化、高低错落的建筑空间秩序。两翼有养心殿、东西六宫、御花园等，是皇家处理日常事务及生活起居的场所。

太和殿，是至高、至尊的建筑象征，"太和"寓意天地间万物互相协调，明称"奉天殿""皇极殿"，俗称"金銮殿"。太和殿始建于明永乐年间，明清时包括太和殿在内的三大殿曾四次遭受火灾，多次重修，每一次重修都耗时很长，足见工程之巨大，现存建筑为清康熙时期所建。太和殿是紫禁城外朝主殿，是供天子登基、颁布重要政令、召见朝臣、授命出兵征讨，以及举行元旦、冬至大朝会和万寿（皇帝诞辰）等活动的主要场所。太和殿从地面到殿脊龙吻高达37.44米，殿身高26.9米，建在8.13米高的三重汉白玉石台基上。前有宽阔的丹陛，上陈设日晷、嘉量各一，铜龟、铜鹤各一对。大殿面阔九间，外加两侧廊间共十一间，长63.93米；进深三间，加前后廊共五间，宽37.17米；长宽之比为9∶5，寓意帝王九五之尊，总面积达2377平方米。屋顶为古代木构建筑中等级最高的重檐庑殿顶，覆黄琉璃瓦。屋面走兽十个，为全国最多，檐下斗拱等级也是最高规格的。太和殿内外装修都极尽豪华、精美。外梁、楣饰以贴金双龙和玺彩画（最高等级的彩画，大多画在宫殿建筑或与皇家有关的建筑之上）。殿内

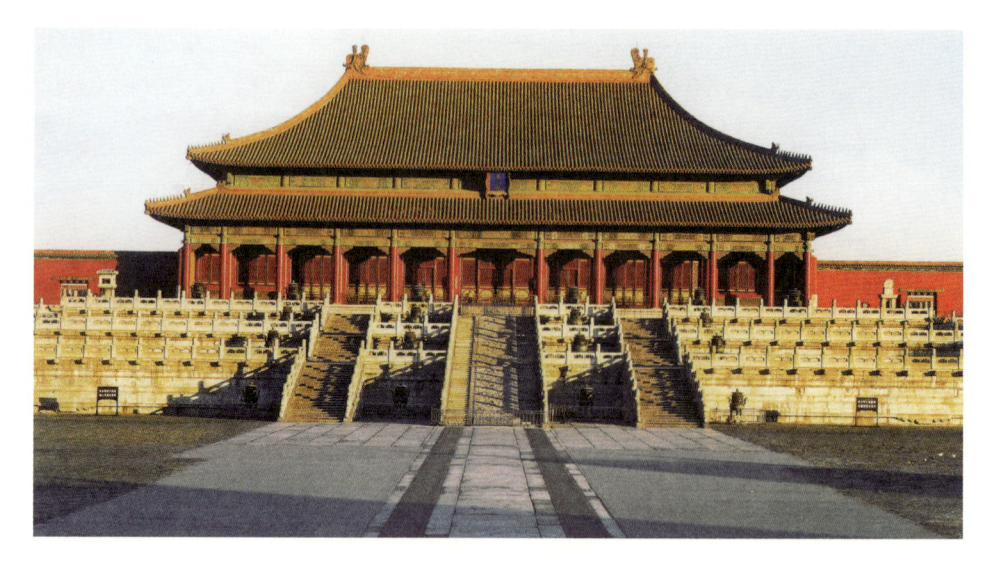

紫禁城太和殿

用4718块金砖铺地，72根巨柱支撑起殿顶。明间宝座上的镂空髹金漆云龙纹椅为皇帝御座，上方是金漆蟠龙衔珠八角藻井，周围有6根沥粉贴金蟠龙柱，座后设7扇雕有云龙纹的金漆大屏风。殿内装饰与陈设均为中国古典建筑中的最高等级，烘托出皇权核心的至尊。

中和殿，明曾称"华盖殿""中极殿"，清顺治时改为"中和殿"，有秉中庸之道、求天下和顺之意。中和殿位于太和殿、保和殿中间，工字形三层大台基的中心偏北。大殿平面呈方形，面阔、进深各三间，四周出廊，长宽均为24.15米，高19米，建筑面积580余平方米。形制取自古代典籍"明堂九室"的规制，四面不砌实墙，均为门窗，南面门12扇，其余三面门各4扇，利于采光，寓意"向明而治"。殿座为汉白玉石雕须弥座台基，四周设石台阶。屋顶为单檐四角攒尖顶，置铜胎鎏金圆宝顶，屋面覆黄色琉璃瓦。中和殿现存大木构件多为楠木，内外檐均饰金龙和玺彩画，殿内天花为沥粉贴金正面龙，金砖铺地，设地屏宝座。中和殿在三大殿中作为一个"中置"的布局，虽然体量最小，但非常精美，其特殊的形制使得三大殿的形态和空间层次富有变化，避免了外三朝建筑的雷同。同时它还具有休息厅、宴会厅、议事厅、典仪厅的功能。

保和殿，明称"谨身殿""建极殿"，几经重建，殿后的大石雕仍为明永乐年间修建宫殿时的原物。"保和"即协调和保持事物之间的和谐关系，保持心志纯一，共享天下和谐之意。保和殿位于三大殿的庭院的北端，是这组壮丽庭院的收尾之作。保和殿明时是册立皇后、太子，大臣称贺上表，以及皇帝亲临受贺前穿礼服、戴冕之处，清时是皇帝每年除夕赐宴外藩王公及大臣的场所，清乾隆五十四年（1789）以后，殿试改在这里举行。保和殿规格略逊于太和殿。殿座为汉白玉石雕须弥座台基，长49.67米，宽24.97米，前后均有三组台阶。大殿平面呈矩形，面阔九间，进深五间（含前廊一间），合"九五之尊"的吉祥数。高29.5米，比太和殿矮5米；建筑面积约1240平方米，为太和殿的一半稍多。保和殿采用明代官式建筑"减柱造"的手法，在厚重的梁架结构中减去殿前中央的六根柱子，使殿内空间变得更加开阔。保和殿屋顶为重檐歇山式，覆盖琉璃瓦，山花图案以金线和绶带为纹饰，上下檐角均安放九尊小兽。上檐为单翘重昂七踩斗拱，下桅为重昂五踩斗拱。殿内外所用木材多为楠木。内外檐均为金龙和玺彩画，整体偏重红色调，极其别致，且富丽堂皇。殿内天花为沥粉贴金正面龙，金砖铺地，设雕镂金漆宝座。

乾清门之后为内廷，以后三宫，即乾清宫、交泰殿、坤宁宫为中心。因为是帝后的生活区，这组宫殿庭院面积、基座高度都比前朝减少，但比其他宫殿宏伟壮丽。

乾清宫建成于明代永乐十九年（1421），历经多代修建，目前留存的建筑布局仍保持明初建时的原状。乾清宫大殿坐落在单层汉白玉石台基之上，面阔九间，长49米，进深五间，宽21.5米，高24米，建筑面积为1400平方米。重檐庑殿顶，檐角置脊兽九尊，檐下上层单翘双昂七踩斗拱，下层单翘单昂五踩斗拱。外檐饰金龙和玺彩画，三交六菱花槅门窗。殿内铺设金砖。明间、东西次间相通，明间用"减柱造"，省去前檐金柱，扩大了室内空间。后檐两金柱间设五扇金漆屏风，屏前设金龙宝座，宝座上方悬顺治帝御笔"正大光明"匾，以匾后放置钦定皇位继承者之密函而闻名。东西两梢间的暖阁是皇帝读书、就寝之地，在西暖阁上下两层放置27张床，供皇帝自由选择以防刺客行刺。大殿周围有40间门庑环绕，东庑有端凝殿，西庑有懋勤殿，南庑西端有南书房，东端有东书房，

紫禁城保和殿室内

北端有寿药房、总管太监值班房、库房等。康熙皇帝设立的南书房，地位特殊，南书房官员被称为"内廷"。乾清宫大殿前的月台上有铜龟、铜鹤、日晷、嘉量及鎏金香炉，大殿门前台阶中间镶嵌有丹陛，连接着高台甬路与乾清门。

乾清宫从明代至清初皆为皇帝居住和处理政务之处。清顺治、康熙朝，乾清宫庭院是当时实际上的政治中心、国家权力中心。皇帝的办公厅——包括秘书处、机要处、侍卫处等都集中在此。雍正帝即位移居养心殿后，这里成为皇帝召见大臣、批阅奏章、处理日常政务、接见外藩属国陪臣和重要节日举行宴筵的场所。

交泰殿是内廷后三宫之一，位于乾清宫和坤宁宫之间，明代嘉靖年间建，后经多次重修。明清时，交泰殿是举行册封皇后和皇后诞辰典礼的地方。皇后于此接受后宫妃嫔朝拜。皇后在春分要去西苑亲自采桑喂蚕，春分前一天皇后要在此验看采桑工具。交泰殿平面为方形，面阔、进深各三间，单檐四角攒尖鎏金宝顶，覆黄琉璃瓦，小于中和殿。四面明间开门，龙凤裙板隔扇门各四扇，南面次间为槛窗，其余三面次间均为墙。殿内顶部为盘龙衔珠藻井，地面铺满金砖。殿中明间设宝座，上悬康熙帝御书"无为"匾，宝座后有板屏一面，上书乾隆帝御制《交泰殿铭》。东次间设铜壶滴漏，乾隆年后不再使用。在交泰殿内西次间一侧设有一座自鸣钟，为清嘉庆三年（1798）制造。皇宫里的时间以此为准。自鸣钟高约6米，是现存最大的古代座钟。

坤宁宫为紫禁城内廷主殿，曾多次毁于火患，现存建筑为清嘉庆年间重修。坤宁宫明代是皇后的寝宫，遇元旦、冬至、万寿三大节，皇后在此接受皇贵妃等朝贺。乾清宫代表阳性，坤宁宫代表阴性，以表示阴阳结合，天地合璧之意。坤宁宫与乾清宫、交泰殿都处于高约3.5米的台基上，台基四周环绕琉璃贴面栏板。面阔连廊九间，进深三间，占地面积约为前三殿的四分之一。屋顶形制仅次于前三殿，为黄琉璃瓦重檐庑殿顶。清顺治十二年（1655）改建坤宁宫，室内东侧两间被隔为暖阁，作为寝室。正门由明间移至东次间，改隔扇门为双扇木板门。门西侧的四间内于南、北、西三面设炕，作为祭祀场所，是宫内萨满教祭神的地方。

御花园坐落于坤宁宫之北，是紫禁城中轴线建筑群的结尾，平面略呈长方形，东西宽约140米，南北长约90米，占地面积1.2万多平方米。御花园的主体建筑——钦安殿是故宫中保存最完好的明代建筑。钦安殿面阔五间，前出抱厦五间，黄琉璃瓦顶，重檐盝顶，屋顶的中央有宝塔装饰。大殿四周环绕低矮院墙，形成独立院落，凸显钦安殿作为全园构图中心的气势。御花园中轴线两侧大致对称地布置了近20座亭、榭、楼、台建筑，在建筑之间又散布了许多造型奇特、形态各异的盆景，加上古老的松柏和珍贵的四时花木，形成了与外朝、内廷都不相同的园林环境。御花园既延续了紫禁城规整严谨的布局，又灵活地运用各种手法在细节上体现园林之趣，乃宫廷内苑之佳作。

倦勤斋位于紫禁城东北部，即宁寿宫花园（俗称"乾隆花园"）的北端，北靠红墙，东西共九间，是宁寿宫建筑群的一个组成部分。倦勤斋正中前檐下悬乾隆帝御笔"倦勤斋"额，取"耄期倦于勤"之意，是他当太上皇的住所。乾隆帝做了太上皇之后并没有真正地交出手中的权力，所以也并未在这里居住，更多时间这里成为他听戏消遣的场所。倦勤斋建筑中最具特色的是它的内檐装饰，东五间的装饰工艺以竹黄和双面绣为最，西四间最重要的装饰是铺满墙壁170平方米的通景画，画面景物连成一体，各个局部拼接成整幅，由欧洲传教士画家郎世宁和他的学生借鉴欧洲教堂天顶画和全景画形式绘于清宫。画面与室内的环境和装饰相连接，似在室内创造出新的空间。

第七章 明清建筑

天坛

明永乐十八年（1420）
占地面积 273 万平方米
北京永定门大街东侧天坛

北京天坛鸟瞰

在古代中国，"天"被认为是至高无上的主宰，统治者崇拜"天"、迷信"天"，祭祀"天"，修建了专门用于祭天的建筑。隋唐长安城的天坛遗址，为皇家祭天之处。天坛礼制建筑的规制及相关的祭祀制度源远流长。古代典籍文献关于皇帝南郊祭天的记载很多。北京天坛是具有代表性的祭祀建筑。

天坛是明清两代皇帝祭天祈求丰年的地方。天坛位于北京故宫正南偏东的城南正阳门外东侧，建于明永乐十八年（1420），永乐皇帝从南京迁都北京的那一年，原名"天地坛"，当时天与地合并祭祀。明嘉靖九年（1530）改为天、地分祀，在北京北郊另建祭祀地神的地坛，此处就成为专门祭祀上天祈求丰收的

北京祈年殿侧面

场所——天坛。清乾隆十二年（1747）天坛内外墙垣重建，改土墙为城砖包砌。主要建筑包括祈年殿、皇穹宇、圜丘坛等也均在此时改建。清光绪十五年（1889）祈年殿被雷火焚毁，次年按照原来形制重建。

天坛是祈谷、圜丘两坛的总称，面积广阔，占地达273万平方米。有两重坛墙环绕，将坛域分为内、外坛两部分，古代中国认为"天圆地方"，因此天坛围墙平面南部为方形，象征地象，北部为圆形，象征天象，该墙也俗称"天地墙"。天坛全部宫殿、坛基都朝南呈圆形以象征天。天坛的主要建筑在内坛，圜丘坛在南、祈谷坛在北，圜丘坛内主要建筑有圜丘、皇穹宇等，祈谷坛内主要建筑有祈年殿、皇乾殿、祈年门等。主要建筑位于从北至南的一条线上。西部有斋宫、神乐署等。

祈年殿是一座有鎏金宝顶的三重檐圆形大殿，高38米，直径32米，殿檐颜色深蓝，用蓝色琉璃瓦铺砌，代表天。该殿为砖木结构，没有大梁长檩，全靠

28根楠木柱和36根互相衔接的斗、枋、桷支撑，力学结构巧妙完整，建筑的造型具有高度的艺术价值。殿前东西两侧各有配殿一座，背后有一座皇乾殿，前后左右连成一气，是一组庄严雄伟的建筑群，与南面的圜丘建筑群遥相呼应。

圜丘是一个由白石砌成的三层圆台，每层四面均有九级台阶，按古天文说，铺成一定数额的石板，台周围以汉白玉作石栏。周围用两重矮墙环绕，外面一重作方形，里面一重为圆形，两重矮墙的四面中间都建有白石棂星门。圜丘坛是皇帝在冬至日祭天的场所。皇穹宇则是存放圜丘祭祀神牌位的地方，单檐攒尖蓝色琉璃瓦顶，外面有一道圆形磨砖，内部的梁、柱、藻井及基座石刻精美细致。

中国建筑经典

明十三陵

始建于永乐七年（1409）
总面积120多平方千米
北京昌平天寿山麓明十三陵

北京昌平天寿山明定陵地宫前殿

　　明十三陵坐落于北京昌平天寿山麓，总面积120多平方千米，距离市中心天安门约50千米。十三陵地处东、西、北三面环山的小盆地之中，陵区周围群山环抱，中部为平原，陵前有小河曲折蜿蜒，是营造帝王陵墓的风水宝地。自永乐七年（1409）建皇陵开始，到明朝最后一帝崇祯葬陵，其间历经235年，共埋葬了13位皇帝，依次为长陵（明成祖）、献陵（明仁宗）、景陵（明宣宗）、裕陵（明英宗）、茂陵（明宪宗）、泰陵（明孝宗）、康陵（明武宗）、永陵（明世宗）、昭陵（明穆宗）、定陵（明神宗）、庆陵（明光宗）、德陵（明熹宗）、思陵（明毅宗），故称"十三陵"。13座帝陵以长陵为中心，坐北面南，以昭穆为序，依山顺势布置在天寿山南麓，形成一组环境优美、造型宏丽的庞大的陵墓建筑群。

长陵为明十三陵之首，是明成祖朱棣和皇后徐氏的合葬墓，是十三陵中最大的一座建筑，为明代帝陵的典型。长陵始建于永乐七年（1409），规模宏大，用料严格考究，施工精细，工程浩繁，营建时日旷久，仅地下宫殿就历时4年。长陵的整体布局为"前方后圆"，长陵的陵宫建筑占地约12万平方米，以祾恩殿为中心，由三进院落组成，前后三进院落的主体建筑依次为祾恩门、祾恩殿、方城明楼等。前院设陵门一座，其制为单檐歇山顶的宫门式建筑，其下辟有三个红券门。院内有明朝建的神厨、神库各五间，以及碑亭一座。中院前设殿门一座，名为"祾恩门"，为单檐歇山顶形制，面阔五间，进深二间。祾恩殿位于中院后部正中，建在三层汉白玉台基上，面阔九间66.75米，进深五间29.31米，象征着皇帝"九五"之位。覆重檐黄瓦庑殿顶，用楠木仿明代北京紫禁城奉天殿而建，它的形制规格已经属于最高等级，是古建筑中规模最大的楠木殿堂。后院前设后陵门，红券门制如陵门。院内沿中轴线方向建有两柱牌楼门（棂星门）和石几筵（石五供）。后院方城明楼平面由旧制长方形改为正方形，并在明楼正中置石碑一方，成为一座碑楼，为以后明清诸帝陵所模仿。方城明楼后面是巨大的宝城宝顶，宝顶下即为地宫墓室。长陵是十三陵中最大的一座建筑，为明代帝陵的典型。

定陵是明代第十三位皇帝神宗朱翊钧（年号万历）的陵墓，还葬有他的两个皇后。定陵形制与长陵基本相同，但规模较小，主要建筑有祾恩门、祾恩殿、明楼、宝城和地下宫殿等，它是十三陵中唯一一座被发掘了的陵墓。定陵在万历帝生前就开始营建，始建于万历十二年（1584），耗银800万两，陵墓建成时皇帝只有28岁，直到万历四十八年（1620）才正式启用。前有宽阔院落三进，后有高大宝城一座，整体布局亦呈现前方后圆的形式。其外围是一道将宝城、宝城前方院一包在内的"外罗城"。城内面积约18万平方米。

定陵的地宫深27米，总面积为1195平方米。平面如同一座三合院，由前、中、后三殿和左、右配殿共5个殿室组成。其中左、右配殿是相对称的两个殿室，里面各自有一张用汉白玉垒砌的棺床，两配殿有甬道与中殿相通。中殿内有3个汉白玉石座，摆放着皇帝和皇后的五供和长明灯。后殿规模最大，净长30.1米，宽9.1米，高9.5米，全部用石拱券构成。除门罩外，室内不施雕饰，施工精细，至今完整无损。后殿内棺床正中央放置有万历皇帝和两位皇后棺椁。棺椁周围放置玉料、梅瓶及装满殉葬品的红漆木箱。

明十三陵各陵均背靠崇高的山峰，面向群峰围绕的盆地，创造了以方城明楼和宝顶为核心，并与祾恩殿相结合形成三进院落的宫殿式陵墓建筑形式，增加了陵墓建筑的空间层次，各陵的形制及布局基本类似。整个陵区共用一条长达7千米的公共神道，神道旁有石像生，神道前方还有汉白玉石牌坊、高大的大红门、雄奇的神功圣德碑楼等，与13座帝陵连成一个整体，形成了幽静、神圣的陵墓建筑意境。

清东陵

清顺治十八年至光绪三十四年(1661—1908)
占地面积80平方千米
河北唐山遵化西北清东陵

河北遵化清东陵鸟瞰

　　清东陵位于河北唐山遵化西北30千米处，西距北京市区125千米，占地80平方千米，是规模宏大、体系完整、布局得体的帝王陵墓建筑群。清东陵于顺治十八年（1661）开始修建，历时247年，陆续建成217座宫殿牌楼，组成大小15座陵园。陵区南北长125千米、宽20千米，埋葬5位皇帝、15位皇后、136位妃嫔、3位阿哥、2位公主，共161人。清东陵与位于河北保定的清西陵构成了清王朝的皇室陵墓群。

　　顺治皇帝的孝陵位于南起金星山、北达昌瑞山主峰的中轴线上，其余皇帝陵寝则以孝陵为中心，按照"居中为尊""长幼有序""尊卑有别"的传统观念，依山势在孝陵的两侧呈扇形东西排列开来。各陵按规制营建了一系列建筑，总体布局依照"前朝后寝""百尺为形，千尺为势"的形制传统，"遵照典礼之规制，配合山川之胜势"的礼仪思想贯穿每一座陵寝建筑之中。

清东陵各陵依照尊卑秩序，分为帝陵、后陵和妃园寝，各配置不同等级、规模、数量及形制的建筑，按照严格的空间秩序排列。孝陵之左为圣祖康熙皇帝的景陵，次左为穆宗同治皇帝的惠陵，孝陵之右为高宗乾隆皇帝的裕陵，次右为文宗咸丰皇帝的定陵，形成儿孙陪侍父祖的格局，凸显了长者为尊的伦理观念。与明代帝陵皇帝和皇后合葬一陵不同的是，清代皇后陵和妃园寝都建在本朝皇帝陵的旁边，表明了它们之间的主从、隶属关系。皇后陵的神道都与本朝皇帝陵的神道相接，而各皇帝陵的神道又都与陵区中心轴线上的孝陵神道相接，从而形成了一个枝状的系统。

清代各陵的布局和形式与明十三陵类似，各陵均由宫墙、隆恩殿、配殿、方城明楼及宝顶等建筑构成。明楼之后为宝顶，其下方是地宫。方城明楼为各陵园最高的建筑物，内立石碑，碑上以汉、满、蒙三种文字刻写墓主的谥号。

清代陵墓建筑，从选址、规划设计到施工，都有风水理论的指导，十分注重建筑景观与自然山川的协调，以达到"陵制与山水"相称的目标。孝陵建于康熙二年（1663），位于清东陵区的中心，是清东陵中建成最早、规模最大的陵墓。孝陵以金星山为朝山，以影壁山为案山，以昌瑞山为靠山，三山的连线即为孝陵建筑的轴线。金星山、昌瑞山之间的距离长逾8千米，设置有一条长约6千米的神路，正对清东陵入口的大红门，至龙凤门为止，龙凤门由三座二柱石枋和四堵琉璃墙组合而成，将自石牌坊至宝顶的几十座建筑贯穿在一起，并依山川形势分成了三个区段：一是石牌坊到影壁山间长约1.5千米的区段，二是影壁山至五孔桥间长约3.5千米的区段，三是五孔桥至宝顶间长约1千米的区段。在这个区段内集中配置了神道碑亭、隆恩门、隆恩殿、方城、明楼、宝顶、宝城等主要礼制性建筑。建筑由南至北依次升高，以与昌瑞山及陵寝左右的山丘相互配合，以符合风水理论的指导原则。

清东陵的裕陵地宫建造十分精美，是清帝陵地宫建筑的代表之作。地宫面积达372平方米，全部用青白石垒砌，拱顶用拱券结构。四壁和拱顶上刻满佛像、法器和经文咒语，梵文和蕃字达数万字。整个墓室构图严谨，雕刻精细，建筑与雕刻融为一体。

清东陵的营建跨越了两个半世纪的时间，融入了历代陵墓建筑的各项成就，成为研究古代陵寝规制、丧葬制度、祭祀礼仪及建筑技术与工艺的宝贵实物资料。

圆明园

始建于清康熙四十八年（1709）
占地面积约3.5平方千米，建筑面积16万平方米
北京西北郊圆明园

北京清圆明园西洋楼景区大水法遗址

　　清代皇家园林的修建兴盛。位于北京西北郊的圆明园是由圆明园及附近的长春园、绮春园（万春园）构成的大型皇家宫苑，所以也叫"圆明三园"。它始建于康熙四十八年（1709），历经清六朝帝王，扩建至总面积约3.5平方千米，建筑面积16万平方米。嘉庆时期对绮春园（万春园）进行了修缮和拓建，使之成为主要园居场所之一。道光时期，国事日衰，财力不足，但仍不放弃对圆明三园的改建和装饰。咸丰十年（1860）遭英法联军焚毁，光绪二十六年（1900）遭八国联军洗劫，圆明园这一中国历史上规模最宏大、装饰最奢华的皇家园林遭到严重破坏。

圆明园是清帝王处理政务、避暑游赏，兼具御苑和宫廷作用的离宫园林。雍正、乾隆两位皇帝居圆明园的时间很长，几乎将其作为正式宫殿。圆明园汲取中国传统造园艺术的精华，将中西方不同园林建筑风格融为一体，气势宏伟瑰丽。其平地造园，园中有园，三园之景皆因水而成趣。整园占地约3.5平方千米，其中水面面积约1.4平方千米，园林造景多以水为主题，园内有100余处景区，荟萃了全国各地的风景和建筑样式，不少是直接吸取江南著名水景的意趣，又借鉴欧洲园林建筑样式，体现了"移天缩地在君怀"的帝王思想。它追求建筑天然活泼的情趣，避免宫廷建筑的呆板凝重风格，建筑的群体组合极尽变化，百余组建筑群无一雷同，又能有机地融为一体，集当时造园艺术之大成。园中有金碧辉煌的宫殿，有玲珑剔透的楼阁亭台；有象征热闹街市的"买卖街"，有象征田园风光的山乡村野；有仿照杭州西湖的平湖秋月、雷峰夕照，有仿照苏州狮子林、海宁安澜园建造的风景名胜；还有仿照历代文人诗情画意建造的蓬莱瑶台、武陵春色等。

"方壶胜境"建筑群位于圆明园福海景区的东北方，建于乾隆三年（1738），占地面积2万平方米，是圆明园四十景之一，也是圆明园中规模非常宏大美丽的建筑群之一。建筑功能为祭祀海神，以仙山琼阁为题材建造。它是皇家宫廷建筑与园林完美结合的典范，具有极高的建筑艺术价值。

同乐园位于圆明园后湖东北面，为圆明园四十景"坐石临流"景区的东南部，建于雍正时期，是圆明园的宫廷娱乐中心。戏院建筑群居于主体位置，东侧永日堂则具有宗教功能。戏院建筑群采用院落式布局，共三进院落，其中的"清音阁"是圆明园中最大的戏台。它坐南朝北，为一座有三层卷棚歇山顶的大戏楼，是清宫四处大戏楼中最早的院落式三层戏楼，构造和设备体现了当时精湛的建筑技术水平。

长春园北区景点为意大利传教士郎世宁等人设计，景区主要建筑有远瀛观、方外观、海晏堂、谐奇趣、养雀笼、蓄水楼等，是清代著名的受到西方建筑风格影响的建筑作品，俗称"西洋楼"。"西洋楼"仿照欧洲文艺复兴后期的巴洛克、洛可可风格，融入了中国传统建筑的许多手法。谐奇趣始建于乾隆十六年（1751），是圆明园内的第一座欧式水法大殿，由主楼、主楼前后的喷泉及北边的

北京清圆明园长春园谐奇趣遗址

蓄水楼组成，位于圆明园长春园中西洋楼区的最西端。功能为音乐厅，主要用于演奏音乐和进行各种娱乐活动。整体建筑形式是对西洋建筑的直接模仿，但屋顶及细部装饰融入了中国建筑工艺，具有中西合璧的风格。

外国侵略者的掠夺、破坏使圆明园面目全非、满目疮痍，留下的只是残垣断壁，令人怀想，使人愤慨。

拙政园

始建于明正德四年（1509）
占地面积约 5.2 万平方米
江苏苏州城东北隅拙政园

苏州明清拙政园枇杷园望雪香云蔚亭

　　苏州拙政园始建于明正德四年（1509），是江南古典园林的代表作品，为御史王献臣宅园。王献臣因官场失意还乡，以大弘寺址拓建为园，名"拙政园"，取意自晋代潘岳《闲居赋》中"灌园鬻蔬，以供朝夕之膳……此亦拙者之为政也"。此地原有一片积水弥漫的洼地，乃浚而为池，环植林木，形成一座以水景为主的私园。明崇祯四年（1631），刑部侍郎王心一购得园东部荒地十余亩，悉心经营，布置丘壑，于崇祯八年（1635）建成"归田园居"。清初，此园曾归吴三桂之婿王永宁，目前园中部的山池布置基本上是此时大规模改建奠定。此后拙政园经历了多次兴废和改造，目前所见布局及建筑物为清代后期的遗存。

全园占地约5.2万平方米，分为东部、中部和西部区域。拙政园位于住宅的北侧，住宅是典型的苏州民居，布置为园林展厅，园林紧邻宅后，为"前宅后园"格局。东部为"归田园居"，布局以平冈远山、松林草坪、竹坞曲水为主，配以山池亭榭，保持疏朗明快的风格，主要建筑有兰雪堂、芙蓉榭、天泉亭、缀云峰等，均为移建。

中部景区是全园的主体和精华所在。北面开阔平远，布局以大水池为中心，池中构筑东、西两座岛山，岛上植物多样，建筑点缀其间。岛山池岸之间彼此架桥相连，将水面分成数个相连的水域，增加了水面景色的层次。池南景区丰富多变，构筑亭、阁、轩、榭。主体建筑远香堂是拙政园中部的主厅，东西两翼分别有若干个庭院和景点。远香堂与西山上的雪香云蔚亭、香洲、倚玉轩与池西北岸的见山楼分别形成对景，使景观更为充实生动。中部景区还有微观楼、玉兰堂、见山楼等建筑及精巧的园中之园——枇杷园。枇杷园位于拙政园中部东南角，由云墙和假山围合成独立的"园中之园"，空间相对封闭，与附近开阔辽远的景色形成对比，增加了园景的层次。

西部是清末张氏建"补园"时形成的格局，与中部仅一墙之隔，有圆洞门"别有洞天"沟通。这部分以曲尺形水池为中心，三十六鸳鸯馆前的山水为这部分的主景，布局紧凑，依山傍水建以亭阁。水石部分同中部景区仍较接近。水池东北部水面较为狭长，东岸沿界墙构筑水上长廊，廊随地势曲折起伏，是苏州园林造园艺术的佳作。长廊北端连接倒影楼作为收束，南端假山顶上建有宜两亭，两者构成对景，为拙政园西部景色最佳处。

南宋以后，在江南地区修建园林成为社会上层生活的一部分。南宋文人周密《吴兴园林记》中，小型园林有30余处，其中王氏园"规模虽小，然曲折可喜"。明代江南的小型园林已形成了独特的风格。园林在有限的空间内，表现主人的身份品位和趣味取向，水池成为园林的中心，蜿蜒曲折的布局、大量石头的运用成为园林造景的主要方式。以拙政园为代表的江南园林，显示出明清园林的面貌，对颐和园、圆明园等皇家园林产生了重要的影响。

中国建筑经典

广州余荫山房

始建于清同治六年（1867）
占地面积约1598平方米
广东广州番禺余荫山房

广州番禺清余荫山房玲珑水榭

  岭南园林的风格特征与其独特的地理位置、自然环境和中外文化交流有着密切的关系。岭南园林建筑形式轻盈、通透、朴实，装修精美、华丽，大量运用木雕、砖雕、陶瓷、灰塑等工艺，门窗隔扇、花罩漏窗等都精雕细刻，多镶上套色玻璃做成纹样图案。岭南园林的布局形式和局部构件受到西方建筑文化的影响，如采用罗马式的拱形门窗、巴洛克的柱头、用条石砌筑规整形式水池、厅堂外设铸铁花架等，反映出中西兼容的特色。

  番禺的余荫山房与顺德的清晖园、佛山的梁园、东莞的可园并称为"广东四大名园"。其中，余荫山房是原貌保存最好的一座，以小巧玲珑、布局精细的艺术特色著称，充分表现了古典园林建筑的独特风格和高超的造园艺术。余荫山房是典型的岭南园林，具有西方元素，与广州作为外贸港口得天独厚的条件有关。

余荫山房始建于清同治六年（1867），于同治十年（1871）竣工，是清代举人邬彬的私家花园，坐北朝南，全园占地面积约1598平方米，堂、榭、亭、桥以及曲径回栏、莲池假山、名花异卉，一应俱全。园内建筑密度较大，以"藏而不露""缩龙成寸"的手法，在有限的空间里建筑了深柳堂、榄核厅、临池别馆、玲珑水榭、来薰亭、孔雀亭和廊桥等建筑，以有限的空间营造出咫尺山林。深柳堂是园中主体建筑，是该园装饰艺术与文物精华所在。

建筑采取绕廊布局方式，以廊桥为界，将园林分为东、西两个并列的水庭，这是岭南庭园的明显特点。入口位于园西南角，用门厅内凹的手法做成粤中普通民居的样式，古朴淡雅。入内有一天井，折而北为二门。入二门为园的西半部分水庭，以一方形荷花池为中心，池北有正厅深柳堂，装修讲究，题材多样，与池南临池别馆隔池相望，构成西半部分的南北轴线。池东有游廊，中部条石起拱，一面刻"浣红"，一面刻"跨绿"，上建一座桥亭。桥东则为园的东半部分。

东半部分水庭以一八角形水池为中心，与西池相通的池正中建有玲珑水榭，周围环以水池，是东半部分的主体建筑，与亭桥构成东西轴线。西南角有假山，号称"南山第一窄"，用英石垒成，山势较为峭拔。水榭西北面建有平桥与游廊连接，可通往园的西北部建筑。规则的几何形水池明显受到西方园林的影响，园内部分园林小品也运用西洋做法。

园南部由一组小庭院构成，以船厅为主体建筑，左右各有一小天井，内设花木水池，精致小巧。登上船厅二楼可俯瞰全园及园外借景，延伸了整个园林的视野和景色。园林东西两部分的景物透过廊桥得以相互资借，有机地连接起来。荷花池与八角池两水相通，水从桥拱向另一边延伸，让人产生"桥外有池"的联想。

园内建筑雕饰丰富精美，如深柳堂紫檀木雕的碧纱罩、玲珑水榭的百鸟归巢以及榄核厅的彩窗等。园中之砖雕、木雕、灰雕、石雕作品丰富多彩，十分精湛。尤以园内深柳堂前两株炮仗花和相邻房屋隔墙间的夹墙竹最具特色，绿荫深处隐约可见楼台亭榭。

  清代是中国古典园林晚期的造园高峰，广东四大名园都为清代建造。余荫山房的建造汲取了江南园林建筑艺术之精华，结合闽粤园林建筑艺术之风格，受到西洋园林的影响，被后人誉为岭南古典园林的瑰丽明珠。

北京湖广会馆

始建于清嘉庆十二年（1807）
总面积 4700 多平方米
北京西城湖广会馆

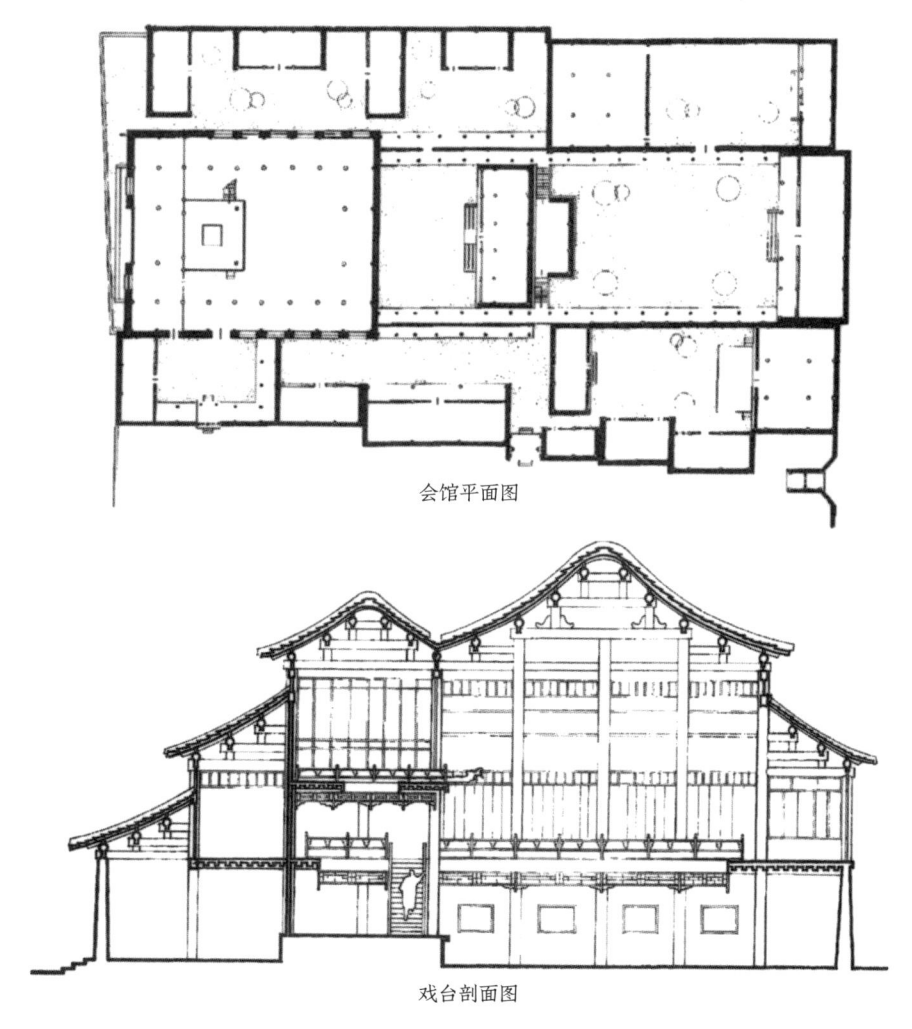

会馆平面图

戏台剖面图

北京清湖广会馆平面图及戏台剖面图

会馆是明清时期由同乡或同业组成的社会团体聚会活动的地方，遍布于各个城市，形成了会馆文化。明清时，作为政治、经济、文化、交流中心的北京，出现了大量的会馆，其中湖广会馆堪称代表。

清嘉庆十二年（1807），湖南长沙人、体仁阁大学士刘权之与湖北黄冈人、顺天府尹李钧简为光耀桑梓，联络乡谊，在北京虎坊桥创议公建湖广会馆。道光十年（1830），他们集资重修，扩充殿宇，建筑戏楼，添设穿廊，会馆的规模和格局基本确定。至道光二十九年（1849），又在会馆设置亭榭等，总面积扩至4700多平方米。同治九年（1870），曾国藩在此办六十大寿。光绪二十六年（1900），八国联军侵入北京，美国军队以湖广会馆为司令部。光绪三十四年（1908），第四次留学毕业生考试及第诸君在会馆举行团拜宴会。1912年5月7日，北京统一党人在此开会欢迎章太炎，当时报载："北京统一党日前假湖广会馆开会，在京党员五六百人到会。"1913年3月30日，北京国民党本部在此召开追悼宋教仁大会。1916年，梁启超在此出席欢迎会演讲宪法纲领……最具有历史意义的事件当数1912年8月25日至9月15日，孙中山先生先后5次莅临湖广会馆，发表了激动人心的演说，并在此主持了中国同盟会等5个团体的合并大会，宣告中国国民党成立。在中国近代史上，湖广会馆有着重要的位置，如今成为对外开放的"北京戏曲博物馆"。

湖广会馆大门东向，门嵌精美砖雕，主要建筑有乡贤祠、文昌阁、宝善堂、楚畹堂、风雨怀人馆、戏楼等。湖广会馆戏楼，位于该馆正院之前，建于清道光十年（1830）。戏楼为二卷重檐悬山式二层楼阁建筑，二卷屋顶中的高跨为十檩卷棚式，是大堂部分（即池座）；低跨为六檩卷棚式，是舞台部分；四周下檐是包厢和后台，后台10间，前台北、东、西三面由包厢式看楼环拱，上下共40间。经专家实测，一层面积为568平方米，二层楼座为328平方米。舞台坐南向北，为三面凸出式设计，台宽7.08米，台深6.38米，共约45平方米。中有广场大厅，可容千人，面阔五间，进深七间，向南当心辟隔扇门三间；向东辟版门一间，后北又辟一门；西面凸出二小间，原为场面（乐队）位置。戏楼内部无天花板，房柁（房架前后两个柱子之间的大横梁）、随梁枋（最长的梁下枋，即联系构件，其起稳固梁的作用）、脊檩［放置在脊瓜柱上的桁（檩），紧搭在脊枋之上，它是屋脊骨架最上部的一个"桁"类构件］有彩画，题材为水波流云。四面板壁绘有博古彩画。舞台天幕为黄色金丝缎绣制的五彩龙凤戏珠、牡丹、蝙蝠、如意吉祥图案，极具特色。戏楼是两湖旅京同乡集会公宴、演剧联欢之地。晚清民国，谭鑫培、余叔岩、梅兰芳等名伶皆在此演出过。

后院有乡贤祠，乡贤祠原在该馆中院，北屋3间房，南向。文昌阁在乡贤祠楼上，南向，阁中奉"文昌帝君神位"。宝善堂在后院中院，5间房，南向，东西翼以长廊，堂高宽敞。楚畹堂在该馆西院，前后各3间。风雨怀人馆，在乡贤祠和文昌阁的后室，3间房，建筑在高台上，从两侧斜廊而下，前后均可通达。乡贤祠前有一口子午井，纪晓岚在《阅微草堂笔记》中记载此井："子午二时汲则甘，余时则否，其理莫明。"故名"子午井"。井台周边围以护栏，刻有铭文，傅岳棻撰序，序作于1943年淘井竣工之时，记述了子午井的名称来源。

苏州岭南会馆

建于明万历年间（1573—1620）
占地面积3145平方米，建筑面积约2158平方米
江苏苏州岭南会馆

苏州明清岭南会馆大门

清人记载："会馆之设，肇于京师，遍及都会，而吴阊为盛。"明清苏州工商业发达，是行会制度较为发达的城市之一，历史上苏州有会馆60多家。山塘街的岭南会馆，明万历年间（1573—1620）由广东商人创建，又称"广东会馆"，为苏州最早的会馆。会馆占地面积3145平方米，建筑面积约2158平方米。

明清东南沿海长江三角洲和珠江三角洲地区经济发达，商品流通频繁。苏州的广东商人售卖的商品，是广东各地的特产，如东莞商人将莞香贩运到苏州销售，潮汕商人以特产糖进军苏州市场，新会商人则以贩运葵扇闻名，广东商人聚集。岭南会馆在清康熙五年（1666）、清雍正七年（1729）及1914年经历过三次大规模的重修。康熙五年重建的会馆，"廓而新之"。馆内建筑有门厅、轿厅、大殿和一排附房等。"凡岁时伏腊及接见宾客，皆于神殿宴会。"雍正七年重修会馆，规模远大于前代，面积在原有基础上有所扩展，会馆"量地阔四丈五尺，深五丈五尺"。扩建的大殿上悬"广业堂"匾额。为了纪念竣工，会馆门前曾立有《岭南会馆广业堂碑记》。碑文详细罗列了所有捐款助建者的姓名，其中有锦

昌号、经昌号、彩昌号、和盛号、龙南号、胜全号和粤兴号七家享有盛誉的老商铺。重修增建厅堂，将关帝庙的祭祀和宴会场所分开，还增修了一座祭祀保佑航海安全的守护神妈祖的天后殿。会馆内有小巧玲珑的庭院，园内种树栽花，堆叠假山，开凿池塘，为粤商闲暇时的游憩之地。咸丰十年（1860），忠王李秀成率领的太平军与清军在苏州城交战，岭南会馆毁于战火。1914年会馆重修，未能恢复当年的原貌。1949年后，岭南会馆改为私立惠群小学、山塘中心小学，除馆舍头门三间外，其余建筑都进行了改造以满足教学需要，为了纪念孙中山先生，会馆还增添了一座罗马式的大礼堂。

随着徽商的到来，岭南会馆呈现出徽式建筑的特点，如高大气派的封火墙的设置。江苏、浙江地区夏季台风多，徽州地区原来的高大一字形墙受力面大，容易被毁，锯齿形的马头墙应运而生。后来人们又将实用与装饰结合，把尖牙利齿的锯齿形轮廓改成平和坚挺的阶梯形轮廓，马头墙的长度随房屋的进深而变化。通常叠数为三阶或四阶，多的可至五阶，俗称"五岳朝天"。这种错落有致的五阶马头墙，犹如五扇屏风，故又称为"五扇屏风墙"。岭南会馆的封火墙，就是这种五阶马头墙。

岭南会馆是苏州建馆年代最早的会馆。除了岭南会馆，苏州还有两广会馆、冈州会馆、宝安会馆等各地的会馆，反映了明清时期苏州繁荣的商业贸易。

中国建筑经典

智化寺

始建于明英宗正统八年（1443）
占地面积2万多平方米
北京东城区智化寺

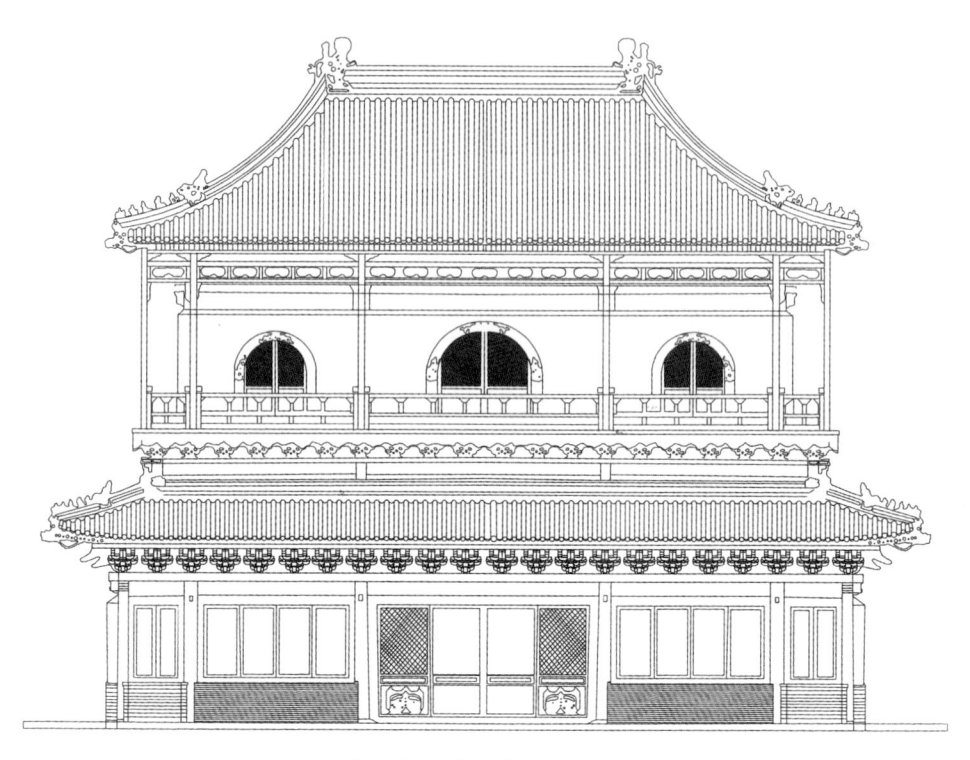

北京明智化寺万佛阁正立面图

　　智化寺始建于明英宗正统八年（1443），原为宦官王振的家庙，明英宗赐名"报恩智化禅寺"，"智化"寓意以佛的智慧普度众生。智化寺坐北朝南，主要建筑自山门内依次为钟鼓楼、智化门、智化殿及东西配殿、如来殿（万佛阁）、大悲堂等，经历代多次修葺，建筑风格仍保存宋向明清过渡的特征。

　　寺为南北纵深布局，深约140米，宽约50米，原有房数百间，占地面积2万多平方米，有中路五进院落，以及东跨院后庙和西跨院方丈院。现仍保留南北中轴线上山门、钟鼓楼、智化门、智化殿、万佛阁和大悲堂等建筑。寺内主要建筑物的屋瓦皆用黑色琉璃脊兽铺砌，显得神圣和高贵，这种主要供皇家寺院、敕建寺院使用的黑琉璃瓦，只有官窑才可以烧造。

南边为山门，砖砌仿木结构，拱券门，单檐歇山顶，面阔三间，进深一间，山门门额上有汉白玉横匾"敕赐智化寺"。山门前有石狮一对，门对面原有照壁。山门之内为钟楼、鼓楼，分列东西，形制相同，黑琉璃筒瓦歇山顶，面阔、进深均为7.1米，下层为拱券门，单昂三踩斗拱［是进深方向构件，在大斗之上为昂（昂上为耍头），从正心向内外各出一踩，共三踩的斗拱］，上层四壁为木障日板，四出门，单昂三踩斗拱。

钟楼、鼓楼以北为智化门，又称"天王殿"，单檐瓦歇山顶，面阔三间，进深两间，通面宽13米，进深7.8米，单昂三踩斗拱，南北均为障日板壶门式门楣，南面门楣悬华带匾"智化门"（华带匾，指匾四周为突起的镂雕纹饰，如二龙戏珠、海水朝阳等，以云朵点缀；内周浮雕书、如意连续图案）。殿前有石碑两座，殿内原有弥勒、韦驮、金刚等塑像，现已无存。

智化殿在智化门之北，为寺院正殿，歇山顶，井口天花（指不是用框架拼接，而是把横直交叉的木条直接搭在贴梁上，组成许多方格，每格镶进一块天花板。其露明部分，一般需作彩画），面阔三间，宽18米，进深14.5米，重昂五踩斗拱（斗拱形式之一，里外各出两拽架的斗拱，单翘单昂、重昂或重翘品字斗拱皆为五踩斗拱），殿后有灰瓦悬山卷棚顶抱厦一间。殿悬乾隆御笔匾额"无去来处"。明间屋顶原有金碧辉煌的斗八藻井，20世纪30年代连同万佛阁的藻井，被寺僧盗卖至美国。殿内有汉白玉石须弥座，供奉释迦牟尼佛、阿弥陀佛、药师佛，两边供奉十八罗汉，均为木制漆金，现已无存。

智化殿前有东西配殿，东为大智殿，西为藏殿，形制相同，黑琉璃筒瓦单檐歇山顶，面阔三间，进深两间。智化殿后有一黑琉璃瓦庑殿顶二层楼阁，是智化寺的主殿，上层为万佛阁，下层为如来殿。如来殿供奉如来本尊像，面阔五间，进深三间，单昂单翘五踩斗拱，殿三面为砖壁，南面为隔扇门窗，东北、西北角有楼梯可上楼。上层万佛阁面阔三间，进深三间，门外周边有围廊，单翘重昂七踩斗拱，吊顶有藻井，斗八式，间饰云龙，精美绝伦，是智化寺的最高处。上下层墙壁上遍饰佛龛，原置小佛像9000余尊，故上檐榜书"万佛阁"。

万佛阁北为大悲堂，单檐歇山顶，单昂三踩斗拱，面阔三间，进深两间，通宽16米，通进深8.6米。大悲堂北是万法堂，面阔三间，硬山布瓦卷棚顶，居全寺最北。

智化寺是北京市内现存最为完整的明代木结构建筑群，虽经过多次修缮，梁架和斗拱并未更改，仍保持明代原状。尤其是寺内主要建筑的屋顶为黑色琉璃筒瓦，十分罕见。智化寺藏殿转轮藏构思巧妙，雕刻精细，是珍贵的艺术品。智化寺为集造像、佛经、音乐、壁画等佛教艺术于一体的禅林净土。寺内存有一部清乾隆版《大藏经》经板，是世界上仅存的两部汉文《大藏经》经板之一。另一部藏于韩国伽耶山海印寺。智化寺演奏佛乐"京音乐"，曲调空灵神秘，古朴典雅，仍然保存相对完整的明代迹风，堪称"中国音乐的活化石"。

第七章 明清建筑

大报恩寺

明永乐十年（1412）于建初寺原址重建，历时19年
江苏南京秦淮中华门外大报恩寺

南京明报恩寺琉璃塔

　　大报恩寺历史悠久。阿育王塔约建于东汉献帝兴平年间（194—195），是中国最早出现的佛塔之一，其与东吴赤乌年间（238—251）的建初寺是南京大报恩寺前身，历经各朝，多次改名。晋太康年间（280—289）修复重建，名为

"长干寺",南朝时改名为"报恩寺",宋代改名为"天禧寺",元代改名为"慈恩旌忠教寺",明永乐六年(1408)时毁于火灾。2010年考古工作者从大报恩寺前身的长干寺地宫出土了一枚佛顶真骨和感应舍利、诸圣舍利及七宝阿育王塔等一大批圣物。

明成祖朱棣为纪念明太祖朱元璋和马皇后,永乐十年(1412)在建初寺原址上重建寺庙,名为"大报恩寺"。寺院规模宏大,有殿阁30多座、僧院148间、廊房118间、经房38间。大报恩寺历经多次修缮,清咸丰四年(1854),在清军与太平军的交战中被毁。

大报恩寺是一项浩大的工程,据史料记载,修寺历时19年,耗费248.5万两白银,动用了10万工人。寺院极其考究,完全按照皇宫标准来营建,"依大内图武,造九级五色琉璃塔,曰第一塔,寺曰大报恩寺"。建造此塔烧制的琉璃瓦、琉璃构件和白瓷砖,一式三份,建塔用去一份,其余两份编号埋入地下,以备有缺损时,上报工部,照号配件修补。南京的窑岗村、眼香庙一带,先后出土过大量与塔有关的琉璃构件,背后大多有墨书的编号和标记。

大报恩寺坐东向西,全寺整体建筑分为南北两大部分。寺庙主体部分(包括山门、佛殿、琉璃塔等)居北半部,附属部分(包括僧房、禅堂、藏经殿等)居南半部,南北两部分之间由围墙隔开。北半部主体建筑中轴线上依次是山门(金刚殿)、香水河桥、天王殿、大雄宝殿、琉璃塔、观音殿、法堂。香水河桥的南北两侧各置御碑亭一座,亭中分别有"御制大报恩寺左碑"和"御制大报恩寺右碑"。观音殿的两侧有祖师殿和伽蓝殿,观音殿后南北有画廊118间。按寺庙"晨钟暮鼓"的传统,设钟楼必设鼓楼,寺院祖师殿前有钟楼一座,与之对称的伽蓝殿前却无鼓楼,从大报恩寺琉璃塔"九级内外,篝灯一百四十有六""昼夜长明"来看,不设鼓楼可能有一定的寓意。

琉璃塔从明永乐十年(1412)建造,至明宣德三年(1428)竣工。塔基位于今大报恩寺遗址北区的中轴线上,高9层,底层副阶周匝,周长四十寻,合三十二丈。塔的高度,据《金陵梵刹志》记载,从地面至宝珠顶为二十四丈六尺一寸九分,约合78.2米,相当于26层楼房的高度。塔内壁为砖砌,有塔心室,楼梯绕心室而上。中心部为地宫,圆形地宫直径2.2米。塔的各层内部有青绿藻井,内壁满布佛龛。塔外表平面呈八边形,最大对径约为25米。每面辟门,四实四虚,隔层错开。底层的四周镌四天王金刚护法神像,形象各异。门的两边开窗,绕以曼陀(指曼陀罗花,一种很神秘的花)、优钵昙花[即佛教中的优昙花(一种无花果树),意译为"祥瑞灵异的花"]。二层至九层,各有平座,朱红色琉璃栏杆。屋顶为琉璃瓦顶,檐下是青绿斗拱,层层叠起。塔顶有镀金铜塔刹,下部覆莲盆二个,中部有相轮,顶部镇黄金宝珠,以八条铁索固定在檐角。各层的角梁下还悬金铃鸣铎。塔内外置长明灯146盏,昼夜通明,数十里可见。塔通体用琉璃烧制,外壁饰以瓷质白色琉璃砖,其间配以红、黄、绿、蓝、黑五色琉璃花饰,全身上下有金刚佛像万千。拱门为琉璃门券,底层建有回廊,塔室为方形,塔檐、斗拱、栏杆等饰有狮子、白象、飞天、飞羊等佛教题材的五色琉璃砖,色彩绚丽。

大报恩寺琉璃宝塔未毁时是中外人士游历南京的必到之处,有"中国之大古董,永乐之大窑器"之誉,被称为"天下第一塔"。

上海城隍庙

明永乐年间（1403—1424）
繁盛时总面积约 3.3 万平方米
上海黄浦方浜中路城隍庙

20 世纪 30 年代上海城隍庙外景

据记载，最迟南北朝时期就已有了祭祀城隍神的习俗。明清时由于城市发展、市民阶层兴起、传统道教信仰与多神信仰兴盛，城隍习俗发展到了鼎盛时期，城隍神被人们寄予了保城护民、惩恶扬善、监察万民、祛除灾厄的作用。各地城隍庙是具有中国特色的宗教建筑，大殿、寝宫、廊宇、戏楼、牌楼、照壁、门楼、亭子等设置，都是中国传统建筑的做法。

上海城隍庙现存建筑包括牌楼、头门、戏楼、两庑、大殿、元辰殿、财神殿、慈航殿、城隍殿、娘娘殿等，多为晚清民国重修。庙相传为三国时吴主孙皓所建，明永乐年间（1403—1424），时任上海知县张守约将金山神庙改建成为上海城隍庙。此后直到 19 世纪的清代道光年间，经历数百年的发展，庙观面积不断扩大，建筑不断增加，最为繁盛时总面积约 3.3 万平方米。

门前现存有明嘉靖年间（1522—1566）所建的门楼。山门为明代遗存，歇山顶，正中匾额书"保障海隅"。两侧接八字墙，两根石柱前各立有一石狮。山门之后为城隍庙的正门，硬山顶，门后为前院，两侧有两庑，现为商铺。院后为戏楼，晚清重建。戏楼下为通道，台前由四根方形石柱支撑，台口正上方斗拱下悬有横匾，上书"一曲升平"四字，雕花木笼一对，额枋、雀替均饰有图案。戏楼屋顶为重叠式，上层为八角攒尖顶，下层为歇山顶。另有后台和左右耳房。台为四方形伸出式，两侧围有木质栏杆。台两侧有两层看楼，台前有广场，可容千余观众。每逢新春、梅花会、元宵、城隍诞辰、三巡会、立夏、兰花会、中元节、菊花会等，都有戏班演出。

城隍庙的正院大殿正门上悬"城隍庙"匾额，大殿内供奉汉大将军霍光坐像，左为文判官，右为武判官，次为日巡与夜查，日巡、夜查以下为八皂隶。两对立柱上有对联。1924年城隍庙大殿为火所焚，1926年重建，现存大殿是重建的钢筋水泥结构仿古建筑。

正殿后是元辰殿，元辰殿又称"六十甲子殿"，元辰神灵是年岁神灵，主年运。道教以六十甲子配以神名，从而形成了道教元辰信仰。因六十甲子神灵是星神，故也称"太岁神"。元辰殿后有一小院落，两侧有慈航殿、财神殿。慈航殿内供奉慈航真人，又称"慈航仙姑真人""慈航大士""圆通自在天尊"，主平安。财神殿内供奉财神、招财仙官、进宝仙官、利市仙官、纳珍仙官。

城隍庙最后一进殿为城隍殿。城隍殿中央供奉上海县城隍神秦裕伯的红脸木雕像，正襟危坐。城隍殿内仿照明代县衙公堂陈设，仪仗森严。每年的农历二月二十一日为城隍神的圣诞日，庙观连续七天举行娱神大戏和祈福祈寿法会。从晚清出版的画报中可以看到热闹的城隍庙会、绕城游行的图像场景。

城隍庙是上海最负盛名的宫观，与庙相邻的豫园是江南园林，乾隆中叶以来变为庙的西园，与庙形成一个整体，逐渐由"私"而"公"。上海城隍庙融庙、园、市于一处。其中国传统建筑样式与外滩万国建筑风格形成了鲜明对比。上海城隍庙也从宗教建筑转化为具有城市公共活动中心性质、商业色彩浓厚的建筑群，成为市井生活的场所。

布达拉宫

重建于17世纪
主楼13层，宫顶离地面117.19米，东西长360米
西藏拉萨西北玛布日山布达拉宫

西藏布达拉宫全景

  布达拉宫坐落于西藏拉萨西北玛布日山上，是集宫殿、城堡和寺院于一体的宏伟建筑，也是西藏最庞大、最完整的古代宫殿建筑群，是名副其实的"世界屋脊上的明珠"。

  布达拉宫宫殿群巧妙地利用山形地势由众多不同时期的建筑组成，雄伟壮观，布局协调，浑然一体。相传宫殿最初为7世纪时吐蕃王朝赞普松赞干布为迎娶尺尊公主和文成公主而兴建，吐蕃王朝灭亡之后，宫殿大部分毁于战火。17世纪，清朝属国和硕特汗国（和硕特王朝）固始汗和五世达赖喇嘛时期重建的白宫及其圆寂后修建的红宫，以及历代达赖相继扩建的建筑，构成了现在布达拉宫的基本面貌。布达拉宫成了历代达赖喇嘛冬宫居所，以及重大宗教和政治仪式的举办地，也是供奉历世达赖喇嘛灵塔之地，与中央政府驻藏大臣衙门一起，成为西藏地区的统治中心。

布达拉宫整体为石木结构，主楼13层，宫顶离地面117.19米，东西长360米，宫殿、灵塔殿、佛殿、经堂、僧舍、庭院等一应俱全。高大的墙身全部用花岗岩砌筑，每隔一段距离灌注铁汁，使墙体坚固稳定。屋顶和窗檐采用木质结构，为歇山式和攒尖式屋顶，飞檐外挑，屋角翘起，铜瓦鎏金，以鎏金经幢、宝瓶、摩羯鱼、金翅乌作为脊饰。屋檐下的墙面装饰有鎏金铜饰，图像为佛教法器八宝，有着浓重的藏传佛教色彩。柱身和梁枋上布满了色彩鲜艳的彩画和华丽的雕饰。

布达拉宫主要由东部的白宫（达赖喇嘛居住）、中部的红宫（佛殿及历代达赖喇嘛灵塔殿）及西部白色的僧房（为达赖喇嘛服务的亲信喇嘛居所）组成。主体建筑的东西两侧分别向下延伸，与高大的宫墙相接。白宫外部有之字形的上山蹬道。

宫墙内的山前部分称为"雪城"，分布着原西藏政府噶厦的办事机构，如法院、印经院、藏军司令部等，还有作坊、马厩、供水处、仓库、监狱等宫廷辅助设施。宫墙内的山后部分称作"林卡"，为以龙王潭为中心的园林建筑，是布达拉宫的后花园。五世达赖重建布达拉宫时在此取土，形成深潭。后来六世达赖在湖心建造了三层八角形的琉璃亭，内供龙王像，称为"龙王潭"。

白宫因外墙为白色而得名，现存有布达拉宫最古老的建筑法王洞，这一建筑在9世纪吐蕃内乱中幸存下来。洞内供奉据传为松赞干布生前所造的他自己和文成公主、尼泊尔尺尊公主等人并列的塑像。最顶层阳光终日朗照，称为"日光殿"，是13世纪时十四世达赖的寝宫，也是达赖处理政务的处所。殿内包括朝拜堂、经堂、客厅、习经室和卧室等空间，陈设均十分豪华。这里等级森严，只有高级僧俗官员才被允许进入。其外墙身收分显著，与梯形窗相结合，形成了藏族建筑宏伟稳重的风格。

白宫的第六层和第五层是生活和办公用房等区域。第四层是白宫最大的殿宇东大殿（措钦厦），面积为717平方米，殿长27.8米，宽25.8米，内设达赖宝座，上面悬挂着清同治皇帝书写的"振锡绥疆"匾额。布达拉宫的重大活动如达赖坐床典礼、亲政典礼等都在此举行。白宫在红宫的下方与扎厦相连。扎厦位于红宫西侧，是为布达拉宫服务的喇嘛们的居所，最多时居住着僧众25000多人。

红宫处于布达拉宫建筑群的中央位置，红色的外墙与周围建筑的白色形成对比，其上覆以金顶，色彩明快，对比强烈，具有宏伟壮观的气势和瑰丽的艺术效果，凸显出红宫在建筑群中的重要地位。红宫平面大致呈矩形，分布有灵塔殿、佛堂、享堂等殿堂共38座，为佛事活动场所。红宫总高9层，可以使用的空间为4层，整座红宫由主楼、庭院和院周围的围栏组成。宫殿采用了曼陀罗布局，围绕着历代达赖的灵塔殿建造了许多经堂、佛殿，从而与白宫连为一体。红宫主要建筑是历代达赖喇嘛的灵塔殿，共有五座，分别是五世、七世、八世、九世和十三世灵塔殿。各殿形制相同，但规模不等。最大的是五世达赖灵塔殿（藏林静吉），殿高3层，由16根大方柱支撑，中央安放五世达赖灵塔，两侧分别是十世和十二世达赖的灵塔。五世达赖灵塔殿的享堂西大殿（措钦鲁，亦名"司西平措"）是红宫中最大的殿堂，高6米多，面积达700多平方米。殿内悬挂乾隆帝亲书的"涌莲初地"匾额，下置达赖宝座。殿堂雕梁画栋，有壁画698幅，内容多与五世达赖的生平有关。在红宫的西部是十三世达赖灵塔殿（格来顿觉），建于1936年，规模之大可与五世达赖灵塔殿相媲美，殿内除了灵塔，还供奉着一尊银造的十三世达赖像和一座用20万颗珍珠、珊瑚珠编成的法物"曼扎"。

红宫中的法王殿（曲结哲布）和圣者殿（帕巴拉康）相传都是吐蕃时遗留下来的建筑。法王殿处在布达拉宫的中央位置，它的下面就是玛布日山的山尖。据说这里曾经是松赞干布的静修之所，现供奉着松赞干布、尺尊公主、文成公主及大臣们的塑像。圣者殿供奉松赞干布的主尊佛——观世音菩萨像。

红宫中还有一些宫殿，如三界兴盛殿是红宫最高的殿堂，藏有大量经书和清朝皇帝的画像；坛城殿有三个巨大的铜制坛城，供奉密宗三佛；持明殿主供密宗宁玛派祖师莲花生及其化身像；世系殿供奉着金制的释迦牟尼像、银制的五世达赖像，以及十世达赖的灵塔等。

布达拉宫收藏和保存了大量文物，有2500余平方米的壁画、近千座佛塔、上万座塑像和上万幅唐卡，还有贝叶经、甘珠尔经等珍贵经文典籍，以及历史上明清两代皇帝封赐达赖喇嘛的金册、金印、玉印、金银品、瓷器、珐琅器、玉器、锦缎品等。布达拉宫因独特的建筑风格和精美的金属冶炼器物、壁画、彩画、木雕等闻名于世。建筑依山势垒砌，墙身收分显著，外形挺拔，气势雄伟，整座建筑布局自由，构图匀称，主题突出，集中体现了以藏族为主，兼有汉、蒙、满等能工巧匠的精湛技艺和艺术才华。

北京四合院

明清（1368—1911）
北京民居建筑

北京典型四合院绒线胡同某住宅内院

南北各地有着各种不同的民居建筑，以适应当地的自然条件和居住环境，具有很强的实用性，各地民居建筑的样式和装饰予人以丰富的美感，具有很强的艺术性。四合院是汉族地区常见的民居建筑，充分体现了中国建筑文化的传统观念。北京四合院堪称四合院民居建筑的代表。

北京四合院是一种院子四面都建有房屋、中心为院的合院建筑形式。明建都北京，大规模规划建设都城，四合院就与北京的宫殿、衙署、街区、坊巷和胡同同时出现。经过数百年的营建，北京四合院从平面布局到内部结构、内部装修都形成了特有的京味。北京正规四合院一般建在东西方向的胡同中，坐北朝南，修建四合院按照传统礼制，以南北中轴线对称布置房屋院落，院落有一进和多进，以二进和三进最为常见。四合院的大门多开在东南角上，一般为一间屋宇，顶部起脊，俗称"门楼"。门口设置一对石鼓或者石狮，含有驱邪避灾的意义，具有庄重严肃的美感。进门迎面有影壁，从影壁往西进月亮门是前院，南侧的房屋俗称"倒座",多作为用人的住房。从前院经过垂花门进入里院,是为全宅的核心空间。北面三间是正房,有大客厅和长辈的住房。东西厢房各三间,长子住东厢,次子住西厢。正房、厢房之间有走廊相连。正房两侧附有耳房,并由小月亮门构成两个小跨院,以安置厨房、杂屋和厕所。有的四合院在正房后面还有一排后罩房,作为女眷的住房。

　　北京四合院建筑特点明显,四合院呈独立状态,房屋布局与家庭成员的住房都有严格的安排,体现出中国传统社会男女老幼尊卑有序的观念。四合院内专门设有客厅堂屋,是家庭举行重大活动的场所。四方房屋皆有檐下回廊,构建出了家族成员感情交流的空间。四合院中间是庭院,院落宽敞,庭院中莳花置石,一般种植海棠树,列石榴盆景,以大缸养金鱼,寓意吉祥,构建出理想的室外生活空间。四合院四面建房,构成了封闭的居住空间,紧闭大门,安全严密,防蔽风沙,减少噪声,适合一家人数代同住,尽享天伦之乐。中国传统伦理精神的象征意义通过民居建筑的形态表现得淋漓尽致。

第七章　明清建筑

晋陕豫大宅院

明清（1368—1911）
山西、陕西、河南等地民居建筑

陕西韩城党家村鸟瞰

　　山西、陕西、河南等地留存众多明清时代的大宅院民居建筑，如山西灵石的王家大院、山西祁县的乔家大院、陕西韩城的党家村、河南巩县（今巩义市）的康百万庄园等，多为行帮富商的住宅。商人经商致富，家业兴旺，后代繁多，长辈致力培养儿孙读书做官，房舍布局规模宏大、营造精美，民居建筑展现了传统社会民众对人口繁衍、家庭幸福、事业发达的向往和追求。

　　晋陕豫大宅院形制与北京四合院接近，又别具特色。宅院院门开在四合院的中轴线上，门外设置拴马柱和上马石。宅院多为两重院落，为避免西晒，院子狭窄修长。外院与里院之间以穿心过厅相连。内院正房为主人长辈的卧室和客厅，一般为三开间的二层楼房。楼上做成檐廊，梁头、雀替、栏杆等，都有精美的雕饰。地理环境靠山的宅院，还有将正房做成窑洞的形式，冬暖夏凉。左右厢房为晚辈居住，或三间，或五间，厢房的屋顶多作单坡式，屋檐水流向院内，取"内水不外流"聚富敛财之意。有的宅院旁建有侧院，多用作客房、厨房及仆人住房。侧院房屋较为低矮，多做成平顶，以示主次有别。

陕西韩城的党家村位于南北狭长、东西呈葫芦状的沟谷之中，有120多座四合院、塔、楼、碑、坊等存留至今，布局严谨，风貌古朴，多为清代建筑。北塬上为党家村的上寨，泌阳堡雄踞其上，村寨呼应，便于防御外敌、逃避战乱，构成了党家村具有时代性和地域特色的建筑格局。

山西平遥是入选世界文化遗产的古城。在全城的"四大街、八小街、七十二蚰蜒巷"中分布大大小小3000多处传统民居建筑，其中400多处保存完整。民居多为四合院样式，设置拴马柱和上马石。院落多用垂花门、花墙将建筑分为二进院或者三进院。民居装修讲究，石雕、砖雕、木雕精美，装饰内容体现传统文化"三纲五常""尊卑有序"的道德观念和礼制格局。

河南巩县（今巩义市）康百万庄园，是明清康氏家族12代聚居400多年的民居建筑。康百万庄园主要分为住宅区、祠堂区、作坊区等19个不同的建筑群，有33座院落、53栋楼房、1300多间房舍、73孔窑洞，总建筑面积达64300平方米。康百万庄园是中国北部黄土高原传统堡垒式建筑的代表，按照"师法自然，天人合一"的传统文化建造，是一座功能齐全、布局严谨、等级森严的大庄园，建筑装饰石雕、木雕、砖雕精美。

陕北、河南的窑洞

明清（1368—1911）
陕北、河南等地民居建筑

河南巩义下沉式窑洞民居门口

　　穴居是早期原始人类的居住方式。6000多年前的远古时代，中国南北各地便出现了地穴式的建筑和夯筑的房屋建筑。居住在山西、陕西、宁夏、甘肃、内蒙古、河南等地的民众延续了古老的穴居方式，因地制宜，创造出窑洞这种独特的建筑供人居住，水井、厕所、磨房、菜窖、牲畜圈等都设置在大大小小的窑洞里。地坑院中通常栽种几棵梨树、榆树或石榴树，树冠往往高出地面。进入地坑院村庄，"见树不见村，进村不见房，闻声不见人"，构成了黄土高原上的独特景观。

　　窑洞依山修建，不占耕地，不破坏地貌地形，挖出的黄土可以打砖坯，废土可用来平整耕地，垫圈沤肥，做到了充分利用有利资源。建成的窑洞隔热保温，冬暖夏凉，生活舒适。

　　陕北窑洞主要有靠山窑、锢窑。山崖挖出的窑洞，称为"靠山窑"，是在背风向阳、避开沟壑的山崖上掏挖出的拱形窑洞。为防止泥土崩塌，有的还在洞内加砌砖券或者石券。有的在窑洞外面接上一段石砌或者砖砌的窑口，俗称"咬口窑"。锢窑是先在平地搭好木头模架，再用砖头或石块砌筑拱券顶和墙身，最后在窑顶填上一两米厚的土层，夯实、碾平。锢窑可以做单层，也可以做双层楼式，还可以几座锢窑围合成四合院。锢窑虽然费工费料，却建筑坚固，居住安全。

　　在河南的巩义、三门峡，山西的运城，甘肃的庆阳等地，有一种称为"地坑窑""地坑院"或者"天井院"的窑洞。人们在平坦深厚的黄土塬上挖出六七米深，长宽达12—15米的窑坑，然后在四面坑壁上掏挖窑洞。窑坑布局如四合院，坐北朝南的正中窑房称"大窑"，供长辈居住，两侧耳房为主人夫妇的居室，子女住西窑，东窑为厨房、仓库，南窑为杂屋、厕所、猪圈。院门和供出入的斜坡通道多开设在窑坑的东南角。地坑窑多为单孔窑房，有的地方在窑内两侧挖出套窑。地坑窑造价低廉，经久耐用，冬暖夏凉，能挡避风沙、隔绝噪声，清洁安静，适合居住。缺点是空气不够流通，正午一过，采光受到影响。地坑窑深入地下，夏天潮气较重。窑顶部四周虽筑有挡水堰或者矮墙，地坑院中挖有渗井，有阻挡或收纳雨水的功能，但渗漏仍然难以避免，如今当地民众已越来越少选择这种建筑居住。

第七章　明清建筑

徽州民居

明清（1368—1911）
安徽南部民居建筑

安徽黟县际联村民居外景

安徽南部，明清时地属徽州，地少人多。当地人多外出经商，徽商致富后致力教育儿孙，传统文化深厚，聚族而居。民居建筑宅楼飞檐高墙，巷道幽深，杂处于古镇、牌坊、祠堂、庙宇和店铺、老街之中，形成了徽州民居建筑的独特风貌，尤其是歙县的明清民居建筑，堪称徽派民居建筑之最。黄山下黟县西递的古村落被联合国教科文组织列入世界文化遗产名录。

徽州民居建筑多为对称的三合院或四合院。正房为三开间的二层楼，两侧为厢房。正房一楼居中为堂屋，是家人起居活动的场所，左右两间为老人和长子

345

的卧室。楼上明间为供奉祖先牌位的祖堂。东西两侧厢房分别为厨房、杂物间和仓库。

徽州民居立面造型丰富。正房两端山墙高出屋面，随屋顶的斜坡面作阶梯状迭落，檐端翘起，有如马头，俗称"马头墙"。墙头用青瓦筑成小山脊，角部微起，轮廓清秀，典雅古朴。马头墙既是防风挡火的封火墙，又是徽派建筑具有特色的装饰。徽州民居建筑正面檐墙多有精美的纹饰和雕刻。砖雕、木雕、石雕并称"三雕"，民居装饰驰名中外。大门上部用满刻花纹的雕砖贴墙砌成各式门罩，梁枋椽檐俱全，一丝不苟。椽檐口以上逐层挑出，盖以青瓦，飞檐翘脊，精丽优美。

江西北部的婺源古属徽州，至今保留众多明清时代的民居建筑。中部抚州的民居建筑受到了徽派建筑的影响，有着自身的特色，其中最有代表性的民居建筑群当推抚州乐安的流坑村。流坑村现有明清建筑260多处，其中牌坊楼阁59座，祠堂60多座。民居建筑青砖黑瓦，素雅朴实，马头墙高高耸立，墙内民居为木构建筑，上下两层，上层放物，下层住人，建筑内有天井采光和排水。厅堂开敞，正面有供奉神灵祖先的神案。厅堂两侧为卧室，厅大房小，厅明房暗。民居建筑的门楣、房檐、墙壁、廊柱、天花板等处多用雕刻彩绘装饰，雕绘戏曲故事、人物山水、花鸟鱼虫、神话传说等，工艺精美。民居大多门上有匾，门旁有联，有的大门还以木雕、石雕作为装饰。

云贵川民居

明清（1368—1911）
云南、贵州、四川等地区民居建筑

云南昆明一颗印住宅

　　云贵川位于中国西南的高原地区，民居建筑具有地域和历史的特色。干栏式建筑是远古时代中国南方的特色建筑，从现今中国南方地区多见的"吊脚楼"建筑可以想见古代干栏式建筑的样式。

　　四川地区的传统民居由干栏式建筑演变而来，依山傍水，多依山坡地形就势建造。现存四川的传统民居多为清代建筑，按照功能形制可以分为大型庄园、廊院式建筑、连排式建筑，以及农舍和城镇民居等。竹笆房是四川农舍和城镇民居具有特色的建筑之一。四川当地盛产竹子，农家建房先用木头立起穿斗式房架，再将竹片编成竹笆，固定在房架上，里外抹上泥作为墙壁，房顶架设檩条，盖上瓦或者稻草。竹笆房造价低廉，修建快速。南方炎热潮湿的夏天，竹笆房通风凉爽，居住宜人。竹笆房多为长三间或五间，或者"一正两横"：正中一间作为堂屋，是吃饭、会客、谈天和从事竹编等家庭劳作的处所；左右两侧分别为卧室、仓库和杂物间；卧室两侧再搭建偏棚和披屋，一侧作为厨房，一侧作为厕所、猪圈。

云南、贵州地区的民居建筑具有地方和民族的特色。汉族与少数民族的建筑相互影响。云南昆明一带常见的"一颗印"民居便是汉族民居和彝族民居相互影响、共同创造的建筑样式。"一颗印"民居建筑四面封闭无窗，外观方正，外墙夯土筑成，厚重朴实，房舍天井狭小，看上去像一颗方方的印章，当地人称"一颗印"。"一颗印"通常为三间正房和两间耳房，称"三间两耳"，或三间正房和四间耳房，称"三间四耳"。正房较高，为两层楼房。一楼正中的堂屋，是就餐、待客、休憩的处所。两侧房间堆放杂物。二楼正中的明间是库房，两侧作卧室。左右耳房分别为厨房和杂物间。"一颗印"是适宜山区、平坝、城镇、村寨各种地方的民居建筑，有单栋，也有联栋。有的精致豪华，有的简单朴素。

云南建水地区留有保存完好的汉族传统民居，团山村为明代初年江西民众迁居地。建筑坐西朝东，青瓦白墙，青砖为墙裙（位于室内墙面或柱面的下部，借以保护墙面、柱面免受污损，并起装饰作用的部分）。房屋以天井为中心，大门多设在主体建筑一侧，有一进院、二进院、三进院，平面布局包括了云南传统民居建筑"四合五天井""三坊一照壁""跑马转角楼"等样式。宅院紧凑舒适，梁棹窗棂木雕精美，反映出内地和边疆民居建筑交流融合的面貌。

闽粤土楼和围屋

明清（1368—1911）
福建、广东等地区民居建筑

福建龙岩永定承启楼鸟瞰

　　福建、广东的土楼建筑，是伴随着中原人口南迁，结合传统的生土夯筑建筑形式的产物。千余年来，为逃避战乱和灾荒，原住北方黄河流域的客家人迁移至如今的广东、福建、江西、湖南、广西和台湾等地。客家人聚族而居，修建了土楼、围屋这种集居住、防御功能于一体的民居建筑。土楼有方形、长方形、圆形、日字形、目字形、曲尺形、多角形等30多种不同的布局形式，主要采用沙质黏土、杉木、石料等材料夯筑而成。

　　称为"土楼王"的承启楼是最具代表性的建筑。承启楼位于福建龙岩永定区高头镇高北村，据传从明崇祯年间（1628—1644）开始破土奠基，而后依次建造第二、第三和第四环，至清康熙四十八年（1709）竣工，历时三代、半个多世纪。

承启楼依山傍水，坐北朝南，占地5376.17平方米，前面是一片开阔的田野。这里有数十座大大小小、或圆或方的土楼，依据地形错落有致，高低起伏。承启楼规模巨大，造型奇特，是一座四环相套的圆形土楼，两面坡瓦屋顶，穿斗式构架（以柱承檩的做法，没有梁）、抬梁混合式木构架，内通廊式（在每层楼靠院子一侧设有一圈走廊，沿走廊可绕院落一周，每间房有门与走廊相通）。全楼外高内低、逐环递减，错落有致。当地人称："高四层，楼四圈，上上下下四百间；圆中圆，圈套圈，历经沧桑三百年。"

第一环为主楼，共4层，高16.4米，每层用抬梁式木构架镶嵌泥砖分隔为72间房间。第一、二层外墙不开窗，只在内墙开一小窗，从天井采光。一层是灶房，二层是禾仓，三、四层是卧室。各层都有一条内向挑出的环形通道，并有四道楼梯，对称分布于楼内四个方向。南面开一大门，条石门框。底层内通廊宽1.65米。二层以上挑梁向圆心延伸1米左右，构筑略低于栏杆的屋檐，屋檐以青瓦盖面，上面可用于晾晒农作物。

第二环为砖木结构，高2层，每层40开间。除正面和东、西两侧各以一个开间作为通道外，其余各间与前向的小庭院、青砖隔墙围合成小院落，院落的厅堂即二环的底层为客厅或饭厅，楼上为卧室。每个院落各开一门，与三环后侧的内通廊相通。院落后侧即外环底层是厨房空间。饭厅对面用青砖建浴室、卫生间、杂物间，高约1.8米。浴室、杂物间与外环以鹅卵石铺面的小庭院相隔，以若干大块、端方的青石板铺设通道。

第三环为砖木结构，单层，32开间。古代楼主崇文重教，又不能让女子到楼外的学堂与男子一起读书，于是办私塾，并以此作为女子的书房。

第四环为祖堂，单层，后向的厅堂与正面两侧的弧形回廊围合成单层圆形屋，中为天井。祖堂歇山顶，雕梁画栋，正面对着大楼门，门面两侧饰绘画和精美的砖雕；厅堂东西两侧各设一小门与全楼东西走向的通道及外环东西面的两个边门相连。

整座土楼环与环之间以鹅卵石砌天井相隔，以石砌廊道或小道相连。中轴线上和东西两侧的二、三环各有4个开间作为豁口，设主通道，外环3个门均可直通祖堂，其他方向亦有多条通道，但宽仅1米左右，而且必须沿着屋檐的走廊并经过主通道才能到达每一环或楼门、边门。第二环与第三环之间的东面和西南面的天井各有一口水井，俗称"阴阳井"，两口水井的大小、深浅、水温、水质各不相同。

承启楼是现存环数最多、规模最大的客家圆形土楼，鼎盛时期居住800余人，现仍居住300余人。正如祖堂两侧两对石柱上镌刻对联说的那样，"一本所生，亲疏无多，何须待分你我；共楼居住，出入相见，最宜注重人伦"，反映了土楼居民和睦相处、其乐融融的场景。土楼除了能够起到防御、加强居民的团结之外，还具有隔热保温的作用。除了承启楼之外，各地还有很多具有特色的土楼，选址、修筑、布局都充分反映了客家人的聪明才智和建造技艺。

中国建筑经典

江南水乡民居

明清（1368—1911）
江苏、浙江等地民居建筑

苏州江南水乡周庄古镇民居群外景

  江苏、浙江等地河网密布，港汊纵横，鱼米之乡，经济富足。宋元时代江南得到了极大的开发，至明清成为政治、经济、文化最为发达的地区。江南水乡民居依托发达的政治、经济、文化，显示了夺目的光彩。

  江南水乡民居以苏州、绍兴一带的建筑最具代表性。住宅外围墙壁高大，建筑多为较高的两层楼房。城镇沿河而设，民居临街枕河，不少为临街开店、楼上住人，后门依水设置厨房，砌筑俗称"河码头"的通河石阶，为浣衣、淘米、洗菜之处。水乡交通主要依靠舟船往来，"河码头"可作为舟船停靠之处。水路、街巷呈不规则的网状穿插在民居建筑之中，白墙黑瓦，相映成趣，显示出江南民

第七章　明清建筑

居建筑清雅动人的风貌。

　　水乡村庄枕河靠港，遥望水天一色，村落农舍横浮在河港之上。农舍多为三间或五间正房，左右各有一间厨房和一间仓库。宅前有晒物的场地，屋后有牲畜的圈栏，果园、竹林掩映其间。正房居中为堂屋，是待客、休憩、就餐和从事编织、刺绣等家庭劳动的处所。堂屋两侧分别为主人夫妇和子女的卧室。与敞亮的堂屋、厨房比较，卧室窗小幽暗，是适合休息的私密处所。"明灶暗屋"显示出水乡农家民居建筑的特色。

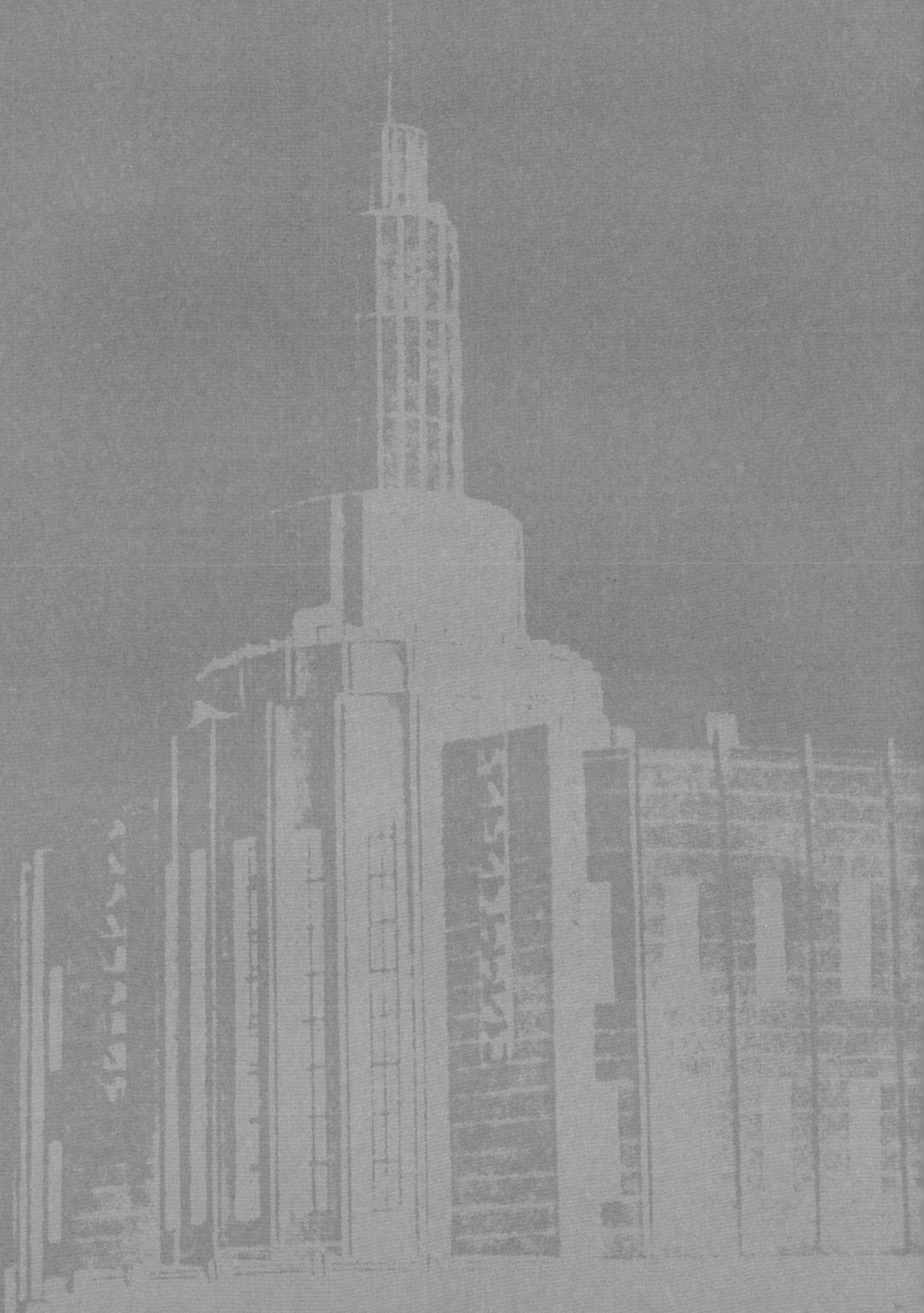

第八章 近现代建筑

近现代建筑概述

中国近代建筑的风格面貌相当庞杂，传统建筑的风格依然延续，西方建筑文化广泛吸收，新旧、中西的碰撞、交汇、融合，错综复杂，外来形式和民族形式两条演变途径构成中国近代建筑发展的主要路径。近代建筑成为中国建筑发展史上急剧变化的阶段。

直到19世纪中叶，除了北京圆明园西洋楼、广州"十三夷馆"以及个别地方的教堂等少数西式建筑外，中国建筑鲜有融合西方建筑的面貌。鸦片战争以后上海等口岸被迫通商，"洋务"潮流涌起，各种西方建筑陆续出现在中国土地上，影响日益扩大。最初出现的是一些新功能、旧形式的建筑样式，如清同治四年（1865）建造的江南制造局机械厂就是典型的例子。这些建筑有了近代的功能，而沿用传统庙宇、衙署的形式，实质上是利用旧建筑来容纳当时还不太复杂的新功能。上海、天津等地建造的外国使领馆、洋行、银行、饭店、俱乐部等建筑，采用外来的西方古典式和"殖民式"建筑设计，混杂了古希腊建筑风格、古罗马建筑风格、巴洛克风格、洛可可风格等。19世纪晚期至20世纪初期模仿或照搬西洋建筑的沿海城市建筑可以上海外滩和南京路、天津九国租界、广州"十三行"和沙面、厦门鼓浪屿、青岛租界的建筑为代表。长江沿岸城市的洋式建筑可以南京下关、武汉汉口租界的建筑为代表。内陆地区沿边城市哈尔滨的早期建筑主要受到俄罗斯传统建筑和19世纪末欧洲流行的"新艺术运动"样式的影响。20世纪初滇越铁路的修建推动了西南地区的现代进程。法国建筑影响了滇越铁路沿线的城市建设。

1911年辛亥革命推翻了清王朝，1912年中华民国建立以来，西方文化传入，外来建筑样式逐渐增多，形成了西式建筑的潮流。20世纪20年代随着"新文化"的退潮，"本位文化"思潮兴起，出现了模仿中国传统建筑的潮流。20世纪30年代欧美现代主义建筑潮流冲击中国。随着社会现代化进程不断加快，中国现代建筑也进入重要的发展时期。模仿美国摩天楼的上海国际饭店，采用现代装饰主义风格的上海百乐门舞厅等受西方现代建筑影响的中国现代建筑广泛出现。不少建筑在追求新功能、新技术、新造型的现代风格的同时，探索现代化与民族化相结合的道路。南京国民政府推出"大上海计划"的同时，出现了一批由中国建筑师和少数外国建筑师设计的不同形态的建筑作品，如北京清华大学礼堂、南京中山陵、南京博物院等。

中国本土新一代建筑师迅速成长，建筑事务所陆续开业，建筑团体先后成立，学术活动开展，推动了民族建筑的复兴。梁思成是中国近代建筑教育事业的开拓者，依托"营造学社"，致力中国古代建筑历史的研究。出类拔萃的中国建筑师杨廷宝所在的基泰工程司是中国近代建立较早、规模较大的建筑事务所，还有庄俊、范文照、董大酉等中国建筑师开办或者参与的事务所等，都是中国现代重要的建筑设计机构。1924年，吕彦直等人发起成立中国建筑界第一个学术团体，后来发展为"中国建筑师公会"，1931年改名"中国建筑师学会"，创办了刊物《中国建筑》，培养了不少本土建筑师人才，也促进了中国建筑学科的建设与理论的发展。1937年抗日战争全面爆发，中国建筑事业基本处于停滞状态，国际现代主义建筑思潮影响了中国的建筑师，这种影响在建筑教育上尤为明显。

1949年，中华人民共和国成立，中国建筑进入新的历史时期。1952年，中央人民政府成立建筑工程部。大规模、有计划的国民经济建设，推动了建筑的发展，建筑活动显示出前所未有的活力。中华人民共和国成立初期国民经济得到恢复，在上海、北京、天津、广州等城市兴建了一批工人新村，住宅经济实用，某些建筑反映出现代建筑的思想。20世纪50年代，中国在实践中学习苏联经验，取得一定的成绩。为迎接中华人民共和国成立十周年，在北京兴建的人民大会堂、中国历史博物馆、中国革命博物馆、北京火车站、北京工人体育场、全国农业展览馆、迎宾馆（钓鱼台）、民族文化宫、民族饭店和华侨大厦被称为"国庆十大建筑"。人民大会堂建筑面积171800平方米，大会堂会场三层座席可容1万人。会堂配备有声、光、电等各式各样现代化的设施，其工程质量要求之高都是史无前例的。北京火车站中央大厅和高架候车厅采用钢筋混凝土扁壳结构，在新型结构和民族形式相结合方面做出了成功的探索。民族文化宫由科研、礼堂、文娱馆和招待所四部分组成，中央塔楼高60米，屋顶为绿色琉璃瓦双重方形攒尖顶，是高层建筑运用民族形式的尝试。民族饭店高48.4米，共12层，是一座装配式高层框架结构。国庆工程首都"十大建筑"是20世纪50年代中国建筑活动的高潮，它代表了当时建筑设计和施工的最高水平，对新中国建筑创作产生了重大影响，形成了中国现代建筑的新风格。

在此期间完成了北京天安门广场的改扩建工程。改建后的广场南北长880米，东西宽500米，总面积达44公顷。广场中部矗立着高37.94米的人民英雄纪念碑，碑身为浮山花岗石，顶部为庑殿顶，周围用高2米的10块汉白玉浮雕了近百年革命史的画卷，总长40.68米，气势磅礴。广场两侧建起的人民大会堂、中国革命博物馆和中国历史博物馆等雄伟建筑，与天安门城楼浑然一体，构成了天安门广场的政治空间。

20世纪80年代改革开放以来，中国现代建筑逐步趋向开放、兼容，并向多元化方向发展，中国建筑活动出现了前所未有的繁荣新局面。尤以2000年后的中国国家博物馆改扩建工程具有代表性，合并后的中国国家博物馆总建筑面积近20万平方米，是世界上建筑面积最大的博物馆，也是新时代树立的又一座纪念碑式的建筑典范。

第八章　近现代建筑

广州十三行商馆

始建于康熙二十四年（1685）
广州珠江边十三行商馆

广州十三行风貌

广州地处南方边陲，历代是连接内地与海外、东方与西方的重要城市。先秦时期，先民便在海外有了陶瓷交易，汉代这一地区的墓葬中常有海外输入的物品，唐代有"广州通海夷道"，明代郑和下西洋标志着海上交通有了一定发展。清时广东海外贸易发达，从广州出发，有了通往欧洲、拉美、南亚、东洋和大洋洲的航线。

清康熙二十四年（1685），朝廷在广州设粤海关，管理进出口贸易，征收关税，由指定的官商主持有关事务。行商垄断进出口贸易，成为西方人称"广东贸易"的重大特色。《广州竹枝词》载"洋船争出是官商，十字门开向二洋；五丝八丝广缎好，银钱堆满十三行"，足见当年十三行的兴旺景象。十三行虽称

359

"十三"，但商行并无定数。十三行每年为宫廷输送洋货，时称"采办官物"，多为紫檀、象牙、珐琅、鼻烟壶、钟表、仪器、玻璃器、金银器、毛织品及宠物等。货栈进口众多洋货，官员将洋货作为贡品进呈朝廷。外商经由广州通商口岸将丝绸、瓷器运往世界各地。西方社会重金争购这些来自中国的物品。出口的高级丝织物称为"广缎"，瓷器称为"广彩"（广州织金彩瓷），漆器称为"广器"，木制家具称为"广作"，牙雕、玉雕、木雕、榄雕、石雕、砖雕、骨雕、贝雕等各种具有岭南特色的雕刻工艺品称为"广雕"。广州吸引了大量洋画师来此谋生，收徒授业。十三行附近的靖远街和同文街聚集众多外销画师，开设众多外销作坊。中外美术交流促进了建筑的变化。

十三行商人在广州海珠、西关一带兴建规模宏大的新式建筑和私家园林。"行商庭园"的建设推动了岭南园林的发展。清代欧洲各地模仿修建"中国式"园林，影响了西方建筑"中国风格"的发展。英、法、美、荷兰、瑞典、西班牙、奥地利、丹麦等国的商人在此设立商馆，形成所谓的"十三行夷馆"。夷馆建筑外观、室内装饰都带有显著的中西合璧的风格。

十三行曾多次发生火灾。清道光二年（1822），十三行失火，焚烧了七天七夜，熔化流入水沟的洋银居然凝结成一条长达一二里的银块，可见当时商业规模的奢华庞大。清咸丰六年（1856）第二次鸦片战争期间的大火，焚毁了十三行商馆区，其后又经历了几次大火，损毁十分严重。现存的清代十三行商馆遗迹尚有建于清雍正元年（1723）的锦纶会馆（清代广州丝织行业的行业会馆"锦纶行"）等。现今十三行依据旧貌重建，广州十三行博物馆也已在广州文化公园展览中心开馆。

上海江南制造局

始建于清同治四年（1865）
上海城南高昌庙江南制造局

上海江南制造局外景

　　清同治四年（1865），李鸿章得知上海虹口有洋人办的旗记铁厂愿意出售。工厂不仅能造枪炮，而且能制造轮船。李鸿章筹款买下了洋人的工厂，并将原上海两个洋炮局合并，将曾国藩从美国购买的机器运到上海的工厂，形成了晚清洋务派开设的规模最大的军工厂江南制造局。江南制造局是江南造船厂的前身，是近代中国较早兴办的新式工厂之一。李鸿章在奏请成立江南制造局的奏折中表明其主旨为："正名办物，以绝洋人觊觎。"在洋务运动开展的过程中，江南制造局不断扩充，先后建有十几个分厂，制造枪炮、弹药、轮船、机器，设有翻译馆、广方言馆等文化教育机构。清同治六年（1867）夏，在上海城南高昌庙兴建新厂。至光绪十六年（1890）已拥有13个分厂和1个工程处，各种工作母机662台，动力总马力10万余匹，厂房2597间，员工3592人。所产军火及军需机器、钢材供应南北洋系统军队、各地炮台、军舰、禁卫军及其他省区军队。同治七年（1868）设立编译馆，翻译西方自然科学技术书籍。光绪三十一年（1905）制造局造船部门独立，成立江南船坞。江南制造局开中国近代化军事及民族工业、文化事业之先河。制造局早期厂房也是近代最早的新式工厂建筑。

  1912年，江南制造局改称"江南造船所"，兵工部分仍称制造局，专门制造军火，1917年改名为"上海兵工厂"。1932年一·二八淞沪抗战后，兵工厂停办，部分机器设备拆迁杭州。1937年抗日战争全面爆发后，拆剩的机器设备和厂房为日军所毁，场地被并入江南造船所。新中国成立以后，江南造船所更名为"江南造船厂"，在老厂的基础上继续运营并扩充设备，有机器厂、洋枪楼、汽炉（锅炉）厂、铸造厂、轮船厂等，占地4万多平方米。2018年，上海江南制造局遗址入选第一批中国工业遗产保护名录。

"首都计划"和"大上海计划"

1928 年
南京、上海

上海市政府大楼

　　1928年国民政府定都南京后，成立南京国都设计技术专员办事处，开始着手制订"首都计划"。聘请美国建筑师亨利·墨菲与古力治负责规划工作，建筑师吕彦直亦参与规划，但他于办事处成立四个月后病逝，留有《规划首都都市区图案大纲草案》。随着原计划的不断调整，先后制订了首都计划的调整计划、南京市都市计划大纲等。在"首都计划"的详细方案中，提出"本诸欧美科学之原则"，全部政府办公建筑均采用中国传统建筑造型，极力提倡采用"中国固有之形式"，发扬光大本国的传统文化。计划将首都划为六个区域，所建设的中国古典复兴式建筑有铁道部大楼、明故宫机场、下关火车站（南京西站）、中山桥、中央体育场等。"首都计划"吸收当时古今中外的先进设计理念，规划科学，对当时民国南京城的各项建设发挥了重要的指导作用，是中国进行得较早、规模较大的城市规划设计，对于当今的城市建设仍有相当的参考价值和借鉴意义。

国民政府的"大上海计划"体现了城市与建筑的西化和现代化。20世纪初，上海黄金地带——黄浦江与苏州河畔大片土地已分别被法租界和公共租界占据，中国政府控制的上海繁华地区主要集中在闸北与南市。根据孙中山的《建国大纲》，1929年上海市政府制订了"大上海计划"，划定今江湾五角场东北地带作为新上海市中心区域，旨在打破上海公共租界与上海法租界垄断城市中心的局面，成立"上海市市中心区域建设委员会"，聘董大酉为顾问，1930年又聘其为主任建筑师。董大酉以他的专长才智，在五角场地区规划设计，筑就了一批驰名中外的重要建筑。

该计划各项工程于1930年上半年开始建造，以江湾为市中心区，建筑道路、市政府大楼和其他公共设施，以新市政府大厦为中心，数年间陆续建起了一座上海新城。实际完成的主要工程有上海市政府大楼（今上海体育学院大礼堂）、上海博物馆（今长海医院影像楼）、上海图书馆（今同济中学图书馆）、上海市体育场（今江湾体育场）、上海市立医院（今长海医院）、上海市广播电台及材料研究所、中国航空协会飞机楼、国立音乐学院（今上海音乐学院）、36幢别墅等建筑。

限于日渐紧张的政财力及1932年日军侵略上海的影响，"大上海计划"很多的建设发生了改变，建筑风格经历了从前期的"中国固有形式"逐渐过渡到后来的现代主义的风格，也有一些规划（如规划中机场建设）自始至终都仅仅停留在规划图纸之上。经过七年多的建设，雄心勃勃的"大上海计划"最终因1937年抗日战争全面爆发而被阻断。1945年抗日战争胜利，租界已不复存在，上海得以作为城市整体进行新的规划。国民政府将上海市政府重新规划在战争中受损较小的旧市区的繁华地段，曾作为"大上海计划"中心的江湾五角场这一带再次沉寂。

上海外滩建筑群

19 世纪中下叶至 20 世纪 40 年代
北起苏州河口的外白渡桥,南至金陵东路,全长约 1500 米
上海市区黄浦江滨外滩一带

1872 年英国领事馆远眺

  上海外滩指上海市区黄浦江畔一带,北起苏州河口的外白渡桥,南至金陵东路,全长约 1500 米,与浦东陆家嘴金融区隔江相望,地形呈新月形。此地沿着黄浦江遍布了一幢幢不同风格的建筑,涵盖了英国古典式、法国古典式、哥特式、巴洛克式、东印度式、中西合璧式等,共计 52 座造型迥异的建筑,其中有 23 栋建筑建于 20 世纪初至 30 年代,反映了当时世界建筑的设计潮流与审美取向,充分体现了 20 世纪初建筑技术的一流水准。

  上海是鸦片战争之后开放的五个通商口岸之一。清道光二十五年至道光二十九年(1845—1849)外滩建立了英租界与法租界,此后美国介入,外滩成为公共租界。外国人在沿江修建了码头,兴办了银行、商行、总会、报社等。外滩成为外国人在上海聚集的中心。各国领事馆,如英、法、俄等国领事馆集中于此。外滩成了远东最大的金融中心。

  19 世纪下半叶一直延续到 20 世纪 40 年代,在近百年的时间里,上海外滩的建筑风格经历了三个时期的变迁。

第一阶段是19世纪下半叶，这一阶段在外滩开始出现西式风格建筑。最早的西洋建筑是始建于清道光二十三年（1843）的英商怡和洋行，为两层楼建筑，其后数年，11家洋行在外滩兴建了类似的建筑。建筑多为砖木结构楼房，带有宽大内长廊式阳台。俨然英国乡村建筑或东印度券廊式建筑，在后来翻修的过程中，亦采用了文艺复兴建筑风格，如拱券、廊柱等。此阶段保存完好的代表性建筑有中山东一路三号原英国领事馆，这是外滩建筑群中保存至今的年代最久的建筑。

英国领事馆于19世纪40年代末筹划兴建，经历火灾后1873年在原址重修，保持至今。该建筑为英国古典砖木混合结构，主屋高2层，平面略呈H形，四坡顶屋面。正立面下层中部有5孔券廊，入内即是大厅。券廊上方是廊柱支撑的二楼遮阳长廊。立面左右对称分布着上下窗洞，皆呈平卷式拱券，装有硬百叶窗，外墙有水泥勾勒的横线条。屋顶使用中国的蝴蝶小青瓦。1882年，又在主屋北侧建造了英国领事官邸，这是一幢两层砖木结构房屋，有走廊与主屋连通。据说，这两幢楼里面有房间专供各国建筑师们进行外滩建筑的规划和绘图，当时外滩几乎所有的建筑都是在这里筹划的，后人称此地为"上海租界乃至上海城市发展的起点"，又名"外滩源壹号"。

第二阶段是19世纪末至20世纪初，外滩的建筑出现了向近代建筑形式过渡的折中式，采用水泥等新的建筑材料。地价上涨促使建筑往高空发展，楼层变高；钢筋水泥的建筑材料又使得高层建筑成为可能，建筑大都高达六七层。这一时期古典风格与现代风格碰撞，重视室内装修，建筑外形无法舍弃古典主义的繁复，室内装修开始采用新的电气化设施。保存至今的这一时期的建筑，特别具有代表性的有招商局大楼、中国通商银行大楼、大北电报公司大楼、东风饭店、亚细亚大楼、有利大楼等。

招商局大楼建于清光绪二十七年（1901），为坐西朝东的三层砖木结构建筑，红色的砖墙在外滩一片灰色楼群中分外显眼。大楼为文艺复兴风格，统一、对称、优雅、稳重。底层正门框向外凸出，两侧有高敞的拱券落地窗，第二、三层立面用古典柱式装饰。外墙局部用花岗石贴面。

第八章 近现代建筑

1906年中国通商银行大楼

汇中饭店于清光绪三十二年（1906）建成，与招商局大楼同属于英国文艺复兴风格，以砖木结构为主。楼高6层，共30米，外墙采用大面积白色面砖，以凸出的红砖腰线分割。底层外墙以花岗石贴面，拱券大门，阳台挑出，两侧立宝瓶栏杆，中间墙面有"1906"字样。屋顶东西两端原有对称的两座巴洛克式亭子，1914年火灾后改为平顶。汇中饭店大楼内部装饰精致考究，是最早安装电梯的一幢建筑。新中国成立后汇中饭店成为和平饭店南楼。

中国通商银行大楼深受古典风格影响，与英式风格不同，属于仿哥特式风格。第一所中国人自己创办的银行——中国通商银行于清光绪三十二年（1906）建成。建筑为假四层砖木结构，大门左右有罗马廊柱，底层、二层有落地长窗，券状窗框，两肩对称。第三、四层有小尖塔，坡式屋顶，并有一排尖券形窗。楼顶的五个尖顶使得其在周围林立的建筑中脱颖而出，原先还有十字架。大楼整体装饰具有欧洲宗教建筑色彩，青红砖镶砌，墙面以众多细长柱子勾勒而成。

清光绪三十四年（1908）建成的大北电报公司大楼采用假五层砖石结构，

367

呈现出法式文艺复兴风格，大楼体量与周围建筑相比不算大，却别有意趣。每层都有方形或圆形的古典式立柱，或承重，或装饰。窗棂花饰繁复，予人一种优雅的感觉。在顶层两边建有对称的洛可可艺术风格的屋顶，颇具艺术韵味。

20世纪的第一个十年，上海外滩建筑多是偏古典建筑式样。建于清宣统二年（1910）的东风饭店已吸收了不少现代建筑的元素。东风饭店原名"上海俱乐部"，俗称"上海总会"。建筑率先采用了以水泥为主的胶凝材料，楼高6层，有地下室。一层以正门为主轴线两侧对称，门内两侧还立有女神塑像（现已毁）。第三、四层中间有6根贯通的希腊古典式爱奥尼克柱。爱奥尼克柱式、多立克柱式和科林斯柱式并称希腊古典建筑的三种柱式，其特点是柱身纤细秀美，又被称为"女性柱"，常有凹槽和涡卷装饰。南北两侧室壁凸出。五层上南北两端有塔楼，顶上用石膏镂雕花环或花草图案，为典雅的巴洛克式塔顶。立面装饰也带有巴洛克式风格。大楼中所使用的别致的三角形的电梯为西门子公司制造。建筑融合了多种艺术风格，大厅宽阔，内部装修精致，木雕细腻，吊灯璀璨，流光溢彩。多种艺术符号被移植到这座建筑上来。外观除增加了希腊古典式立柱外，内部穹顶比罗马式高，吸收了印度元素，装饰有莲花纹样。建筑风格效法美国古典主义，又参照日本帝国大厦，号称"东洋伦敦"。大堂地上是黑白镶拼的大理石装饰，是非常典型的英式图案，尤其酒吧间曾拥有当时东方最长的酒吧柜，长达33.7米。当时名流显贵荟萃，此地成了上海交际家的活动场所。

亚细亚大楼建成于1916年，原楼由麦克波恩公司投资，俗称"麦克波恩大楼"，后被英商亚细亚火油公司购下，故而称之为"亚细亚大楼"。楼高7层，是当时外滩最高的一幢建筑，门牌又是中山东路一号，故有"外滩第一楼"之称。亚细亚大楼是外滩建筑中继上海总会之后出现的第二幢钢筋混凝土结构建筑，外立面为横三段、竖三段式。第一、二层用花岗石面砖砌成，形成基座；大门采用古典主义的拱形门券结构，门楣上半凸圆浮雕花纹，旁有四根大立柱，门廊旁又立有两根小石柱，使视觉产生纵深感。第三至五层没有立柱，而是往内凹进形成内阳台，并围有半圆形铁栏。第六、七层又有古典式立柱。立面的凸凹起伏形成了运动感，建筑外貌雄奇华丽，富于变化。建筑物俯瞰呈回字形，中有天井。其东南面的墙角做成凹弧形，给建筑增加了立体效果和旋涡形变化。这种回字形结构，为外滩建筑中仅见。每层楼面外侧四面为办公室，大开间，木地板，内侧为宽敞走廊，安装了2米高的钢窗采光通风。过道地面用马赛克铺成。1939年，大楼加高一层，由原来的7层增至8层。新中国成立后，上海市冶金设计院、上海市房地产管理局、上海市丝绸公司相继迁入办公。1996年，这幢大楼成了中国太平洋保险公司总部。今该楼已入选全国重点文物保护单位。

有利大楼建于1916年，是上海第一幢采用钢框架结构的大楼。钢框由德国克虏伯工厂制作。地基呈南北窄、东西宽的梯形，朝北约70米，朝东只30余米。外滩是上海地价最高的地段，建造者把这幢建筑的东面和北面都设计成了建筑的主立面，使得大楼呈现出别样的面貌。大楼高7层，总体设计采用三段式立面，配以巴洛克式装饰。大门两旁有修长的爱奥尼克立柱，高大的落地窗，使得楼宇气度非凡。窗格饰以旋转式图案，外墙花岗石贴面。第三至五层有阳台和铁栏杆。转角处顶部设计了一个塔亭，顶端有双立柱支撑的球形圆顶，成为上海滩上别样的风景。

第三阶段是20世纪20—40年代。外滩出现了又一次的建筑高峰。这一时期的新建筑大都为八层以上，建筑风格由英法新古典的折中主义结合了现代装饰艺术运动风格，向美国现代高层建筑方式过渡与发展。建筑立面渐趋简洁，室内装饰富丽堂皇，设施更趋完善。汇丰银行率先安装了冷暖气设备系统。中国银行大楼拔地而起，外滩建筑群基本建成。这一阶段外滩代表性建筑有汇丰银行大楼、海关大楼、日清大楼、沙逊大厦、中国银行大楼等。

汇丰银行大楼建成于1923年，属英式新希腊风格，为19世纪20—50年代美资汇丰银行上海分行所在，是外滩占地最广、门面最宽、体量最大的建筑，被公认为外滩建筑群中最漂亮的建筑、中国近代西方古典主义建筑的杰作。大门两侧有一对铜狮，大楼门厅为高达20余米的八角形，穹顶有近200平方米的巨型彩色马赛克镶拼壁画，描绘了20世纪初上海、香港及伦敦、巴黎、纽约、东京、曼谷、加尔各答等世界名城的建筑风貌，分别代表世界上有汇丰银行分行的八座城市。大堂内立有八根高13米的意大利天然大理石柱，其中四根是没有拼接的。

1923年上海汇丰银行大楼

从建筑形式看，该大楼呈现新古典主义立面构图的横纵三段式。主体为钢框架结构，砖块填充，外贴花岗岩石材。楼高5层，中央部分高7层，另有地下室一层半。底层独立形成一个立面，拱券大门。第二至四层有六根爱奥尼克立柱作为支撑，其中四根为双柱，使原本简单的平面变得变化多端，增加了建筑的立体感。五层以上设计了一个庞大的仿古罗马万神庙的穹顶，挑出了建筑的主轴线。汇丰银行大楼的室内装修极为考究，大厅内的柱子、墙壁、地面均用大理石贴面。新中国成立后，汇丰大楼成了上海市人民政府大楼，现为浦东发展银行大楼。

海关大楼号称汇丰银行大楼的"姐妹楼"，由同一设计师设计建成。该楼竣工于1927年，结合了欧洲古典主义和文艺复兴时期建筑的风格，雄伟挺拔，与雍容典雅的汇丰银行大楼比肩而立，相得益彰。大楼为钢框架结构，东部面对黄浦江，高11层，主体建筑为8层，上面有3层高的四面钟楼，总共78.2米，建成时曾是外滩第一高楼，两年后就被沙逊大厦超过。西部直达四川中路，高5层。大门的设计为古希腊神庙形式，以四根经典的多立克柱（粗大雄壮，没有柱基，柱头为倒圆锥台）支撑起庞大的建筑，柱子上端为方形，雕刻花纹。底层外墙用花岗石宽缝砌就。上段的钟楼为哥特式，大钟仿英国伦敦国会大厦的大钟式样制造，在英国制成后运到上海组装。大楼旗杆位置为上海地理位置的标志点。

日清大楼由日本日清汽船株式会社与犹太人于1925年合资建造，被称为"日犹式"，结构上与外滩其他近现代建筑没有太大的差异，线条处理以横线条为主，具有近代日本西洋建筑的特征。大楼高6层，占地1280平方米，第一至三层装饰较为简洁，上面三层有古典立柱和有浮雕花饰的窗框，第五至六层之间设计了挑檐，凹凸感强。该楼曾由海运局使用，故又名"海运大楼"。

沙逊大厦（今和平饭店北楼）由犹太商人沙逊兴建，故称其为"沙逊大厦"，又因大厦第四至九层开设了顶级豪华酒店而得名"华懋饭店"。该建筑建成于1929年，钢筋混凝土框架结构。楼高10层，局部13层，是上海第一栋在真正意义上突破10层的摩天大楼。因拥有高达19米的墨绿色金字塔形铜顶使得楼体总高77米，成为外滩最高的建筑，被誉为"远东第一楼"。大厦体现了当时美国流行的芝加哥学院派的设计手法，又受1925年在巴黎举行世界博览会时出现的装饰艺术运动的影响，比之古典主义建筑，从外形构图到装饰细部都已大幅度简化。它标志着外滩建筑从新古典的折中主义向装饰艺术派的转变。外墙除第九层及顶层用泰山石面砖外，其余皆用花岗石贴面。立面强调垂直感，线条简洁明朗。腰线及檐口处饰以花纹雕刻。主屋顶部耸立的墨绿色瓦楞紫铜皮屋顶成为当时难以超越的经典之作。大厦内餐厅、大堂富丽堂皇，设有英、美、印、德、法、意、日、西、中9个国家风格的客房。新中国成立后，沙逊大厦改名为和平饭店继续开放，其后又纳入汇中饭店为其南楼，沙逊大厦成为和平饭店北楼。因优美的建筑、完善便利的室内设施与重要的历史地位，1992年世界饭店组织将和平饭店列为世界著名饭店。

竣工于1934年的百老汇大厦也是装饰艺术派与美国现代高层建筑风格相结合的产物，与沙逊大厦风格相仿，高度相近，而楼层更多。该大厦共22层，为双层铝钢框架结构，平面呈 X 形，因在百老汇路顶端而得名，副楼又名"浦江饭店"。立面为中间高两边低的迭落式构图，从第十一层起逐层收进，顶部沿口饰以统一的几何形连续装饰图案，显得轮廓分明。外墙底层为暗绿色高级花岗石贴面，其上各层为浅褐色泰山面砖贴面。大厦建成后一直作为公寓使用。新中国成立后改名为"上海大厦"，后挂牌为五星级涉外饭店，曾接待许多国家元首及中外游客。

在外滩独树一帜地采用了中国传统元素作为装饰的中国银行大楼建成于1937年，这是外滩建筑群中唯一由中国人设计的建筑。设计师陆谦受曾留学于英国皇家建筑学会。第一次世界大战后，中国作为战胜国收回了沙逊大厦旁边的德国总会旧址，打算在拆除原建筑后建造中国银行大楼。陆谦受原本设计了一栋34层的高楼，但旁边的沙逊大厦的主人沙逊不乐意周围出现超越其"金字塔"高度的建筑，多番抗议，百般阻挠，公共租界工部局也拒发建造34层楼的执照，不得不改动了原来的设计。建成后的大楼高度略低于沙逊大厦。大楼拥有中国式的蓝色琉璃瓦屋顶，分为东西两个部分：东大楼面临外滩为主楼，地下室2层，共有17层；西大楼为次楼，楼高4层。整个建筑立面以垂直线为主，大框架是西式高层建筑风格，装饰上巧妙地融合了许多中式传统元素。东立面从高到低饰有变形的钱币形镂空窗框。塔楼上带有"中"字形镂空石雕图案。屋顶为平缓的四方攒尖顶，上盖绿色琉璃瓦，楼檐上用斗拱装饰。正门的门楣上，有"孔子周游列国"的浮雕，浮雕"渔樵耕读、吹拉弹唱、航船打铁、裁衣补锅"的图像，意为"财富源于劳动，金融基于士工"。门前立有貔貅石雕。跨过9级台阶"步步高升"进入营业大厅，天花板雕有"八仙过海"的图案，还有中国古代"节节高"民族花饰的铸铁隔栅等，使其成为中国近现代的重要建筑。

第八章 近现代建筑

百乐门舞厅

建成于1932年
上海愚园路218号与万航渡路（原极司菲尔路）转角处百乐门舞厅

位于上海极司菲尔路（今万航渡路）、愚园路转角处百乐门建筑

　　百乐门舞厅，全称"百乐门大饭店舞厅"，英文名与美国电影公司同名，为与电影公司的中文译名"派拉蒙"区别开来而另译为"百乐门"，建成于1932

年。为建造与上海相匹配的高档娱乐场所，中国商人顾联承投资70万两白银购地，多方资本共同出资营建。该建筑由中国建筑师杨锡镠设计。杨锡镠，江苏人，毕业于南洋大学土木工程科，1924—1929年在黄元吉办的凯泰建筑公司任建筑师，1930年在上海开办了自己的建筑事务所，其后承接了百乐门舞厅等建筑的设计任务。

百乐门舞厅建筑共三层：底层为厨房和店面，二层为舞池和宴会厅，三层为旅馆。平面呈L形，两翼相会于极司菲尔路和愚园路的转角处。有塔楼式结构的主入口。整幢建筑傲然屹立、气势非凡。极司菲尔路上的L形翼楼包括了一楼的厨房、商业门面及二楼以上的宾馆房间及各种设备房，角上另设单独直通宾馆的小门。愚园路的一楼被设计成可供出租的店铺门面，二楼是有大舞池的主舞厅，之上是包厢层，里面还有一个面积较小的舞池。该建筑合理地利用了不规则的地基，并从实用角度出发，充分满足了其功能性。

百乐门舞厅的外观设计采用装饰艺术建筑风格，正面装饰有垂直线条窗，流线型的立面，简单的几何线，外墙贴满了橙色和棕色釉面板，中间镶黑色水磨石腰线。高达9米的玻璃灯塔顶逐层向上收缩，装饰着竖线条的霓虹灯，夜晚降临，数米之外都可以看见霓虹灯散发出的醒目荧光，制造出好莱坞式的梦幻想象。舞客准备离场时，可由服务生在塔上打出客人的汽车牌号或其他代号，车夫从远处看到，将汽车开到舞厅门口。大门和门厅设计也给来客营造出大舞台的效果：高大宽阔的门厅，流光溢彩的琉璃吊灯，白色大理石旋梯，仿佛置身好莱坞电影之中。舞厅设计更具特色：沿着旋梯走上二楼便是舞池外的休憩区，这里设置了卫生间、衣帽间与吸烟区，中心放置了圆形彩色条纹长沙发。装饰艺术风格对几何图形、圆圈、直线的偏爱，被运用到百乐门的室内设计之中，而钢与镍等现代材料的柔韧性给予了这些几何形式更多变的可能性，奢华舒适，摩登时尚。

二楼主舞场的舞池底板是上海人口中常挂在嘴边的"弹簧地板"，能够随着舞者的运动上下起伏，建筑学上称之为"悬挑式木质弹簧地板"。主舞池约40米长，31米宽，9米高，采用的是钢骨架结构，舞池内无一根立柱，营造了一个无障碍的大跨度空间，号称"千人舞池"。桌椅分散在舞池两侧，可容纳400人就座。宽阔的公共娱乐场所有相对私密的空间分布。其中一个便是从舞场门口至供乐队表演的舞台两侧的座位区,客人可以亲密地三五成群围坐在一起,低矮的天花板创造了相对私密的气氛。另一个半开放式空间是西面座位区后面的酒吧间,四根立柱分隔出另一个私密空间。三楼小舞厅中央有一个奇幻的"玻璃舞池"。舞池地板由钢化玻璃制成,下设彩色的小灯泡,晶莹通透,随着踩踏的节拍不停变幻,光色流转。两侧回廊放置桌椅,可容纳250人就座。悬挑的包厢夹层与吧台上方形成了几个私密且封闭的空间。立柱间还可架设围布以遮掩。这种空间分割设计可以平衡空间上的视觉效果,也可满足舞厅交际功能的需要。在公共娱乐空间,顾客既可选择在宽阔空间跳交谊舞,也可以在私密小空间中进行小群体的社交活动。

1933年开业后,百乐门举办过不少时髦的娱乐、社会活动。一些华人协会也在百乐门举办过时装秀。

董大酉住宅

建成于 1935 年
上海杨浦区五角场政旦东路董大酉住宅

上海董大酉住宅外景

　　董大酉是与梁思成齐名的建筑师。1922年毕业于清华大学，后留学美国，先后毕业于明尼苏达大学和哥伦比亚大学研究院，1928年回国，次年与美国同学菲利普合办建筑师事务所，同年加入中国建筑师公会，被推选为中国建筑师学会会长。

　　1928年董大酉参与主持了民国政府的"大上海计划"，对上海近代城市空间布局和规划设计起了重要作用。新中国成立后，董大酉担任建设部民用建筑设计院总工程师，为中国建筑事业做出了贡献。

　　董大酉的建筑设计并不一味追求西方风格，也没有完全采用中式传统建筑方法，而是选择兼具实用与美观的新现代主义，在民族风貌外表下，采用钢筋混凝土结构而非传统木质结构，内部设施则力求现代化，电梯、卫生与消防设备等一应俱全，可谓中西合璧。1935年董大酉建于上海杨浦区五角场政旦东路的自宅，就是非常杰出且具有独特气质的近代建筑。

董大酉住宅设计匠心独运，在空间概念、设计手法、建筑材料等方面都不同于市中心的公共建筑。建筑外形摆脱了中国传统建筑对于礼仪和秩序的追求，也不同于西方古典式建筑的对称布局和三段式构图，而是采取功能流线和连续空间为主导的设计模式。建筑体量错落有致，根据上海的地理、气候环境，将主体建筑置于建筑用地的西北角，采用了灵活非对称的L形布局形式，围绕中心花园建筑。住宅空间布局根据功能的不同，将起居室、餐厅、浴室、厨房、书房等有机结合，整个住宅以挑高的两层的起居室为中心，以连续空间串联各功能区域，加上楼梯和多层平台的设置，使得建筑浑然一体、流畅自然，充满线条感、流动感。建筑立面设计采用均衡式构图手法，注重错落有致的空间体量与水平横线条之间的对比。外观以白色水泥抹灰，结合使用了大量带形钢窗、圆窗，通过窗户上雨篷的线条、栏杆的水平线条来表达空间的动感。圆形、弧形、直线的线条充满现代感。室内设计秉承以连续空间为主导的原则，嵌入了中国传统建筑的元素，如藻井、彩画及其他细节的处理。室内墙壁以白色抹灰为主，并根据各空间功能的不同，使用了水泥、水磨石、木地板、瓷砖等装饰地面和墙面。家具中西结合，既有当时流行的西式家具，也有中国传统的家具。中西两种元素的使用，产生明显的反差对比，又不显突兀，很好地融入了整个建筑当中。

上海国际饭店

建成于 1934 年
高 24 层，其中地下 2 层，地面以上高 83.8 米
上海南京西路上海国际饭店

上海国际饭店外景

　　上海国际饭店大楼位于今南京西路，1934年建成，高24层，其中地下2层，地面以上高83.8米，为钢框架结构、钢筋混凝土楼板，是当时亚洲最高的建筑物，有"远东第一高楼"之称，在上海保持最高建筑纪录达半个世纪。饭店平面布置成工字形，立面采取竖线条划分，为现代派表现主义风格与装饰艺术混合，简洁而流畅。前部十五层以上逐层四面收进呈阶梯状，底层至三层镶贴青岛崂山黑花岗岩，色泽晶莹透亮，四层以上镶贴棕色泰山面砖，端庄典雅。在第二、三层和十四层以巨型圆角玻璃镶贴，显示出强烈的通透感和现代感，这种玻璃幕墙在当时尚无先例。整幢大楼造型呈帆船形，高耸挺拔，是20世纪20年代美国

摩天楼的翻版。

饭店设计理念超前，建筑材料考究，工艺要求严格。建筑高度决定了工程技术难度，促使了新材料、新技术的使用。为应对上海软土地质，建筑用钢由镁钢合锻而成，德国西门子洋行制造，质量轻，而强度比普通钢材高3倍，在上海建筑市场是首次采用。国际饭店的基础采用蒸汽机打桩，桩头均为圆木美松，每根钢柱之下打五根梅花桩，桩径35厘米，最长的桩达39.8米，相当于大厦地面总高的一半。桩密又深，近代上海高层建筑中国际饭店的沉降最少。建筑为钢筋混凝土楼板。为加强整体刚度，外墙亦全部采用钢筋混凝土。面砖用水泥、防水漆等现代建筑材料进行防水与加固。参与该建筑设计与施工的中国建筑师金福林撰写了《国际饭店工程经过情形》，从中可以看到这栋代表20世纪30年代中国建筑施工最高水平的建筑的建造方法。

饭店内部设施豪华现代，装饰及地板采用柳桉木、柚木，制作精良。门窗五金、卫生洁具也全部由国外进口。楼内配备了当时先进的自动灭火喷淋装置。豪华、洋派的国际饭店成为名流会聚之所。

国际饭店的建筑设计师为匈牙利建筑师邬达克。1914年，邬达克毕业于布达佩斯的匈牙利皇家约瑟夫技术大学建筑系。第一次世界大战爆发，年仅21岁的他应征入伍，成为一名炮兵，并被俄军俘虏。1918年，邬达克成功逃出西伯利亚，从哈尔滨辗转来到了"冒险者乐园"上海，在美国建筑师克里的事务所找到了一份绘图员的工作。1925年，他成功创办了属于自己的公司。他在上海工作和生活的28年间共设计和建造了60多幢建筑，如诺曼底公寓（今武康大楼）、铜仁路上的"绿房子"、大光明电影院等，差不多有一半建筑保存至今。邬达克的建筑设计大多采用现代的钢筋混凝土的骨架加上实用的构造，受折中主义影响，在现代建筑上缀以古典元素。他的早期建筑作品有西班牙和东欧建筑的情结，后受美国装饰主义建筑风格的影响。从某种意义上说，他的建筑构成了"融贯中西"的国际化"上海腔调"的一部分，影响了后世的建筑师。在建筑师贝聿铭的回忆中，国际大饭店的建筑之美曾带给少年时代的他极大的震撼。他认为："邬达克的建筑过去是，现在是，并将永远是上海城市轮廓的一抹亮色。"

清华大学礼堂

建成于1921年
建筑面积1840平方米,座席900多个
北京清华大学礼堂

清华大学礼堂外景

　　清华大学礼堂坐落于清华大学校园中部,与校门隔大草坪相望。礼堂与图书馆、科学馆、体育馆一起构成早期"清华学校之四大建筑"。1921年建成时建筑面积1840平方米,座席900多个,是当时中国大学中最大的礼堂兼讲堂。它是仿照美国弗吉尼亚大学图书馆修建的,是一座罗马式和希腊式的混合古典柱廊式建筑,设计者是美国建筑师墨菲和达纳。墨菲1899年毕业于美国耶鲁大学建筑系,1914年来到中国,曾先后为中国多所大学规划设计了校园及其主要建筑。他在中国的第一个校园设计是清华大学扩建,首次引入了具有明确功能分区的大学校园规划。

　　清华大学礼堂平面呈十字形,南端为门厅,北端为舞台。采用古罗马的拜占庭风格的大圆顶,四周各堆砌了一块巨大的三角顶楣,十字形的坡顶与最高处的铜面穹顶相辉映。门前有四根汉白玉石柱，石柱约两丈多高，约两人合抱，柱上有纵向凹槽若干条，各凹槽的交接棱角上设计了一部分圆面，柱头形似羊角，整体柱型设计规范而细腻，充满生气，属古希腊的爱奥尼克风格。礼堂有三扇圆拱形、刻有精致浮雕的大铜门嵌在汉白玉的门套之中，白色的门廊和红色的砖墙形成鲜明的对比。每扇正门上方有大型窗户，门上部的圆拱中用粗细相间的十几根钢条拼接出的图案，为朴素端庄礼堂添加了生动的气息。

由于没有进行建筑声学设计，大礼堂建成之后存在演说时听闻不清的声学问题。清华大学叶企孙教授率领研究小组在1926年运用国外新兴的建筑声学理论对此进行研究，其后历代建筑师都对此进行了努力。解决清华大学礼堂听音问题成为开创中国近代建筑声学研究的源头，开启了近代建筑声学研究在中国发展的历程。2001年，清华大学礼堂作为清华大学早期建筑的一部分被列为全国重点文物保护单位，其后经历了一系列加固礼堂结构、修复礼堂外观的工程。2011年清华大礼堂修缮完成后，完全弥补了建筑声学缺陷，彻底改变了观众听不清楚的问题，大礼堂的声学环境得到了优化，为这座近百年的大礼堂赋予了新的适应现代需求的功能。

南京博物院大殿

建成于1948年
建筑面积2.3万平方米
江苏南京玄武区中山东路南京博物院大殿

南京博物院大殿外景

博物馆不仅仅是收藏、展示、研究文物的场所，而且往往本身也是非常优秀的建筑，经常是一个地区乃至一个国家的地标建筑。南京博物院大殿就以其经典的构造而闻名于世。

从1927年北伐结束至1937年抗日战争全面爆发之前的十年是中国社会现代化发展的十年，此间南京、上海等城市进行了大规模的建设。国立中央博物院（今南京博物院）位于紫金山南麓的中山门半山园，征地12.9万平方米，于1936年筹建"人文""工艺""自然"三大馆，馆舍由徐敬直和李惠伯设计，梁思成和刘敦桢任监管和设计顾问。博物院建设因战争停工，到1948年才建成人文馆，即现在的南京博物院大殿。与当时流行的仿明清官式建筑不同，南京博物院大殿在梁思成指导下采用了辽代传统建筑的风格。

南京博物院包括大殿、露台和配殿三部分，建筑面积2.3万平方米。大殿结构部分按《营造法式》设计建造，细部和装饰兼采唐宋遗风。大殿总体布局强调轴线对称，前面有宽大的三层石阶，衬托出主体建筑的雄伟高大。大殿的形制仿照了辽代建筑独乐寺观音阁和山门的形式。辽代建筑造型朴实雄浑，屋面坡度较平缓，立面上的柱子从中心往两边逐渐加高，檐部缓缓翘起，斗拱简洁而粗壮有力，以减弱大屋顶的沉重感。这种建筑形式扩大了屋子内部的空间，可以更好地满足展览陈列空间的规整需求。大殿为七开间结构，内部空间宽敞明亮，屋面为四面曲面坡的四阿式，五脊四坡，又称"五脊殿"，即由一条正脊和四条垂脊共五脊组成的庑殿式屋顶。上铺棕黄色琉璃瓦。屋脊上饰有神兽，除龙头形的大吻（殿宇顶上正脊两端的神兽）外，每条垂脊上还有四只形态各异的神兽。

虽然大殿外形类似辽代建筑，但并非全仿古的木结构建筑。建筑保留了木质的斗拱、琉璃瓦屋顶，外墙采用清水砖墙，大红色列柱，暗朱红色木门。红门上有精美的浮雕图案，图案形式为"一整两破"，即由一个整圆的抽象花卉图案加两个半圆的抽象花卉组成一个单元图案。内部材料选用以西方建筑材料如水泥为主，与传统的木材相比，既加强了建筑的牢固性，也增加了使用的年限。内部结构设计仿当时美国博物馆的做法，将陈列室设计成平屋顶式的结构，外墙加中国古典式挑檐，使之与大殿风格协调。建筑设计科学合理，比例严谨。这座在满足新功能的要求下，采用新结构、新材料建造的仿辽式殿宇的实例，是近代建筑史上的杰作。

中国建筑经典

南京中山陵

始建于 1926 年
占地面积 8 万多平方米
江苏南京玄武区紫金山南麓钟山风景区中山陵

南京中山陵外景

20世纪二三十年代，中国本土新一代建筑师成长，吕彦直是其中的杰出人物，被称作"中国近现代建筑的奠基人"。1913年吕彦直公费派赴美国留学，入康奈尔大学研习五年，毕业前后，曾作为美国建筑师墨菲的助手，参与金陵女子大学和燕京大学校舍的规划设计，描绘整理了北京故宫大量建筑图案。他在上海开设的彦记建筑事务所，是中国早期由本土建筑师开办的事务所。

中山陵是吕彦直承继中国古代建筑传统加以现代改造、具有中国建筑风格民族气派的代表作品。1925年，孙中山葬事筹备委员会通过《征求陵墓图案条例》，向海内外悬奖征求陵墓设计方案。当时尚名不见经传的吕彦直在潜心研究中国古代皇陵和欧洲帝王陵墓后，参照地形，经过两个多月工作，精心绘制出"设计范界略呈一大钟形"的平面图及建筑物立面图、剖面图、透视图等9张设计图和1张祭堂侧视油画，撰写了约1000字的陵墓建筑图案设计说明，对布局、用料、色彩提出了初步设想。建筑方案融合了中西方建筑的优点,匠心独运,获得了筹备委员会的认可,吕彦直被聘请为陵墓建筑师,为建造中山陵做出了杰出贡献。吕彦直去世后,国民政府予以褒奖,在陵园竖碑以资纪念。

中山陵位于南京紫金山,修建于1925—1931年,是孙中山先生的安息之地。其前临平川,背靠青嶂,东邻灵谷寺,西接明孝陵,整个建筑群依山势而建,由南往北沿中轴线逐渐升高,有博爱坊、墓道、陵门、石阶、碑亭、祭堂和墓室等建筑,融汇了中国传统建筑与西方建筑之精华。

陵墓区域占地8万多平方米,沿中轴线分布,平面呈钟形,以引发"木铎警世"之想。陵区南端广场上矗立四柱牌坊,高宽比例为2:3,作为谒陵路线的开端。牌坊之后是门额上分别刻着"民生""民权""民族"的三洞陵门。陵墓入口有长约550米、宽约100米的台阶,之后是一个宽敞的大平台,平台两端各立一华表,中间为祭堂。祭堂长90米,阔76米。为了赋予祭堂外观中国传统建筑风格,吕彦直采用了坡檐、翘顶、斗拱及其他传统装饰母题。祭堂正立面为重檐,矗立在低平的方形基座之上。祭堂有着西方学院派建筑构图风格。祭堂立面为古典主义的"三段式"构图,左右对称,两边各有一个突出的墩台,中轴线的四柱廊庑之后为三扇拱形门,三扇拱门和重檐顶构成一个矩形。进入祭堂,中央有孙中山坐像。祭堂仿美国华盛顿林肯纪念堂空间布局,人们可以瞻仰坐像,浏览周围墙上所刻孙中山的语录。该方案设计大胆,变更了将墓室置于祭堂中央的设计要求,改为下沉式的墓圹设计,祭堂后面添加了一个独立的墓室。经过道进入墓室,可环绕圆形墓圹,瞻仰下沉的墓圹内的石椁及安卧石椁之上的孙中山卧像。空间序列层次丰富,让观者的情绪随着空间的转换而发生变化。

中山陵规模宏大,气势雄浑,吕彦直的设计创造了一个现代中国式纪念物,体现出孙中山关于现代中国的理想——即"三民主义"所言物质文明、政治民主和民族独立,也体现了一种象征性的联想——"唤醒中国"。作为界定何为"现代中国"建筑的媒介,中山陵显示了正处于建设初期的中国,是如何通过建筑的途径来表达新式共和理想、追求现代化和民族性,以及在国际参照系内进行自我界定的复杂性。牌坊、三洞陵门、华表、祭堂等建筑,以及可与古代皇陵神道相比拟的长台阶，都显现出中山陵建筑借鉴了中国古代皇陵的风格，又超越了中国古代皇陵的陈旧面貌，拥有了既是民族的又是现代的纪念性建筑的新颖形态，融汇中国古代与西方建筑之精神，庄严简朴，别创新格。中山陵为中国古典建筑与现代技术和物质结合的产物，是"中国古典复兴"的表现，成为民国时代官式建筑的重要范式。

吕彦直在担任南京中山陵建筑师期间，还主持设计了广州中山纪念堂，该建筑是中国近代跨度最大的会堂。1929年，年仅36岁的吕彦直因病在上海逝世。他留下的融汇东西方建筑技术与艺术的作品影响深远。

人民大会堂

建成于 1959 年
南北长 336 米，东西宽 206 米，高 46.5 米，占地面积 15 万平方米，建筑面积 17.18 万平方米
北京天安门广场西侧人民大会堂

北京人民大会堂外景

  人民大会堂于 1959 年 9 月 24 日落成，是历届全国人民代表大会等大型集会召开的地方，是党和国家领导人、人民群众举行政治、外交活动的场所。建筑面积达 17.18 万平方米。

  人民大会堂建筑平面呈山字形，两翼略低，中部稍高，四面开门。外表为浅黄色花岗岩，上有黄绿相间的琉璃瓦屋檐，平顶琉璃檐头，下有 5 米高的花岗岩基座，分为二段台阶，设计适应大型活动的需求。周围环列 134 根高大的圆形廊柱，直径约 2 米，高约 25 米。柱高为柱径的 12.5 倍，使整个建筑显得修长挺拔，在柱头与柱基的处理上，则采用了具有民族特色的卷草花纹，古朴大方。

  人民大会堂由万人大礼堂、国宴大厅和全国人大常务委员会办公楼三部分组成。大会堂内还有以全国各省、自治区、直辖市名称命名，富有地方特色的厅

堂。面对天安门广场的东门为正门，高大的门额上镶嵌着中华人民共和国国徽，门前有12根浅灰色大理石门柱，进门后是简洁典雅的中央大厅。中央大厅面积3600平方米，护墙和地面用彩色大理石铺砌，周围有20根汉白玉明柱，中层有12米宽的回廊，有6道正门通往万人大礼堂。万人大礼堂南北宽76米，东西进深60米，高33米。穹隆顶，大跨度，无立柱结构。座椅层层递升，分为三大坡度。礼堂平面呈扇形，坐在任何一个位置上均可看到主席台。礼堂顶棚呈穹隆形与墙壁圆曲相接，顶部中央是红宝石般的巨大红色五角星灯，三环水波式暗灯槽，一环大于一环，与顶棚500盏满天星灯交相辉映。从北门进入，经风门厅、过厅，可以到达交谊大厅。交谊大厅面积为4500平方米，大理石铺地，四周的明柱和壁柱用桃红色大理石镶砌。东侧有国宾会谈厅，西侧有国宾宴会厅，宴会厅位于人民大会堂的北墙，分别是党和国家领导人与来宾举行会谈和欢迎宴会的地方。大楼梯顶端有迎宾厅，是党和国家领导人在宴会前欢迎贵宾及宾主合影留念之处。南端有8米宽、62级的汉白玉大楼梯通往二层宴会厅，面积达7000多平方米，可以举行超过5000人的宴会，周围有28根沥粉贴金廊柱。人民大会堂南翼是全国人大常务委员会机关办公楼。一层中央设有面积为550平方米的国家接待厅，是国家领导人接待贵宾和国家主席接受外国新任驻华使节呈递国书的地方。设计富有民族传统风格，顶部造型是沥粉贴金棋盘式藻井，悬挂4盏宫灯式水晶吊灯，四周墙壁饰织锦软包。进入21世纪后，人民大会堂三楼改造翻修了可容纳2000人的"金色大厅"，是党和国家领导人举行我国最高规格新闻发布会的大厅。"金色大厅"的主色调为金色，穹顶上5盏巨大的金色吊灯，给大厅增添了辉煌气氛。

　　人民大会堂吸取了古今中外建筑之精华，总体建造基于学院派西洋古典的意象，如建筑立面的构图、比例和配置是西式的，强调严谨的轴线、序列和对称手法，周围的柱廊也借鉴了西洋古典建筑。同时，建筑融入了中国传统建筑精神，采用了平顶、围廊、琉璃屋檐的形式，使其与周围的城楼、故宫等传统建筑相呼应。建筑屋檐采用了我国传统的仰莲瓣琉璃制品，挑檐以上的女儿墙到阳角转弯处，不是平直生硬的直角，端头微微翘起，而在挑檐的翼角处也做了轻微的外摆出飞,产生了类似木构造角梁的"翼角翘飞"的韵味。廊柱的柱头和柱础也没有照搬西洋古典五大柱式,而是把柱头创新为蕴含中国精神的莲瓣样式。

人民大会堂作为国家建筑工程,反映出新中国的建设水平,显示出新中国的国家形象,这些建筑不仅实用,而且体现了建筑艺术与城市规划、人文环境相协调的思想。以人民大会堂为代表的建筑成了新时代的"纪念碑"。

中国建筑经典

中国国家博物馆

1959—2010 年
建筑面积约 20 万平方米
北京天安门广场东侧中国国家博物馆

中国国家博物馆外景

　　中国国家博物馆在原中国历史博物馆和原中国革命博物馆的基础上组建而成。原有建筑南北长 313 米，东西长 149 米，高 35 米，建筑面积约 65.152 万平方米。建筑采用了院落式布局，中国历史博物馆在南半部，中国革命博物馆在北半部，革命和历史两馆分别在两个院落，中间的院子与南北两个院子相连，且有空廊通向广场。建筑坐落在宽大的基座上，外墙面为浅黄色剁斧石块。建筑主体分两段处理，底层以实墙面为主，饰以花岗岩须弥座。上部两层墙面按柱廊式处理。屋顶挑檐用黄绿两色琉璃砖饰面，以加强建筑的传统色彩。博物馆面临广场的西面，有十一开间饰以五角星旗徽的柱廊，入口处有花岗岩石阶，是两个博物馆共用的大门，造型取意中国古代的石头牌坊。廊柱为海棠角的方柱，具有民族特色，与人民大会堂的圆柱实廊形成对比，体现了东西建筑元素的融合。建筑外形庄严、高大，室内装修简洁明朗，既具有民族特征，又符合现代功能。

中国历史博物馆和中国革命博物馆分分合合，2003年，两馆再次合并，成立中国国家博物馆。2004年年初开始筹备改扩建工作，2007年开始了馆舍的改扩建工程，2010年竣工，2011年重新开放。国家博物馆的改扩建"以保留老馆为首要宗旨，实现扩大体量后的总体协调"。在对旧馆舍进行维修与功能翻新的同时，拆除旧建筑的中央部分和东侧部分，向东面延伸40米，扩建了新的建筑体，北、西、南三个旧立面不变，使新建筑呈现三面环抱的姿态，形成"新馆嵌入老馆并向东生长"的规划布局。向地下扩建两层，向地上扩建一层，新馆和老馆形成了有机的整体。新建的建筑顶部的退阶设计与中国传统建筑的檐口形式相仿，强调了其与紫禁城，广场西侧与其相对称的人民大会堂之间的关系。新旧建筑沿着原始的对称轴线契合在一起。拱廊的尺度和体量在新旧建筑之间创造出一种崭新的空间体验。门廊内部的楼梯直接连接各层展厅以及侧翼的各个展区。从西侧面向天安门广场的柱廊大门和北面正对长安街的入口大厅都可以入馆。旧建筑和新扩建的建筑之间，新修了5座精心规划的园林式中庭。整馆展览空间扩充三倍多。合并后的中国国家博物馆总用地面积7万平方米，建筑高度42.5米，地上5层，地下2层，总建筑面积约20万平方米，是新时代树立的又一座纪念碑式的建筑典范。

参考文献

1. 张政烺主编:《中国古代历史图谱》(原始社会—清代卷),湖南人民出版社2016年版。
2. 中国国家博物馆编:《文物中国史》(1—8卷),山西教育出版社2003年版。
3. 中国美术全集编辑委员会编:《中国美术全集建筑艺术编》(1—6卷),中国建筑工业出版社1988年版。
4. 王伯扬主编,中国历代艺术编辑委员会编:《中国历代艺术·建筑艺术编》,中国建筑工业出版社1994年版。
5. 过伟敏等主编:《中国设计全集·建筑类编》(1—3卷),商务印书馆2012年版。
6. 刘敦桢主编:《中国古代建筑史》,中国建筑工业出版社2008年版。
7. 萧默主编:《中国建筑艺术史》,文物出版社1999年版。
8. 萧默:《敦煌建筑研究》,机械工业出版社2003年版。
9. 李允鉌:《华夏意匠——中国古典建筑设计原理分析》,龙田出版社1982年版。
10. 巫鸿著,郑岩、王睿编:《礼仪中的美术:巫鸿中国古代美术史文编》,生活·读书·新知三联书店2005年版。
11. 巫鸿:《黄泉下的美术:宏观中国古代墓葬》,施杰译,生活·读书·新知三联书店2010年版。
12. 杨宽:《中国古代陵寝制度史研究》,上海人民出版社2003年版。
13. 焦南峰等:《陕西秦汉考古五十年综述》,《考古与文物》2008年第6期。

14. 杨鸿勋：《关于秦代以前墓上建筑的问题》，《考古》1982年第4期。

15. 王柏中：《两汉国家祭祀制度研究》，博士学位论文，吉林大学，2004年。

16. 赖德霖：《中国近代建筑史研究》，清华大学出版社2007年版。

17. 邓庆坦、常玮、刘鹏：《图解中国近代建筑史（第二版）》，华中科技大学出版社2012年版。

18. 赵炳时、林爱梅：《寻踪中国古建筑：沿着梁思成、林徽因先生的足迹》，清华大学出版社2013年版。

19. 聂菲、张曦：《良工匠意：中国古代家具沿革考述》，百花文艺出版社2016年版。

20. 聂菲、张曦：《古雅精丽：辨藏中国古代家具》，百花文艺出版社2016年版。

21. 中国青铜器全集编辑委员会编：《中国青铜器全集·商3》，文物出版社1997年版。

22. 湖北省博物馆编：《随县曾侯乙墓》，文物出版社1980年版。

23. 陈建明、聂菲主编：《马王堆汉墓漆器整理与研究》，中华书局2019年版。

24. 湖南省博物馆等编：《长沙马王堆一号汉墓》，文物出版社1974年版。

25. 湖南省博物馆、湖南省文物考古研究所编著：《长沙马王堆二、三号汉墓》，文物出版社2004年版。

26. 河南省商丘市文物管理委员会、河南省文物考古研究所等编著：《芒砀山西汉梁王墓地》，文物出版社2001年版。

27. 中国社会科学院考古研究所、河北省文物管理处编：《满城汉墓发掘报告》，文物出版社1980年版。

28. 敦煌研究院、樊锦诗：《敦煌石窟》，伦敦出版（香港）有限公司2010年版。

29. 程旭主编，陕西历史博物馆编：《皇后的天堂：唐敬陵贞顺皇后石椁研究》，文物出版社2015年版。

30. 天水麦积山石窟艺术研究所编编著：《中国石窟：天水麦积山》，文物出版社1998年版。

31. 河北省文物研究所编著：《宣化辽墓：1974—1993年考古发掘报告》，文物出版社2001年版。
32. 贾洲杰：《元上都调查报告》，《文物》1977年第5期。
33. 杨永昌：《漫谈清真寺》，宁夏人民出版社1981年版。
34. 易晴点校，崔勇注释：《清代建筑世家样式雷族谱校释》，中国建筑工业出版社2015年版。
35. 苏文轩：《明孝陵》，《文物》1976年第8期。
36. 于善浦编著：《清东陵大观》，河北人民出版社1985年版。
37. 杨慎初主编：《湖南传统建筑·书院》，湖南教育出版社1993年版。
38. 赖德霖、伍江、徐苏斌主编：《中国近代建筑史·第四卷：摩登时代——世界现代建筑影响下的中国城市与建筑》，中国建筑工业出版社2015年版。